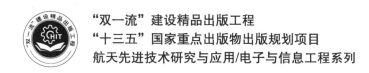

"双一流"建设精品出版工程
"十三五"国家重点出版物出版规划项目
航天先进技术研究与应用/电子与信息工程系列

电路基础创新与实践教程

INNOVATION AND PRACTICE OF ELECTRIC CIRCUITS

何胜阳　赵雅琴　主编

U0222649

哈爾濱工業大學出版社
HARBIN INSTITUTE OF TECHNOLOGY PRESS

内 容 简 介

本书是近年来哈尔滨工业大学电子与信息工程学院信息与通信工程实验教学中心在电路基础实验教学改革中所获成果的总结,在内容上强化实验教学与工程实践密切结合,通过软件仿真预习、硬件实践对比,强调实用性,增加灵活性,以提升学生的实践能力、综合能力和创新能力。

本书共 10 章,分别对电路实验所涉及的元器件、仪器设备使用、数据处理方式、电路调试方法、硬件实验内容、Multisim 仿真、TINA-TI 仿真等内容进行介绍,着重培养学生的独立实验能力,将实验电路的自主搭建、仪器设备的使用、EDA 技术的应用、实验技能的训练贯穿始终。

本书内容丰富,可供高等学校电子信息类专业作为电路实验教材使用,也可供相关工程技术人员参考。

图书在版编目(CIP)数据

电路基础创新与实践教程/何胜阳,赵雅琴主编. —哈尔滨:哈尔滨
工业大学出版社,2020.9(2023.8 重印)
ISBN 978-7-5603-9055-0

Ⅰ.①电… Ⅱ.①何… ②赵… Ⅲ.①电路理论-高
等学校-教材 Ⅳ.①TM13

中国版本图书馆 CIP 数据核字(2020)第 171118 号

电子与通信工程
图书工作室

策划编辑 许雅莹 杨 桦
责任编辑 李长波 庞亭亭
封面设计 屈 佳
出版发行 哈尔滨工业大学出版社
社   址 哈尔滨市南岗区复华四道街 10 号 邮编 150006
传   真 0451-86414749
网   址 http://hitpress.hit.edu.cn
印   刷 哈尔滨圣铂印刷有限公司
开   本 787mm×1092mm 1/16 印张 22.5 字数 534 千字
版   次 2020 年 9 月第 1 版 2023 年 8 月第 2 次印刷
书   号 ISBN 978-7-5603-9055-0
定   价 48.00 元

前　言

PREFACE

　　"电路基础实验"作为电子信息类学生本科阶段学习所接触到的第一门专业基础课实验,是"电路基础"课程教学的重要组成部分,是培养电子信息类学生通过实验手段进行科学研究,并逐步具备分析问题和解决问题能力的一个重要实践性环节。本书是在总结哈尔滨工业大学电子与信息工程学院信息与通信工程实验教学中心"电路基础实验"课程多年教学经验的基础上编写而成,力图反映近几年来电路基础实验教学的建设与改革成果,既继承了原有实验指导书的框架和内容,同时又根据实验教学过程中的需求,结合实验中心自主设计开发的电路基础硬件实验平台 HiGO,增加了元件基础知识和测量相关的基础内容,并且引入 Multisim 和 TINA-TI 两种专业仿真软件,便于学生在操作硬件实验时,有理论仿真结果进行指导,强调实用性,增加灵活性,以提升学生的实践能力、综合能力和创新能力。

　　全书共 10 章,第 1 章为电路基础实验基本知识,介绍电路实验的目的和意义、安全常识,并对实验过程提出了基本要求;第 2 章为电路基本元件,让学生了解电子电路常见的元器件;第 3 章为常见仪器仪表的工作原理和使用方法,对电路基础实验过程中用到的直流稳压电源、数字万用表、数字存储示波器和任意函数/波形发生器的原理和使用方法都做了详细介绍;第 4 章为测量误差与实验数据处理,重点介绍了误差分析和原始数据处理相关知识;第 5 章为实验电路的调试技术及故障分析处理,介绍了硬件实验过程中,如何调试硬件电路,遇到问题如何处理等;第 6 章为硬件电路基础实验,按照哈尔滨工业大学电子与信息工程学院"电路基础"课程教学大纲要求,给出了 6 个基本电路操作实验内容,供电子信息类学生根据课时要求进行选择;第 7 章为 Multisim 软件基础,介绍 Multisim 14.1 软件的基础知识,主要包括主界面与菜单、元件库、指示器、虚拟仪器和仿真分析方法等;第 8 章为 Multisim 软件在电路实验仿真中的应用,以 6 个硬件实验为蓝本,通过实例分析学习 Multisim 软件仿真设计的方法和操作步骤;第 9 章为 TINA-TI 软件基础,介绍了 TINA-TI 软件的基础知识,主要包括主界面与菜单、元件库、仪器仪表和电路分析方法等;第 10 章为 TINA-TI 软件在电路实验仿真中的应用,以 6 个硬件实验为蓝本,通过实例分析学习 TINA-TI 软件仿真设计的方法和操作步骤。

本书的编写得到了学校、学院和信息与通信工程实验教学中心的大力支持，并参考了国内外大量的优秀教材和厂家资料，在此对相关作者和厂家表示衷心的感谢！

限于编者的学识和水平，书中难免有疏漏和不足之处，恳请广大读者批评指正。

编　者

2020 年 3 月

目　录

CONTENTS

第1章

电路基础实验基本知识

1.1　电路基础实验概述

"电路基础实验"是电子信息类专业学生进入技术基础课学习阶段的第一门专业实验课，属于操作性很强的实践类课程。该课程以电路理论为基础，以基本测量技术和方法为手段，培养学生基本的实验技能、独立的操作能力及良好的实验素养，注重理论指导下的实践和技能培训，旨在将所学电路基础理论知识过渡到应用与实践阶段，提高学生分析和解决问题的综合能力，为后续其他电子信息类专业实验课、技术基础课、专业课的学习打下扎实的专业基础。随着电子信息领域硬件和软件条件的迅速发展，电路基础实验课已经由单一的验证原理和掌握实验操作技术拓展为综合能力训练的实践平台，成为学生掌握实验技能和科学实验研究方法的重要教学环节。通过本实验课程的学习和训练，学生需要掌握以下几个方面的知识和技能：

（1）具备鉴别常用元器件类型、型号、规格等参数的能力，熟悉其性能及参数的检测方法。学习查阅数据手册（Datasheet），了解常用元器件的基本使用知识。

（2）学习并掌握电压、电流、阻抗、频率等有关电子测量的基本知识、测量方法和实验技能。

（3）掌握万用表、直流稳压电源、任意波形／函数发生器、数字存储示波器等常用电子仪器仪表的原理、性能、使用方法和基本测试技术，培养良好的操作习惯及严谨的科学实验态度。

（4）初步掌握专业实验技能，包括正确选用仪器仪表，合理制定实验方案，恰当选取元器件参数，按电路图正确接线并排查故障，对实验现象准确观察和判断，并改进实验方法以实现设计目标和技术指标，提高分析思维能力与实践能力。

（5）学习并掌握 Multisim、TINA-TI 等专业计算机仿真软件进行仿真实验和分析的方法，配合电路基础理论的学习，验证、巩固和扩充某些重点理论知识。

（6）注重实验现象的观察和对实验数据的分析，培养归纳推理能力，锻炼善于发现问题、分析问题和独立解决问题的能力。

（7）掌握对实验结果进行数据处理、误差分析和撰写实验总结报告等从事专业技术工作所必须具备的初步能力和良好作风。

（8）培养学生严谨求实的工作作风和不畏艰难、勤奋创新的科学态度。

1.2　电路基础实验的过程与要求

为了充分发挥学生主动实验的精神,促使其独立思考、独立完成实验并有所创造,电路基础实验的各个过程的基本要求如下:

1.实验前的预习

为了避免实验盲目性,确保实验过程有条不紊,学生在实验前应对实验原理、实验内容、实验方法、实验电路等进行预习并撰写预习报告,每次实验前,实验指导教师都将检查学生的实验预习情况,预习不合格者不准进行实验。实验前的预习要求做好以下几个方面的准备:

(1)认真阅读实验指导教材,明确实验目的、任务与要求,了解实验内容及相关测试方法。

(2)复习电路有关理论知识,了解并掌握所用仪器的使用方法,认真完成实验所要求的电路设计,对预习思考题做出解答。

(3)根据实验内容,拟定实验方法和步骤,选择测试方案。对实验中应记录的原始数据列出表格待用,并初步估算(或分析)实验结果(包括参数和波形),最后写出预习报告。

(4)按照实验内容与步骤,提前使用 Multisim 或 TINA-TI 仿真软件,对所选择进行硬件实验的电路仿真,得到相关电路的理论实验结果,以便于在实验过程中进行理论值和实际值的对比,并将仿真实验电路和实验结果填入预习报告。

实验预习内容需撰写到实验中心统一的实验报告纸上,实验课前上交给实验指导教师批阅,凡未预习者不得进行实验。

2.搭建电路

电路基础实验采用自主设计的模块化硬件实验平台 HiGO,该平台提供一个通用底板,再结合多种元器件和仪表模块,可以快速进行接插、安装和连接实验电路而无须焊接。为了检查、测量方便,在通用底板上搭建电路时应注意做到以下几点:

(1)注意合理布局、摆放实验所需模块,使之便于操作、读数和接线。合理布局的原则是安全、方便、整齐,防止相互影响。

(2)连线简单可靠,即用线短且用量少,尽量避免交叉干扰,防止接错线和接触不良。按电路图上的接点与实物元器件接头的一一对应关系接线,实验电路走线、布局应简洁明了,便于测量,尽量少用连接线。

(3)注意地端连接,电路的公共地端和各种仪器设备的接地端应接在一起,既可作为电路的参考零点,又可避免引入干扰而造成实验数据不准确。

(4)插拔元器件或连接线时要谨慎细心,以保证元器件或连接线引脚与接插件间的良好接触。实验结束需要拆卸时,应轻轻拔下元器件和连接线,切不可用力太猛。

(5)在接通电源之前,要仔细检查所有的连接线,特别应注意检查各电源线和公共地线接法是否正确、电源正负是否接反等关键因素。

3.测试前的准备

按要求安装、连接实验线路完毕,在通电测试前,需要做好实验电路检查工作,主要包括以下内容:

(1)首先检查电源和实验所需的元器件、仪器仪表等是否齐全且符合实验要求,检查各种仪器面板上的旋钮,使之处于所需的待用位置。例如直流稳压电源应置于所需的挡位,并将其输出电压调整到所要求的数值,在调整好电压并用数字万用表确认前不得将其与实验电路接通。

(2)对照实验电路图,对所搭建的实验电路的元件和接线进行仔细检查,确保连接线无错接,特别是电源的极性未接反,并注意防止碰线短路等问题。经过认真仔细检查,确认电路安装与连接无差错后,方可按前述的接线原则,将实验电路与电源及测试仪器接通。

4.对电路进行实验调试与性能指标的测量

实验电路通电后,即可对电路进行实验调试与性能指标的测量。为了保证实验效果,要按照实验操作的规范进行实验,具体要求如下:

(1)按实验方案对实验电路进行测试与调整,使电路处于正常的工作状态。然后,要认真记录实验条件和所得数据、波形,并粗略分析,判断所得数据、波形是否正确。

(2)发生突发事故时,应立即切断电源,并报告指导教师和实验室有关人员,等候处理。师生的共同愿望是做好实验,保证实验质量。这里所谓的做好实验,并不是要求学生在实验过程中不出现问题,做到一次成功。实验过程不顺利不一定是坏事,学生常常可以从故障分析过程中增强独立工作能力;相反,"一帆风顺"也不一定有收获。所以做好实验的意思是独立解决实验中所遇到的问题,得到准确的实验数据,把实验做成功。

(3)实验完成后,要将记录的实验原始数据提交给实验指导教师审阅签字,教师一般会当场抽查部分实验数据,并记录实验情况,作为平时实验操作部分成绩的评分依据。经教师验收合格后才能拆除线路,清理现场。

5.分析实验数据,撰写实验报告

作为工程技术人员,必须具有撰写实验报告这种技术文件的能力。写实验报告时,必须对测量的实验数据进行分析和处理,有关实验数据的处理方法,详见第4章4.2节"实验数据的处理"。下面给出实验报告的写作要求:

(1)实验报告内容。

① 列出实验条件,包括何日何时与何人共同完成什么实验、当时的环境条件、使用仪器名称及编号等。

② 分析和处理实验测试数据,并将处理结果用表格或坐标纸画图加以表示。

③ 对处理结果进行理论分析,得到简明扼要的结论。找出误差产生的原因,提出减少实验误差的措施。

④ 记录产生故障情况,说明排除故障的过程和方法。

⑤ 对本次实验的心得体会,以及改进实验的建议。

（2）实验报告要求。

① 文理通顺，书写简洁；符号标准，图表齐全；讨论深入，结论简明。

② 实验报告用实验中心统一的实验报告纸书写，每次新的实验开始时，提交上一次的实验报告。实验报告成绩是实验成绩的重要组成部分，务必按要求撰写好实验报告。

1.3 实验室安全与实验室规则

为了人身与仪器设备及实验电路的安全，保证实验顺利有序进行，学生进入实验室后要严格遵守规章制度和实验室安全规则。

1.3.1 实验室安全

1.人身安全

虽然电子信息类相关实验均属于弱电实验，但是存在使用交流 220 V 市电的仪器设备，在插拔电源时应注意不要触电。

2.仪器及元器件安全

（1）使用仪器前，应认真阅读使用说明书或有关资料，掌握仪器的使用方法和注意事项。

（2）使用仪器时，应按照要求正确接线。

（3）实验中要有目的地操作仪器面板上的开关（或旋钮），切忌用力过猛。

（4）实验过程中，精神必须集中，随时注意仪器及电路的工作状态。当嗅到焦臭味、见到冒烟和火花、听到"噼啪"响声、感到设备过热及出现熔丝熔断等异常现象时，应立即切断电源，在故障未排除前不得再次开机。

（5）未经允许不得随意调换仪器，更不准擅自拆卸仪器、设备。搬动仪器、设备时，必须轻拿轻放。

（6）仪器使用完毕，应将面板上各旋钮、开关置于合适的位置，如将万用表功能开关旋至"OFF"位置等。

（7）为保证元器件及仪器安全，应该在电路连接完成并仔细检查确认无误后，再接电源及信号源。

3.操作注意事项

（1）遵守实验室规则，严禁乱动、乱摸与本次实验无关的仪器和设备。

（2）不许擅自接通电源，不允许人体触及带电部位，严格遵守"先接线再通电、先断电再拆线"的操作顺序。接通电源时，应先告知同组人员。

（3）遵守各项操作规程，培养良好的实验作风。

1.3.2 实验室规则

学生在实验中要做到以下几点：

（1）上课截止时间前必须进入实验室。迟到 10 min 以上者，教师可以根据实际情况停止其进行实验并做旷课处理。实验课请假必须履行请假手续,并事先通知实验指导教师。

（2）进入实验室前要做好实验预习工作,撰写规范的实验预习报告,否则指导教师有权停止其实验。

（3）对待实验要严肃认真,保持安静、整洁的实验环境。严禁携带与实验无关的物品进入实验室。水杯、书包等不能搁置在实验台,需统一放到教师指定位置。

（4）实验中要以科学严谨的态度将实验数据使用非铅笔如实记录在实验预习报告的图表中,严禁抄袭他人数据或杜撰虚假数据。

（5）实验完毕,先由本人检查实验数据是否符合要求,然后再把实验记录交给实验指导教师,由教师审阅并签字确认后,学生方可拆线,将实验器材复原并清点归类,整理好实验台,填写实验室使用登记本,经教师检查后方可离开实验室。

（6）严禁带电接线、拆线或改接线路,严禁用电流表或万用表电流挡、欧姆挡测量电压。学生未经教师允许,不得随意插拔芯片。

（7）接线完毕后,要认真复查,确保无误后方可接通电源进行实验。对于特定实验需经教师认可后,才能接通电源进行实验。

（8）实验过程中如果发生事故,应立即切断电源,保持现场,报告实验指导教师。

（9）室内仪器设备不准随意调换,非本次实验所用的仪器设备,未经教师允许不可以动。在没有弄懂仪表、仪器及设备的使用方法前,不可以贸然通电。若损坏仪器设备,必须立即报告教师,发生责任事故要酌情赔偿。

1.4　电路基础实验报告的撰写

实验报告的书写是一项重要的基本技能训练,其不仅是对实验工作的全面总结,更重要的是可以初步地培养和训练学生的逻辑归纳能力、综合分析能力和文字表达能力,是科学论文写作的基础。因此,参加实验的每位学生,均应及时认真地撰写实验报告。实验报告要求分析合理、讨论深入、原理简洁、数据准确、结论简明且正确、文理通顺、符号标准、字迹端正、图表清晰。一份完整的电路基础实验报告由预习报告、原始实验数据和实验数据处理与分析三部分组成。

1.预习报告

实验预习用于描述实验前的准备情况,避免实验中的盲目性。撰写实验预习报告有两个作用:一是通过预习真正了解实验的目的,为实验制定出合理的实验方案,在进入实验室后就可按预习报告有条不紊地进行实验;二是为实验后的总结提供原始资料。编写预习报告时,内容要具体、完整,不要写对实验操作无指导意义的内容,内容不要太笼统、太简单,否则,在实验时连自己都不清楚应该怎样做,那就失去了预习报告的作用。因此,预习报告一定要有较强的实用性,重点突出,详略适当。预习报告应具备以下内容:

（1）实验题目。

实验题目应列在预习报告的最前面,主要包括实验名称,实验者的班级、姓名,同组人员的姓名,实验台号,实验日期等。

（2）实验目的。

用简短的文字描述本次实验的主题，实验前要求深入理解实验目的，做到有的放矢。

（3）实验原理。

实验原理是实验的理论依据，学生通过阅读教材和实验指导书总结归纳出本实验相关原理，以期对实验结果有一个符合逻辑的科学估计。归纳阐述实验原理，要求概念清楚，简明扼要，写明所用的公式和简要的推导过程，如果在正文中出现对该公式的利用和描述，则必须给公式编号；其次要画出必要的实验电路原理图，图必须有图题，标注于图下方中间，如有多幅图形，则应依次编号，安插在相应文字附近。对于设计型实验，还要给出设计参考方案，设计电路原理图。

（4）仪器设备和元器件的清单列表。

大部分电路基础实验均为设计型实验，需要学生根据实验原理列出实验所需的仪器设备和元器件的清单列表，这样有助于学生结合现有设备和元器件设计实验步骤。

（5）实验内容及操作步骤。

概括性地写出实验的主要内容和步骤，特别是关键性的步骤和注意事项。电路基础实验提供的均是模块化元器件，需要学生根据实验目的自主设计实验电路，并根据实验内容拟定实验方案和步骤。

（6）仿真分析。

本实验指导教程提供了 Multisim 和 TINA-TI 两种电路仿真软件的使用方法，为了明确实验任务和要求，加强实验预习效果，要求在预习时对实验电路进行必要的仿真，并回答相关思考问题，这将有助于及时调整实验方案，并对实验结果做到心中有数，以便在硬件实验中有的放矢，少走弯路，提高效率。图 1.1 所示为实验报告纸中有关实验预习部分的内容。

2. 原始实验数据

原始实验数据包括原始数据和经分析整理及计算后的数据，实验测试阶段需要记录的是实验的原始数据。数据记录要求准确，有效数字要完整，单位不能遗忘。对于多次实验测量得到的原始数据，即使是某些偶然现象，也要一一记录在案，利于事后分析。实验人员要自觉地提高对实验数据的观察，提高对各种实验现象的敏感性。在实验测试过程中，对获得的实验数据应及时进行分析，这样利于发现问题，当场采取措施，提高实验质量。记录原始数据时，应该注意以下事项：

（1）多次测量或实验数据较多时，务必对数据进行列表整理，数据列表必须有表题，标注于表格上方中间，见表 1.1。如表格不止一个，则应依次编号，并列于相应的文字附近。除实验测试数据和有关图表同组者可以互相使用外，其他内容每个实验者都应独立完成。

（2）测试数据需要特别注意有效数字的位数，标明各物理量的单位，必要时要注明实验的测量条件。实验的原始数据应有指导教师签字，否则无效。

（3）注意对测量参数或波形的命名要求。对于包含多个测量项目的表格或波形图，为了直观地进行表示，需要给测量数据或波形进行命名，最常用的方式是结合电路图进行命名，在电路图中详细标注各个元器件、各个节点的符号和序号，并且在图中标出波形或

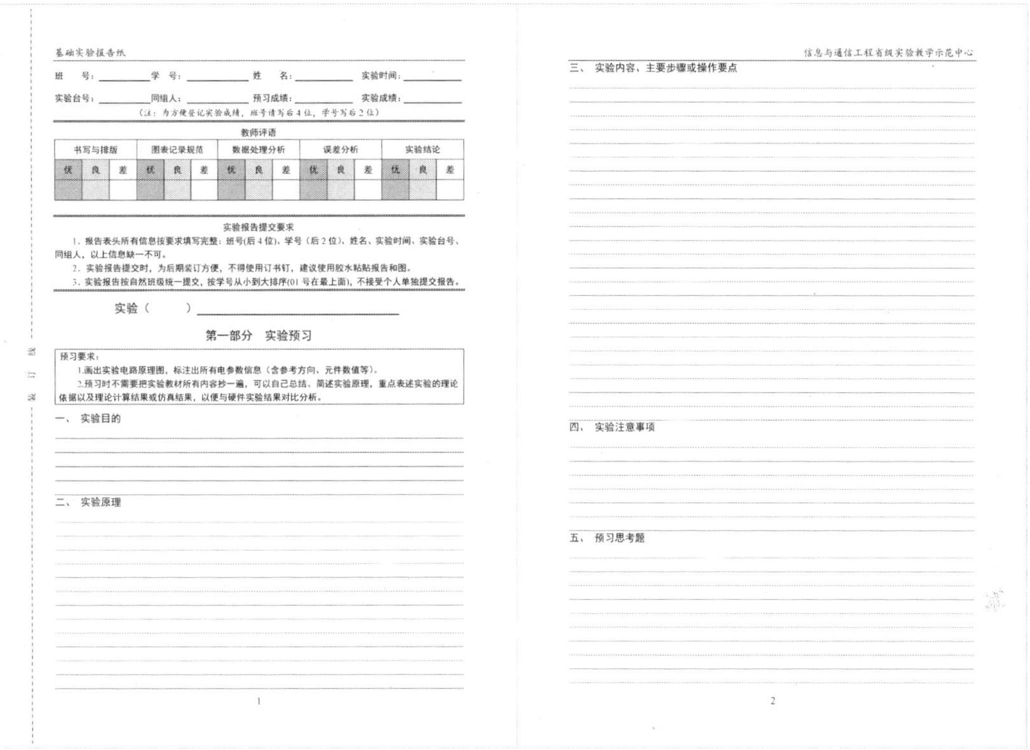

基础实验报告纸

信息与通信工程省级实验教学示范中心

班　号：________学　号：________ 姓　名：________ 实验时间：________

实验台号：________同组人：________ 预习成绩：________ 实验成绩：________

（注：为方便登记实验成绩，班号请写后 4 位，学号写后 2 位）

教师评语

书写与排版			图表记录规范			数据处理分析			误差分析			实验结论		
优	良	差	优	良	差	优	良	差	优	良	差	优	良	差

实验报告提交要求

1．报告表头所有信息按要求填写完整：班号(后 4 位)、学号（后 2 位）、姓名、实验时间、实验台号、同组人，以上信息缺一不可。

2．实验报告提交时，为后期装订方便，不得使用订书钉，建议使用胶水粘贴报告和图。

3．实验报告按自然班级统一提交，按学号从小到大排序(01 号在最上面)，不接受个人单独提交报告。

实验（　　　）________________

第一部分　实验预习

预习要求：

1.画出实验电路原理图，标注出所有电参数信息（含参考方向、元件数值等）。

2.预习时不需要把实验教材所有内容抄一遍，可以自己总结、简述实验原理，重点表述实验的理论依据以及理论计算结果或仿真结果，以便与硬件实验结果对比分析。

一、　实验目的

二、　实验原理

1

三、　实验内容、主要步骤或操作要点

四、　实验注意事项

五、　预习思考题

2

图 1.1　实验报告中涉及预习部分的内容

数据的测量节点，则可以直接在表格或数据中加以命名。如在表 1.1 中，U_S、U 和 I 的定义需要结合原理图才有意义。

表 1.1　线性电阻伏安特性测量数据

U_S/V						
U/V	0	2	4	6	8	10
I/mA						

(4) 注意记录数据完整性的要求。实验者要根据实验目的和测试要求决定记录信号的参数或波形的详细程度。一般应完整记录电压的幅度、频率和形状等参数，同时实验室所用示波器均具有存储功能，可以使用 U 盘或手机拍照的形式对实验波形进行记录，方便后续的波形绘制或打印。记录周期信号的波形时，至少应画出两个完整的信号周期。

(5) 电路基础实验所涉及的实验曲线或波形均要求在坐标纸上绘制，其横纵坐标所代表的物理量、单位及坐标刻度均需按要求标注。需要对比的曲线或波形，则应画在同一坐标平面上，保持时间轴一致，每条曲线或波形必须标明参变量或条件。图应贴在相应实验内容的数据表下方。如果图集中安排在报告的最后，则每个图应给出编号，并标明是哪个实验内容的哪个曲线，在前文的内容中也应结合编号加以说明。

(6) 为了确保实验结果的唯一性，原始实验数据记录必须使用非铅笔记录，实验完成后不得再修改实验数据。

(7) 实验数据的原始记录应由指导教师检查签字后方为有效。最后提交的实验报告必须附有教师签字的原始数据纸,否则视为无效报告。图1.2所示为实验报告纸中原始实验数据记录部分的内容。

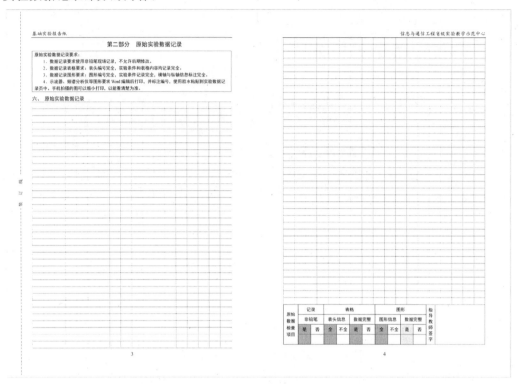

图 1.2　实验报告中原始实验数据记录部分的内容

3.实验数据处理与分析

实验数据处理与分析包括对实验数据进行计算、绘图、误差分析等。首先根据电路原理图获得相关公式中,再将实验获得的原始数据代入到计算公式中,不能不代入数据而在公式后直接给出结果。测量得到的实验结果应与理论值、仿真理论值或标称值进行比较,求出相对误差,要分析误差产生的原因并提出减少实验误差的措施。严禁为了接近理论数据而有意修改原始记录。

实验数据处理和分析完成后,需给出实验结论,总结实验完成情况,对实验方案和实验结果做出合理的分析,对实验中遇到的问题、出现的故障现象分析原因,写出解决的过程、方法及其效果,简单叙述实验的收获和体会。图1.3所示为实验报告中实验数据分析与结论、讨论部分的内容。

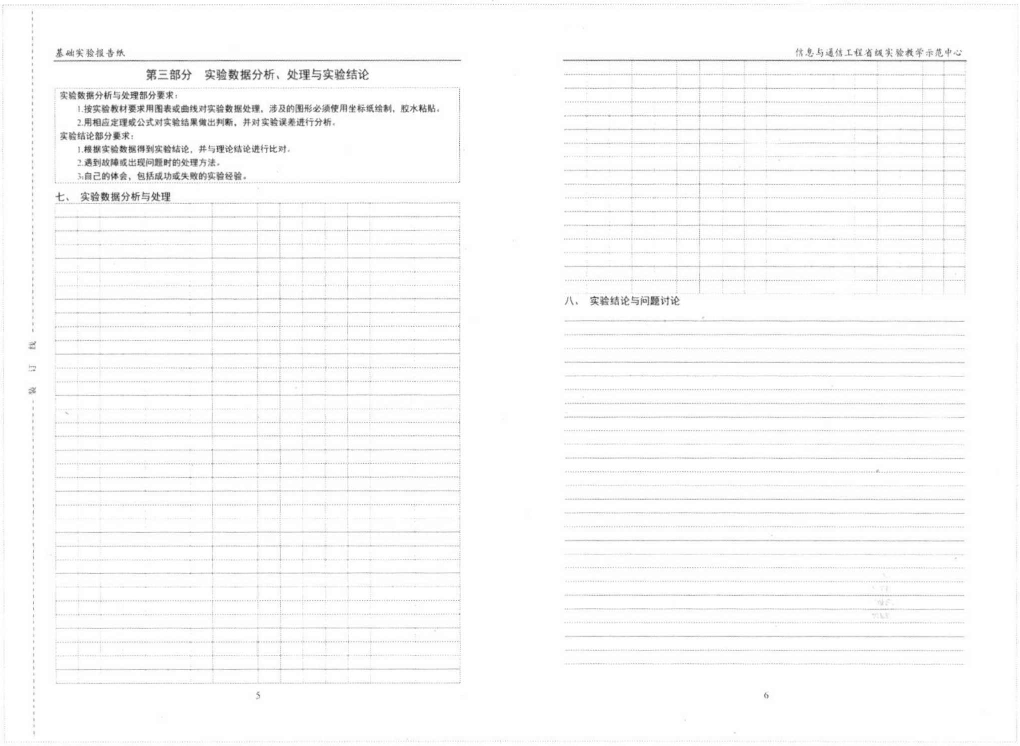

基础实验报告纸

第三部分　实验数据分析、处理与实验结论

实验数据分析与处理部分要求：
1. 按实验教材要求用图表或曲线对实验数据处理，涉及的图形必须使用坐标纸绘制，胶水粘贴。
2. 用相应定理或公式对实验结果做出判断，并对实验误差进行分析。

实验结论部分要求：
1. 根据实验数据得到实验结论，并与理论结论进行比对。
2. 遇到故障或出现问题时的处理方法。
3. 自己的体会，包括成功或失败的实验经验。

七、实验数据分析与处理

信息与通信工程省级实验教学示范中心

八、实验结论与问题讨论

5

6

图 1.3　实验报告中实验数据分析与结论、讨论部分的内容

第 2 章

电路基本元件

电子电路是由各类电子元器件构成的,而日常使用的电子元器件的特性与电路理论中的理想元器件模型既有内在联系,又有差别。因此,学习和掌握常用电路元器件的基本知识,对于在实验和研究型实践中正确选择元器件和合理分析实验结果具有重要意义。

电路实验所涉及的常见元器件有电阻、电感、电容、二极管等,本章将对这些常用的电子元器件做简要介绍,以便在实验过程中进行合理的选择和正确的使用。

2.1 电 阻

电阻是硬件电路中使用最广泛的电子元器件,英文为 Resistor,一般用符号 R 表示,其单位为欧姆,简称欧(Ω),常用的单位还有千欧($k\Omega$)和兆欧($M\Omega$),其中 $1\ M\Omega = 1\ 000\ k\Omega,1\ k\Omega = 1\ 000\ \Omega$。

电阻在电路原理图中的常用符号如图 2.1 所示。电阻器在电路中主要用于调节电路的电压、电流、分压、降压、分流、限流与阻抗匹配等。

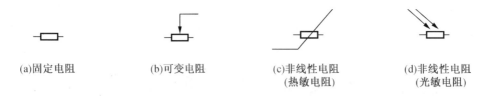

    (a)固定电阻   (b)可变电阻   (c)非线性电阻   (d)非线性电阻
                            (热敏电阻)   (光敏电阻)

图 2.1　常见电阻符号

1.分类

电阻种类繁多,按照阻值特征可分为固定电阻、可调电阻和敏感电阻,电阻值固定的纯电阻元件称为固定电阻。另外,各种敏感电阻的电阻值可以分别随温度、湿度、电压、光通量、气体、磁感应强度、压力的变化而变化,可作为传感器件,也可以在电路中起温度补偿、稳压、限压保护等作用。

按照其制作材料来分,实验室里经常采用的电阻有线绕电阻、碳质电阻、碳膜电阻、金属膜电阻和金属氧化膜电阻等。

电位器的符号为 RP(Resistance Potention meter),它是电路中电阻值可调的纯电阻元件,在电子电路中的作用是调节直流或交流的电压、电流值,或作为电阻值可调的负载。电位器通常是由电阻值固定的电阻体及在电阻体上滑动的电刷构成,具有三个端子,其阻值在一定范围内连续可调。

2.主要技术参数

电阻的主要技术指标有标称值、允许误差(精度等级)、额定功率和高频特性等。下面主要介绍标称值、允许误差、额定功率三项指标。

(1)标称值。

电阻表面所标的阻值称为标称值。标称值是按国家规定标准化的电阻值系列,不同精度等级的电阻有不同的阻值系列,见表 2.1。

使用时可将表中所列数值乘以 10^n(n 为整数)。在电路设计时,计算出的电阻值要尽量选择标称值系列,这样在市场上才能选购到。如果标称系列中找不到实际需要的数值,可采用串并联的方法解决。

表 2.1　电阻标称值

系列	标称值公式及误差	标称值大小								
E6	$10^{n/6}$,$n=0\sim5$,20%	1.0	1.5	2.2	3.3	4.7	6.8			
E12	$10^{n/12}$,$n=0\sim11$,10%	1.0	1.2	1.5	1.8	2.2	2.7	3.3	3.9	4.7	5.6
		6.8	8.2								
E24	$10^{n/24}$,$n=0\sim23$,5%	1.0	1.1	1.2	1.3	1.5	1.6	1.8	2.0	2.2	2.4
		2.7	3.0	3.3	3.6	3.9	4.3	4.7	5.1	5.6	6.2
		6.8	7.5	8.2	9.1						
E48	$10^{n/48}$,$n=0\sim47$,1% 或 2%	1.00	1.05	1.10	1.15	1.21	1.27	1.33	1.40	1.47	
		1.54	1.62	1.69	1.78	1.87	1.91	1.96	2.05	2.15	
		2.26	2.37	2.49	2.61	2.74	2.80	2.87	3.01	3.16	
		3.32	3.48	3.57	3.65	3.83	4.02	4.22	4.42	4.64	
		4.87	5.11	5.36	5.62	5.90	6.19	6.34	6.49	6.81	
		7.15	7.50	7.87	8.25	8.66	9.09	9.53			
E96	$10^{n/96}$,$n=0\sim95$,0.5% 或 1%	1.00	1.02	1.05	1.07	1.10	1.13	1.15	1.18	1.21	
		1.24	1.27	1.30	1.33	1.37	1.40	1.43	1.47	1.50	
		1.54	1.58	1.62	1.65	1.69	1.74	1.78	1.82	1.87	
		1.91	1.96	2.00	2.05	2.10	2.15	2.21	2.26	2.32	
		2.37	2.43	2.49	2.55	2.61	2.67	2.74	2.80	2.87	
		2.94	3.01	3.09	3.16	3.24	3.32	3.40	3.48	3.57	
		3.65	3.74	3.83	3.92	4.02	4.12	4.22	4.32	4.42	
		4.53	4.64	4.75	4.87	4.99	5.11	5.23	5.36	5.49	
		5.62	5.76	5.90	6.04	6.19	6.34	6.49	6.65	6.81	
		6.98	7.15	7.32	7.50	7.68	7.87	8.06	8.25	8.45	
		8.66	8.87	9.09	9.31	9.53	9.76				
E116	$10^{n/116}$,$n=0\sim115$,0.1%、0.2%、0.5%	10.0	10.2	10.5	10.7	11.0	11.3	11.5	11.8	12.0	
		12.1	12.4	12.7	13.0	13.3	13.7	14.0	14.3	14.7	
		15.0	15.4	15.8	16.0	16.2	16.5	16.9	17.4	17.8	
		18.0	18.2	18.7	19.1	19.6	20.0	20.5	21.0	21.5	
		22.0	22.1	22.6	23.2	23.7	24.0	24.3	24.7	24.9	
		25.5	26.1	26.7	27.0	27.4	28.0	28.7	29.4	30.0	

续表2.1

系列	标称值公式及误差	标称值大小								
E116	$10^{n/116}$, $n = 0 \sim 115$, 0.1%、0.2%或0.5%	30.1	30.9	31.6	32.4	33.0	33.2	34.0	34.8	35.7
		36.0	36.5	37.4	38.3	39.0	39.2	40.2	41.2	42.2
		43.0	43.2	44.2	45.3	46.4	47.0	47.5	48.7	49.9
		51.0	51.1	52.3	53.6	54.9	56.0	56.2	57.6	59.0
		60.4	61.9	62.1	63.4	64.9	66.5	68.0	68.1	69.8
		71.5	73.2	75.0	75.5	76.8	78.7	80.6	82.0	82.5
		84.5	86.6	88.7	90.9	91.0	93.1	95.3	97.6	
E192	$10^{n/192}$, $n = 0 \sim 191$, 0.1%、0.25%或0.5%	1.00	1.01	1.02	1.03	1.04	1.05	1.06	1.07	1.09
		1.10	1.11	1.13	1.14	1.15	1.17	1.18	1.20	1.21
		1.23	1.24	1.26	1.27	1.29	1.30	1.32	1.33	1.35
		1.37	1.38	1.40	1.42	1.43	1.45	1.47	1.49	1.50
		1.52	1.54	1.56	1.58	1.60	1.62	1.64	1.65	1.67
		1.69	1.72	1.74	1.76	1.78	1.80	1.82	1.84	1.87
		1.89	1.91	1.93	1.96	1.98	2.00	2.03	2.05	2.08
		2.10	2.13	2.15	2.18	2.21	2.23	2.26	2.29	2.32
		2.34	2.37	2.40	2.43	2.46	2.49	2.52	2.55	2.58
		2.61	2.64	2.67	2.71	2.74	2.77	2.80	2.84	2.87
		2.91	2.94	2.98	3.01	3.05	3.09	3.12	3.16	3.20
		3.24	3.28	3.32	3.36	3.40	3.44	3.48	3.52	3.57
		3.61	3.65	3.70	3.74	3.79	3.83	3.88	3.97	4.02
		4.07	4.12	4.17	4.22	4.27	4.32	4.37	4.42	4.48
		4.53	4.59	4.64	4.70	4.75	4.81	4.87	4.93	4.99
		5.05	5.11	5.17	5.23	5.30	5.36	5.42	5.49	5.56
		5.62	5.69	5.76	5.83	5.90	5.97	6.04	6.12	6.19
		6.26	6.34	6.42	6.49	6.57	6.65	6.73	6.81	6.90
		6.98	7.06	7.15	7.23	7.32	7.41	7.50	7.59	7.68
		7.77	7.87	7.96	8.06	8.16	8.25	8.35	8.45	8.56
		8.66	8.76	8.87	8.98	9.09	9.20	9.31	9.42	9.53
		9.65	9.76	9.88						

（2）额定功率。

电阻的额定功率是指在标准大气压和一定环境温度下,长期连续负荷所允许消耗的最大功率。电阻通电工作时,把吸收的电能转换成热能,并使自身温度升高。如果温升速率大于热扩散速率,会因温度过高将电阻烧毁。因此,在选用电阻时,应使其额定功率高于电路实际要求的 1.5 ～ 2 倍。常见的电阻额定功率有 1/8 W、1/4 W、1/2 W、1 W、2 W、4 W、8 W、10 W 等,一般以数字形式印在电阻表面,也可根据电阻的体积大小进行判断。

（3）允许误差。

电阻的允许误差是指实际阻值相对于标称阻值的允许最大误差范围,表示产品精度。允许误差的标注有三种表示方法,即直标法、文字符号法和色标法,与阻值标示方法配合标记。

直标法是阻值和允许误差直接标明,如 1 kΩ±5%,5.1 kΩ±10% 等。文字符号法是用数字与符号组合表示的方法,组合规律如下:文字符号 Ω、K、M 前面的数字表示整数阻值,文字符号 Ω、K、M 后面的数字表示小数点后面的小数阻值。允许误差用符号 J(代表 ±5%)、K(代表 ±10%)、M(代表 ±20%)表示,例如 5Ω1J 表示 5.1 Ω±5%,这种表示法可避免因小数点脱掉而误识标记。目前小型化的电阻器都采用色标法,用标在电阻体上不同颜色的色环作为标称值和允许误差的标记。色标法具有颜色醒目、标志清晰、无方向性等优点,它给生产过程中的安装、调试与检修带来方便。

3.阻值标示方法

电阻器的规格标注方法主要有直标法和色标法两种。

(1)色标法。

不同颜色的环或点在电阻器表面标出标称阻值和允许偏差,国外电阻大部分采用色标法。当电阻为四环时,最后一环必为金色或银色,前两位为有效数字,第三位为乘方数,第四位为偏差;当电阻为五环时,最后一环与前面四环距离较大,前三位为有效数字,第四位为乘方数,第五位为偏差。各色环代表的数值如图 2.2 所示。

(2)直标法。

用数字和单位符号在电阻器表面标出阻值,其允许误差直接用百分数表示,若电阻上未注偏差,则均为 ±20%。

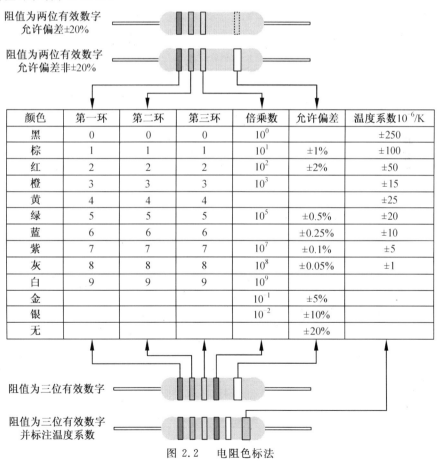

颜色	第一环	第二环	第三环	倍乘数	允许偏差	温度系数10^{-6}/K
黑	0	0	0	10^0		±250
棕	1	1	1	10^1	±1%	±100
红	2	2	2	10^2	±2%	±50
橙	3	3	3	10^3		±15
黄	4	4	4			±25
绿	5	5	5	10^5	±0.5%	±20
蓝	6	6	6		±0.25%	±10
紫	7	7	7	10^7	±0.1%	±5
灰	8	8	8	10^8	±0.05%	±1
白	9	9	9	10^9		
金				10^{-1}	±5%	
银				10^{-2}	±10%	
无					±20%	

图 2.2　电阻色标法

2.2   电　容

电容器是一种储能元件,由两块金属电极之间夹一层绝缘电介质构成。电容器英文为 Capacitor,一般用符号 C 表示,其单位为法拉,简称法(F),常用的单位还有微法(μF)和皮法(pF)。电容器具有隔直流通交流的特性,利用电容器的充放电特性可以构成定时电路、锯齿波产生电路、微积分电路、采样保持电路、滤波电路、交流耦合电路及去耦电路等。

按绝缘介质材料划分,电容器可分为电解电容、有机介质电容、无机介质电容、气体介质电容等。其中有机介质电容包括漆膜电容、混合介质电容、纸介电容、有机薄膜介质电容、纸膜复合介质电容等;无机介质电容包括陶瓷电容、云母电容、玻璃膜电容、玻璃釉电容等;电解电容包括铝电解电容、钽电解电容、铌电解电容、钛电解电容及合金电解电容等;气体介质电容包括空气电容、真空电容和充气电容。按照电容量是否可调,电容器可分为固定电容、微调电容和可变电容三种。按照有无极性,电容器分为极性电容和无极性电容,电解电容为有极性电容。按照封装形式,电容器可分为直插电容和贴片电容,如图2.3和图2.4所示。电容器在电路原理图中的常用符号如图2.5所示。表2.2给出了常用电容器的特点及用途说明。

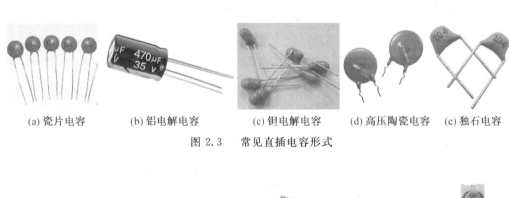

(a) 瓷片电容　　(b) 铝电解电容　　(c) 钽电解电容　　(d) 高压陶瓷电容　　(e) 独石电容

图 2.3　常见直插电容形式

(a) 贴片瓷片电容　(b) 贴片电解电容　(c) 贴片钽电容　(d) 贴片电容排　(e) 可调电容

图 2.4　常见贴片电容形式

(a)无极性电容　　　　　　(b)极性电容　　　　　　(c)可调电容

图 2.5　常见电容符号

表 2.2　常用电容器的类别、特点及用途

类别	名称	特点及用途
纸介电容器	纸介及密封纸介电容器（筒形或管形）	体积小，容量大，电感量及损耗大，介质易老化，用于低频电路
	小型及密封型金属化纸介电容器（立式或卧式）	体积小，容量大，受高压冲击后，当电压恢复正常时电容器仍能工作
	油浸密封金属化纸介电容器（立式矩形）	容量大，耐压高，漏电量小，用于要求高的场合
云母电容器	云母电容器（包括密封型）	体积小，稳定性好，耐压高，漏电及损耗均小，但容量不大，宜用于高频电路
瓷介电容器	低压及小型瓷介电容器	体积小，绝缘电阻高，损耗小，稳定性高，容量小，可用于高频电路；温度系数有正有负，可用于温度补偿
	微调瓷介电容器	电容量可以调节，可用于高频电路作微调
	圆片铁电瓷介电容器	体积小，容量大，温度系数大，不稳定，可作旁路用
玻璃釉电容器	玻璃釉电容器（包括小型）	体积小，能在 200 ～ 250 ℃ 高温下工作，抗潮性好
薄膜电容器	聚苯乙烯、聚丙烯及涤纶电容器等	电气性能好，在很宽的频率范围内性能稳定，介质损耗小，但温度系数大
电解电容器	电解电容器（包括密封型、小型及纸壳电解电容器等）	容量大，正负极不能接错，绝缘电阻小，漏电及损耗大，宜用于电源滤波及音频旁路

1. 电容器的型号

电容器的型号组成如图 2.6 所示，电容器的型号命名法见表 2.3。

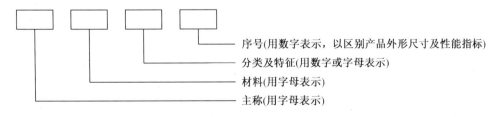

图 2.6　电容器的型号组成

表 2.3　电容器的型号命名法

第一部分		第二部分				第三部分		第四部分
主称		材料				特征		序号
符号	意义	符号	意义	符号	意义	符号	意义	
C	电容器	C	高频瓷介	LS	聚碳酸酯	T	铁介	包括品种、尺寸代号、温度特征、直流工作电压、标称值、允许误差、标准代号
		I	玻璃釉	Q	漆膜	W	微调	
		O	玻璃膜	H	纸膜复合	J	金属化	
		Y	云母	D	铝电解	X	小型	
		V	云母纸	A	钽电解	S	独石	
		Z	纸介	G	合金电解	D	低压	
		J	金属化纸介	N	铌电解	M	密封	
		B	聚苯乙烯	T	低频瓷介	Y	高压	
		BB	聚丙烯	M	压敏	C	穿心式	
		BF	聚四氟乙烯	E	其他材料	G	高功率	
		L	涤纶(聚酯)	—	—	—	—	

2.电容器的主要特性指标

(1)电容量。

电容量是指电容器加上电压后,储存电荷的能力。电容量的常用单位法(F)、微法(μF)和皮法(pF)之间的关系为

$$1\ F = 10^6\ \mu F = 10^{12}\ pF$$

电容量的标称电容值系列为 E24、E12 和 E6,其标称值见表 2.4。

表 2.4　电容的标称值

系列	允许误差	标称值大小
E6	20%	1.0　1.5　2.2　3.3　4.7　6.8
E12	10%	1.0　1.2　1.5　1.8　2.2　2.7　3.3　3.9　4.7　5.6　6.8　8.2
E24	5%	1.0　1.1　1.2　1.3　1.5　1.6　1.8　2.0　2.2　2.4　2.7　3.0 3.3　3.6　3.9　4.3　4.7　5.1　5.6　6.2　6.8　7.5　8.2　9.1

(2)额定工作电压。

额定工作电压是电容器在规定的工作范围内,能够长期、可靠地工作所能承受的最高电压。常用固定电容器的直流工作电压系列为:6.3 V、10 V、16 V、25 V、40 V、63 V、100 V、250 V、400 V、630 V、1 000 V 和 2 000 V。

(3)允许误差。

允许误差是指实测电容量对于标称电容量的最大允许偏差范围。固定电容器的允许误差分 8 级,见表 2.5。

表 2.5　电容器允许误差的级别

允许误差	±1%	±2%	±5%	±10%	±20%	+20% ~ −30%	+50% ~ −20%	+100% ~ −10%
级别	0.1	0.2	Ⅰ	Ⅱ	Ⅲ	Ⅳ	Ⅴ	Ⅵ

（4）绝缘电阻。

绝缘电阻是加在电容两端的直流电压与通过它的漏电量的比值。由于电容器介质的差别，绝缘电阻的大小可能与直流电压有关，所加的直流电压必须与正常工作电压相当或略高一些，或者接近于电容器的额定电压。漏电流越大、绝缘电阻越小，电容器的损耗越大，这将影响电路正常工作，如漏电流过大会使电容器损坏。

（5）频率特性。

电容器对不同工作频率所表现出的不同性能，主要是电容量等参数随电路工作频率变化的特性，如大容量的电容器（如电解电容器）只能用在低频电路中，而高频电路中使用的电容器（如云母电容器、高频瓷介电容器）电容量较小。

3. 电容器的标称电容量

标称电容量是生产厂家在电容器上标注的电容量。电容量标注方式与电阻标注方式类似，有直标法、文字符号法、数字标志法和色标法等。

（1）直标法。

直标法是直接用数字和单位符号在电容器表面标出额定电压、标称电容量及允许误差。例如"100 V、200p±10％"，其中单位符号"F"被省略了。

（2）文字符号法。

文字符号法是用数字和文字符号的组合来表示标称电容量，其文字符号用以表示电容量的单位，有 p(pF)、n(nF)、$\mu(\mu F)$、m(mF)、F(F) 共五种，文字符号前的数字表示电容量的整数部分，符号后的数字表示电容量的小数部分。例如"33p2"表示 33.2 pF，"1n0"表示 1 nF，"3μ32"表示 3.32 μF，等。

（3）数字标志法。

体积很小的电容器可以用数字标志其标称电容量，一般用三位数字标志，前两位数字表示电容量的第一位和第二位数字，第三位数字表示后面附加零的个数，电容量的单位一律为 pF。例如标志数字为"472"，表示标称电容量为 4 700 pF，但第三位数字为"9"时，表示 10^{-1}，如"109"表示 1 pF。

（4）色标法。

色标法是用不同颜色的色带或色点在电容器表面标出标称电容量、允许误差，色标法表示的电容量单位为 pF，同电阻的色标法。

2.3   电   感

电感器是电子电路常用的基本元件，英文为 Inductor，一般用符号 L 表示，其单位为亨利，简称亨（H）。依据电磁感应原理，电感器一般由外层绝缘的漆包线绕制而成，为了增加电感量、提高品质因数和减小电感器的体积，通常将漆包线绕制在铁芯或磁芯骨架上。图 2.7 所示为常见电感外形。电感在电路中具有通直流、阻交流的能力，广泛应用于调谐、振荡、滤波、耦合、均衡、延迟、匹配、补偿等电路中。

电感器按结构可分为空芯电感、铁氧体电感、铁芯电感、铜芯电感。在空芯线圈中插入铁氧体磁芯，可增加电感量和提高线圈的品质因数；在空芯线圈中插入铜芯，可减小电感量。电感器按电感量是否可调可分成固定电感、微调电感和可变电感。常用电感符号如图 2.8 所示。

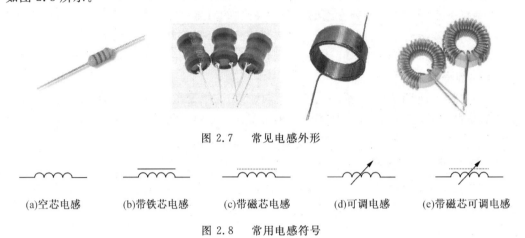

图 2.7　常见电感外形

（a）空芯电感　　（b）带铁芯电感　　（c）带磁芯电感　　（d）可调电感　　（e）带磁芯可调电感

图 2.8　常用电感符号

1. 电感的主要参数

（1）标称电感量。

电感量是指电感器通过变化电流时产生感应电动势的能力。电感量常用单位亨（H）、毫亨（mH）、微亨（μH）之间的关系为

$$1H = 10^3 \ mH = 10^6 \ \mu H$$

电感量表示电感器本身的固有特性，在线圈结构固定的情况下，电感量的大小与线圈匝数、有无磁芯、磁导率、绕线方式均有关，但受温度、湿度的影响较小，且与电路电流无关。线圈带磁芯，且匝数越多、面积越大，电感量越大。

（2）品质因数。

品质因素是衡量电感线圈质量的重要参数，用 Q 表示，它是指电感线圈在某一频率的交流电压下工作时，所呈现的感抗和线圈直流电阻的比值，即

$$Q = \frac{\omega L}{R} = \frac{2\pi f L}{R}$$

式中，ω 为工作角频率；f 为工作频率；L 为电感量；R 为线圈总损耗电阻，由直流电阻、高频电阻（由趋肤效应和邻近效应引起）和介质损耗电阻等组成。

Q 值反映了电感器损耗的大小，Q 值越高，损耗功率越小，电路效率越高，一般高频电感的品质因数为 $50 \sim 300$。调谐回路中对品质因数的要求比较高，用高品质因数的电感器与电容器组成的谐振电路有更好的谐振特性；耦合电感器的品质因数可以低一些；对高频扼流圈电感器和低频扼流圈电感器的品质因数则无要求。总之，品质因数的大小能够影响回路的选择性、效率、滤波特性以及频率的稳定性等。

为了提高电感器的品质因数，可以采用镀银铜线，以减小高频电阻；也可采用多股的绝缘线代替具有同样总截面积的单股线，以减少趋肤效应；可采用介质损耗小的高频陶瓷作为骨架，以减小介质损耗；还可采用磁芯，此时虽然增加了磁芯损耗，但可以大大减小线圈匝数，从而减小导线的直流电阻，有利于提高品质因数。

（3）分布电容。

受绕线方式和工艺的影响,电感线圈匝与匝之间、线圈与屏蔽罩之间、线圈与底板间存在寄生电容。寄生电容的存在使线圈的 Q 值下降,稳定性变差,因而线圈的寄生电容越小越好。图 2.9 所示为电感器等效电路模型,其中等效电容 C 即为电感寄生电容。

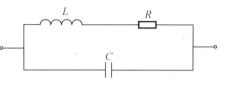

图 2.9　电感器等效电路模型

电感的寄生电阻 R 由绕线电阻、引线电阻及磁芯损耗电阻三部分组成,其中绕线电阻与漆包线的线径、长度、铜线电阻率有关;引线电阻与引线长短、粗细有关;磁芯损耗电阻与磁芯材料特性和工作频率有关。

实际电感的等效阻抗为

$$Z = \mathrm{j}\omega C \mathbin{/\!/} (R + \mathrm{j}\omega L) = \dfrac{(R + \mathrm{j}\omega L)\dfrac{1}{\mathrm{j}\omega C}}{R + \mathrm{j}\left(\omega L - \dfrac{1}{\omega C}\right)} \tag{2.1}$$

并联谐振频率为

$$f_0 = \dfrac{1}{2\pi}\sqrt{\dfrac{1}{LC} - \dfrac{R^2}{L^2}} = \dfrac{1}{2\pi\sqrt{LC}} \cdot \sqrt{1 - \dfrac{1}{Q^2}} \tag{2.2}$$

式中,品质因数 $Q = \dfrac{2\pi f_0 L}{R}$。

当工作频率小于谐振频率 f_0 时,电感器呈感性;当工作频率等于谐振频率 f_0 时,电感器呈现电阻性;当工作频率大于谐振频率 f_0 时,电感器呈容性,失去了电感特性。因此,使用电感器时,为保证线圈有效电感的稳定性,要使其工作频率远低于线圈的固有频率。为了减少电感器的分布电容,可以减少线圈骨架的直径,或用细导线绕制线圈,或用分段绕法、蜂房式绕法等。

（4）额定工作电流。

额定工作电流即电感器允许通过的额定电流值,若电流超过此值,则线圈会发热,可能使线圈结构受到损坏,而且会影响相邻元器件的正常工作。

2.电感器的检测与使用方法

对电感器电感量的测量需要使用电感表,或通过高频品质因数表进行间接测量,在日常使用中如果不具备以上两种设备,则无法准确测量电感值。为了判断电感器的好坏,可采用万用表测量电感线圈的直流电阻来进行简单判断,步骤如下:首先应对电感器外观进行检查,判断有无损伤,引线有无断裂、松脱,漆包线有无掉漆等;然后,使用万用表测量电感器的电阻,如果电阻显示阻值很大或无穷大,则说明电感线圈已经断路,不宜再使用,一般电感的阻值应该在数十 Ω 以下。

电感器受电磁感应原理影响,在使用时应该注意以下几点:

（1）使用线圈电感时应注意,随便改变线圈形状的大小和线圈间距离都将影响线圈的电感量,尤其是空芯高频线圈。

（2）磁芯电感器的工作频率受磁芯材料的最高工作频率限制，音频段的电感一般使用带铁氧体芯的。对于工作频率在数百 kHz 到几 MHz 范围内的电感器最好用铁氧体芯，并采用多股绝缘线绕制方式；对于工作频率在几 MHz 到数十 MHz 范围内的电感器，宜选用单股镀银粗铜线绕制，磁芯要采用短波高频铁氧体，也常用空芯电感器；对于工作频率在 100 MHz 以上的电感器，一般不能选用铁氧体芯，只能用空芯电感器。

（3）电感器的损耗与线圈的骨架材料有关，因此用于高频电路的电感器通常选用高频损耗小的高频陶瓷作为骨架。对要求不高的场合，可以选用塑料、胶木和纸骨架的电感器，它们还具有价格低廉、制作方便、质量轻等优点。

（4）为了减小电感对周围电路的影响，低频工作时，可用磁性材料制成屏蔽罩，将线圈罩在盒内，以减少内外磁场的相互影响；高频工作时，可用铜、铝等电阻率小的良导体作电磁场屏蔽材料，利用高频磁场在屏蔽罩上感应产生的涡流来达到屏蔽的目的。但线圈采用屏蔽措施后，其等效电阻、分布电容等参数将会发生变化，为了减小屏蔽对线电感的影响，屏蔽罩的直径一般应比线圈直径大 1 倍。

2.4 二 极 管

二极管是用半导体单晶材料（硅、锗或砷化镓等）制成的具有特定功能的半导体器件，英文为 Diode，一般用 D 表示，是半导体元器件中最基本的元器件，广泛应用于整流、稳压、检波、变容、指示等电路中。

二极管的种类很多，按制造材料分硅二极管、锗二极管、砷化镓二极管；按用途可分为稳压二极管、整流二极管、检波二极管、光电二极管、开关二极管等；按制造工艺可分为点接触型二极管和面接触型二极管；按封装形式可分为塑料封装二极管、玻璃封装二极管、金属封装二极管等。其常见封装外形和图形符号如图 2.10 和图 2.11 所示。

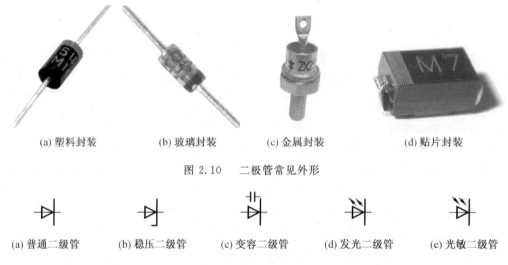

| (a) 塑料封装 | (b) 玻璃封装 | (c) 金属封装 | (d) 贴片封装 |

图 2.10　二极管常见外形

| (a) 普通二级管 | (b) 稳压二级管 | (c) 变容二级管 | (d) 发光二级管 | (e) 光敏二级管 |

图 2.11　二极管常见图形符号

1.二极管的伏安特性与主要参数

（1）正向特性。

二极管的伏安特性如图 2.12 和图 2.13 所示。在二极管两端加正向电压时,二极管导通。当正向电压很低时,二极管呈现较大电阻,电流很小,这一区域称为死区。锗管的死区电压约为 0.1 V,导通电压约为 0.3 V;硅管的死区电压约为 0.5 V,导通电压约为 0.7 V。随着外加电压增加并超过死区电压,二极管内阻变小,电流随着正向压降的升高而急骤上升,这就是二极管正向导电区。在正向导电区,当电流增加时,管压降稍有增大。

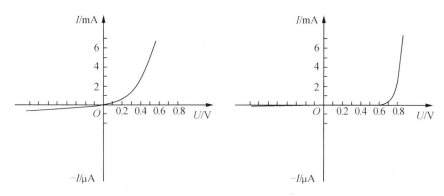

图 2.12　　锗二极管伏安特性　　　　图 2.13　　硅二极管伏安特性

（2）反向特性。

对二极管施加反向电压时,通过二极管的电流很小,且该电流不随反向电压的增加而变大,这个电流称反向饱和电流。反向饱和电流受温度影响较大,温度每升高 10 ℃,电流约增加 1 倍。在反向电压作用下,二极管呈现较大电阻(反向电阻)。当反向电压超过一定数值时,反向电流将急剧增大,二极管将损毁,这种现象称为反向击穿,对应的反向电压称为反向击穿电压。

2.二极管的主要参数

如前文所述,二极管的种类很多,不同类型的二极管所对应的主要特性参数有所不同,具有普遍意义的特性参数有以下几个:

（1）额定正向工作电流 I_F。

额定正向工作电流是指二极管长期连续工作时允许通过的最大正向电流值。因为电流通过二极管时会使管芯发热、温度上升,温度超过容许限度(硅管为 140 ℃ 左右,锗管为 90 ℃ 左右)时,就会使管芯因发热而损坏。所以,使用二极管时其工作电流不得超过额定正向工作电流。

（2）最高反向工作电压 U_{RM}。

最高反向工作电压是指二极管正常工作时,所能施加的最大反向电压值。加在二极管两端的反向电压若超过最高反向工作电压,二极管将会被击穿。

（3）反向电流 I_R。

反向电流是指二极管在规定的温度和最高反向电压作用下,流过二极管的电流。反向电流越小,说明二极管的单向导电性能越好,硅管一般为 n A 级,锗管一般为 μA 级。由于反向电流与温度关系密切,温度升高,反向电流会急剧增加,因此在使用时需要注意温度对反向电流的影响,在高温下硅二极管比锗二极管具有更好的稳定性。

(4) 最高工作频率 f_M。

最高工作频率 f_M 指二极管正常工作时的上限频率,超过此频率时,二极管受 PN 结的结电容影响,其单向导电性将变差。

在实际应用中,需根据二极管的使用场合,选择性能参数合适的二极管,保证二极管在安全工作的同时能够得到充分的利用,此外还要注意工作频率、环境温度等条件的影响。

3. 常用二极管类型

(1) 稳压二极管。

稳压二极管也称为齐纳二极管,主要利用二极管的反向击穿特性,其伏安特性曲线如图 2.14 所示,在反向击穿时其两端电压基本不随电流的大小而发生变化,在电路中起到稳定电压、限幅和过载保护的作用。稳压二极管通常用于稳压要求不高的场合,稳压二极管应用电路如图 2.15 所示,其主要参数包括稳定电压 U_Z、稳定电流 I_Z、最大稳定电流 I_{ZM}、动态电阻 r_Z、最大耗散功率 P_{ZM} 等,见表 2.6。

使用稳压二极管时必须注意,它们可以串联使用,串联后的稳压值为各管稳压值之和,但不能并联使用,以免因稳定电压的差异造成各管电流分配不均匀而引起二极管过载损坏。

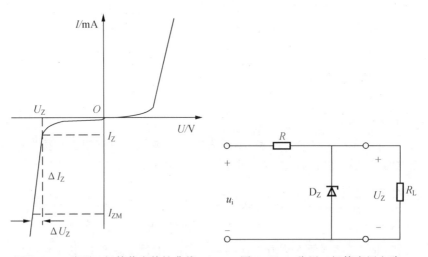

图 2.14　稳压二极管伏安特性曲线　　图 2.15　稳压二极管应用电路

表 2.6　1 W 系列常用稳压二极管主要参数

| 器件 | 稳压值 U_Z/V | | | 稳定电流 I_Z/mA | 阻抗 Z_Z/Ω | 漏电流 | | 最大稳定电流 I_{ZSM}/mA |
	最小值	典型值	最大值			$I_R/\mu A$	U_R/V	
1N4728A	3.135	3.3	3.465	76	10	100	1	1 380
1N4729A	3.42	3.6	3.78	69	10	100	1	1 260

续表2.6

器件	稳压值 U_Z/V			稳定电流 I_Z/mA	阻抗 Z_Z/Ω	漏电流		最大稳定电流 I_{ZSM}/mA
	最小值	典型值	最大值			I_R/μA	U_R/V	
1N4730A	3.705	3.9	4.095	64	9	50	1	1 190
1N4731A	4.085	4.3	4.515	58	9	10	1	1 070
1N4732A	4.465	4.7	4.935	53	8	10	1	970
1N4733A	4.845	5.1	5.355	49	7	10	1	890
1N4734A	5.32	5.6	5.88	45	5	10	2	810
1N4735A	5.89	6.2	6.51	41	2	10	3	730
1N4736A	6.46	6.8	7.14	37	3.5	10	4	660
1N4737A	7.125	7.5	7.875	34	4	10	5	605
1N4738A	7.79	8.2	8.61	31	4.5	10	6	550
1N4739A	8.645	9.1	9.555	28	5	10	7	500
1N4740A	9.5	10	10.5	25	7	10	7.6	454
1N4741A	10.45	11	11.55	23	8	5	8.4	414
1N4742A	11.4	12	12.6	21	9	5	9.1	380

（2）整流二极管。

整流二极管有输出电流较大和反向电压较高等特点,可将交流电变换为脉动直流电,主要用于频率不高的整流、限幅嵌位、保护等电路中。

图 2.16(a) 所示为整流二极管实现半波整流的应用电路,实际上利用了二极管的单向导电特性。当输入电压处于交流电压的正半周时,二极管导通,输出电压 $u_o = u_i - u_D$；当输入电压处于交流电压的负半周时,二极管截止,输出电压 $u_o = 0$。半波整流电路输入和输出电压的波形如图 2.16(b) 所示。1N4000 系列常用整流二极管的主要参数见表 2.7。

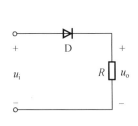

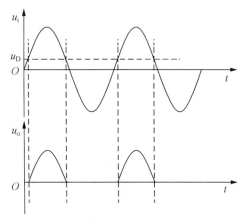

(a)整流二极管半波整流应用电路　　　　　　(b)整流二极管半波整流波形

图 2.16　整流二极管典型应用电路

表 2.7 1N4000 系列常用整流二极管的主要参数

参数	1N4001	1N4002	1N4003	1N4004	1N4005	1N4006	1N4007
反向工作峰值电压 U_{RM}/V	50	100	200	400	600	800	1 000
最大均方根电压 U_{RSM}/V	35	70	140	280	420	560	700
额定正向整流电流 I_F/A	1						
最大浪涌电流 I_{FSM}/A	30						

（3）发光二极管。

发光二极管（LED）的伏安特性与普通二极管基本一致，只是它的正向压降较大，一般在 1.5～3.0 V 之间。正向压降超过阈值开始发光，发光颜色与构成 PN 结的材料有关，发光强度与电路电流相关，电路电流一般小于 20 mA。

LED 应用电路如图 2.17 所示，使用发光二极管时，需要注意驱动方式和应用电路的选择，若用电压源驱动，就应在电路中串联限流电阻，以免损坏发光二极管；若使用电流源驱动，则需要考虑电流源大小，不得超过极限电流。

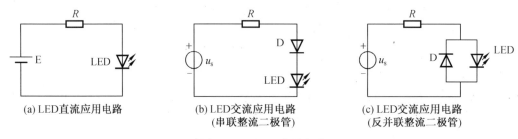

(a) LED直流应用电路　　(b) LED交流应用电路　　(c) LED交流应用电路
　　　　　　　　　　　　　　（串联整流二极管）　　　　（反并联整流二极管）

图 2.17　LED 应用电路

（4）检波二极管。

检波二极管具有正向电流与压降小、结电容小、工作频率高等特点，它可以检测出调制在高频信号中的低频信号，主要用于高频电路中的信号检波、鉴频、限幅等。

（5）开关二极管。

开关二极管主要是利用二极管的单向导电性，通过在电路中对电流进行控制，起到接通或断开开关的作用，具有开关速度快、体积小、寿命长、可靠性高等特点。硅开关二极管的反恢复时间只有几 ns，即使是锗开关二极管，也不过几百 ns。开关二极管广泛用于电子计算机、脉冲和数字电路中。

（6）变容二极管。

变容二极管主要利用 PN 结反向偏置时势垒电容随外加电压的变化而变化的特性制成，反向偏压增大时，势垒电容减小。变容二极管主要用在高频电路中，取代可变电容器，起到自动调谐、调频、调相的作用，常用于压控振荡、自动频率控制和稳频等电路中。

（7）光电二极管。

光电二极管主要利用二极管 PN 结受到光照时，其反向电流随光照强度的增加而成正比上升的原理，将光信号转换成电信号，以便用于光的测量或作为光电池进行能量转换。

4.二极管的识别与测试

对于小功率的二极管,一般其外壳上均有型号和负极指示。塑料封装二极管负极一般为白色环,而玻璃封装二极管一般用黑色环表示负极。对于直插封装的发光二极管来说,引脚长的为正极、引脚短的为负极。

遇到正负极标记不清时,可以借助万用表进行简单测试,以此来确定正负极和简单功能判断。将数字万用表调到二极管测试挡位,红、黑两表笔接触二极管两端,当红表笔接二极管正极、黑表笔接二极管负极时,可测得该二极管正向导通压降,硅管压降一般为0.5 V,锗管则为0.15～0.3 V。调换表笔后显示为无穷大,说明该二极管反向电阻很大,单向导电性好,否则说明该二极管已失去单向导电性。正反向测得结果均为无穷大则说明该二极管已损坏。可以采用本方法对二极管进行简单判断。

2.5　　开关与按键

开关是一种可以使电路开路、使电流中断或流到其他电路的电子元件。最简单的开关是其内部集成两片称为"触点"的金属,两触点接触时电流形成回路,两触点不接触时电流开路。开关中除了触点之外,也会有控制件使触点导通或不导通,根据控制件的不同,开关分为杠杆开关、按键开关、船型开关等。按键实际上是一种特殊的开关,只是其只有两种状态,即带锁按键或不带锁按键。图 2.18 所示为常见开关和按键的电路符号,图2.19 所示为常见开关实物图。

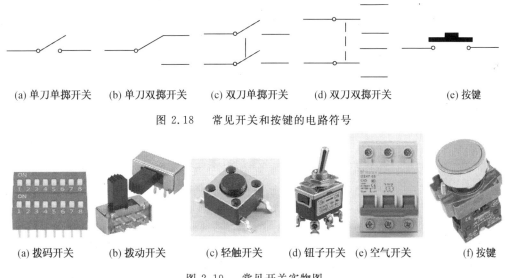

(a) 单刀单掷开关	(b) 单刀双掷开关	(c) 双刀单掷开关	(d) 双刀双掷开关	(e) 按键

图 2.18　　常见开关和按键的电路符号

(a) 拨码开关	(b) 拨动开关	(c) 轻触开关	(d) 钮子开关	(e) 空气开关	(f) 按键

图 2.19　　常见开关实物图

1.开关分类

(1) 按照用途分类。

开关按用途可分为波动开关、波段开关、录放开关、电源开关、预选开关、限位开关、控制开关、转换开关、隔离开关、行程开关、墙壁开关、智能防火开关等。

（2）按照结构分类。

开关按结构可分为微动开关、船型开关、钮子开关、拨动开关、按钮开关、按键开关，还有时尚潮流的薄膜开关、点开关等。

（3）按照接触类型分类。

开关按接触类型可分为 a 型触点开关、b 型触点开关和 c 型触点开关三种。接触类型是指"操作（按下）开关后，触点闭合"这种操作状况和触点状态的关系，需要根据用途选择合适接触类型的开关。

（4）按照开关数分类。

开关按开关数可分为单控开关、双控开关、多控开关、调光开关、调速开关、防溅盒开关、门铃开关、感应开关、触摸开关、遥控开关、智能开关、插卡取电开关、浴霸专用开关等。

2. 常用的开关类型

（1）延时开关。

延时开关是将继电器安装于开关之中，延时控制电路通断的一种开关。延时开关又可以分为声控延时开关、光控延时开关、触摸式延时开关等。延时开关在日常生活中应用很广，例如楼道中的声控灯光开关就是一个延时开关，人走过以后，需要等待一段时间才关闭灯光。

（2）轻触开关。

轻触开关使用时轻轻点按开关按钮就可使开关接通，当松开手时开关即断开，是靠其内部金属弹片受力弹动来实现通断的。轻触开关由于体积小、质量轻，在日常的电器方面得到了广泛的应用，如影音产品、数码产品、遥控器、通信产品、家用电器、安防产品、玩具、电脑产品、医疗器材、汽车按键等。

（3）空气开关。

空气开关又名空气断路器，是一种只要电路中电流超过额定电流就会自动断开的开关。空气开关是低压配电网络和电力拖动系统中非常重要的一种电器，它集控制和多种保护功能于一身，除能完成接触和分断电路外，还能对电路或电气设备发生的短路、严重过载及欠电压等进行保护，同时也可以用于不频繁地启动电动机。空气开关在日常生活中应用最广泛的就是家庭配电箱的开关，当家用电器发生短路、电流严重过载等危险情况时，空气开关能够立即断电，确保用电安全。

（4）按钮开关。

按钮开关又称控制按键（简称按键），是一种手动且一般可以自动复位的低压电器，通常用于电路中发出启动或停止指令，以控制电磁起动器、接触器、继电器等电器线圈电流的接通和断开。按键是一种按下即动作、释放即复位的用来接通和分断小电流电路的电器，一般用于交直流电压 440 V 以下、电流小于 5 A 的控制电路中，且不直接操纵主电路，也可以用于互联电路中。

在实际的使用中，为了防止误操作，通常在按钮上做出不同的标记或涂以不同的颜色加以区分，其颜色有红、黄、蓝、白、黑、绿等。一般红色表示"停止"或"危险"情况下的操作；绿色表示"启动"或"接通"。急停按钮必须用红色蘑菇头按钮，且必须有金属的防护挡圈,且挡圈要高于按钮帽防止意外触动按钮而产生误动作。安装按钮的按钮板和按钮盒的材料必须是金属的并且与机械的总接地母线相连。

2.6　继　电　器

继电器(Relay)是一种电子控制器件,它具有控制系统(又称输入回路)和被控制系统(又称输出回路),通常应用于自动控制电路中,它实际上是用较小电流去控制较大电流的一种"自动开关",故在电路中起着自动调节、安全保护、转换电路等作用。图 2.20 所示为电磁继电器等常见继电器的符号。下面以图中电磁继电器为例,来说明继电器的基本工作原理和特性。

如图 2.20(a)所示,电磁继电器一般由铁芯、线圈、衔铁、触点簧片等组成,只要在线圈两端加上一定的电压,线圈中就会流过一定的电流,从而产生电磁效应,衔铁就会在电磁引力的作用下克服返回弹簧的拉力吸向铁芯,从而带动衔铁的动触点与静触点(常开触点)吸合;当线圈断电后,电磁的吸力也随之消失,衔铁就会在弹簧的反作用力下返回原来的位置,使动触点与原来的静触点(常闭触点)吸合,这样吸合、释放,从而达到了在电路中的导通、切断的目的。对于继电器的常开、常闭触点,可以这样来区分:继电器线圈未通电时,处于断开状态的静触点称为常开触点;处于接通状态的静触点称为常闭触点。

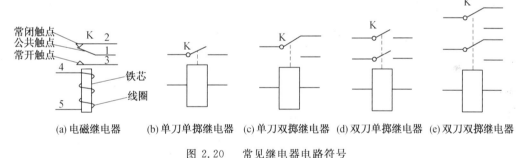

(a) 电磁继电器　(b) 单刀单掷继电器　(c) 单刀双掷继电器　(d) 双刀单掷继电器　(e) 双刀双掷继电器

图 2.20　常见继电器电路符号

1.继电器的主要作用

继电器是具有隔离功能的自动开关元件,广泛应用于遥控、遥测、通信、自动控制、机电一体化及电力电子设备中,是重要的控制元件之一。

继电器一般都有能反映一定输入变量(如电流、电压、功率、阻抗、频率、温度、压力、速度、光等)的感应机构(输入部分);有能对被控电路实现"通""断"控制的执行机构(输出部分);在继电器的输入部分和输出部分之间,还有对输入量进行耦合隔离、功能处理和对输出部分进行驱动的中间机构(驱动部分)。作为控制元件,继电器有如下几种作用:

(1)扩大控制范围。例如多触点继电器的控制信号达到某一定值时,可以按触点组的不同形式,同时换接、开断、接通多路电路。

(2)放大。例如灵敏型继电器、中间继电器等,用一个很微小的控制量就可以控制很大功率的电路。

（3）综合信号。例如当多个控制信号按规定的形式输入多绕组继电器时，经过继电器的比较综合可达到预定的控制效果。

（4）自动、遥控、监测。例如设备上的继电器与其他电器一起可以组成程序控制线路，从而实现设备自动化运行。

2. 继电器的分类

继电器的分类方法较多，可以按工作原理、结构特征、外形尺寸、继电器的负载、防护特征、动作原理、反应的物理量、继电器在保护回路中所起的作用、有无触点等分类。常见继电器的实物图如图 2.21 所示。

（1）按继电器的工作原理或结构特征分类。

继电器按工作原理或结构特征可分为电磁继电器、固体继电器、温度继电器、舌簧继电器、时间继电器、高频继电器、极化继电器、光继电器、声继电器、热继电器、仪表式继电器、霍尔效应继电器、差动继电器等。

（2）按继电器的外形尺寸分类。

继电器按外形尺寸可分为微型继电器、超小型微型继电器、小型微型继电器等。

（3）按继电器的负载分类。

继电器按负载可分为微功率继电器、弱功率继电器、中功率继电器、大功率继电器等。

（4）按继电器的动作原理分类。

继电器按动作原理可分为电磁型继电器、感应型继电器、整流型继电器、电子型继电器、数字型继电器等。

（5）按照反应的物理量分类。

继电器按反应的物理量可分为电流继电器、电压继电器、功率方向继电器、阻抗继电器、频率继电器等。

（6）按照继电器在保护回路中所起的作用分类。

继电器按其在保护回路中所起的作用可分为启动继电器、量度继电器、时间继电器、中间继电器、信号继电器、出口继电器等。

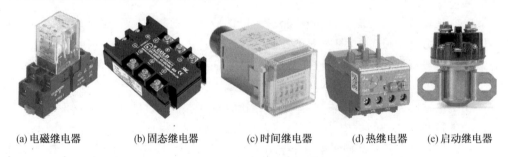

(a) 电磁继电器　　(b) 固态继电器　　(c) 时间继电器　　(d) 热继电器　　(e) 启动继电器

图 2.21　常见继电器的实物图

3.继电器主要产品技术参数

(1)额定工作电压。

额定工作电压是指继电器正常工作时线圈所需要的电压。根据继电器的型号不同,额定工作电压可以是交流电压,也可以是直流电压。

(2)直流电阻。

直流电阻是指继电器中线圈的直流电阻,可以通过万用表测量。

(3)吸合电流。

吸合电流是指继电器能够产生吸合动作的最小电流。在正常使用时,给定的电流必须略大于吸合电流,这样继电器才能稳定地工作。而对于线圈所加的工作电压,一般不要超过额定工作电压的 1.5 倍,否则会产生较大的电流而把线圈烧毁。

(4)释放电流。

释放电流是指继电器产生释放动作的最大电流。当继电器吸合状态的电流减小到一定程度时,继电器就会恢复到未通电的释放状态,这时的电流远远小于吸合电流。

(5)触点切换电压和电流。

触点切换电压和电流是指继电器允许加载的电压和电流。它决定了继电器能控制的电压和电流的大小,使用时不能超过此值,否则很容易损坏继电器的触点。

4.继电器的选型

(1)选型必要的条件。

① 控制电路的电源电压以及能提供的最大电流。

② 被控制电路中的电压和电流。

③ 被控电路需要几组、什么形式的触点。

选用继电器时,一般控制电路的电源电压可作为选用的依据。控制电路应能给继电器提供足够的工作电流,否则继电器的吸合是不稳定的。

(2)查阅有关资料确定使用条件后,可查找相关资料,找出需要的继电器的型号和规格参数。若手头已有继电器,可依据资料核对是否可以利用,最后考虑安装尺寸是否合适。

(3)注意对继电器使用体积的要求。若是用于一般用电器,除考虑机箱容积外,小型继电器主要考虑电路板安装布局。对于小型电器,如玩具、遥控装置则应选用超小型继电器产品。

2.7　保 险 丝

保险丝(Fuse)也被称为电流保险丝,其主要是起过载保护作用。当电路发生故障或异常时,电流不断升高,而升高的电流有可能损坏电路中的某些重要器件,也有可能烧毁电路甚至造成火灾。若电路中正确地安置了保险丝,那么保险丝就会在电流异常升高到一定阈值时熔断自身以切断电流,从而起到保护电路安全运行的作用。常见保险丝的电路符号如图 2.22 所示。

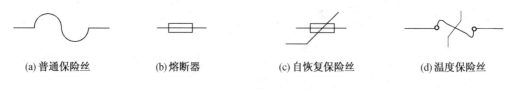

| (a)普通保险丝 | (b)熔断器 | (c)自恢复保险丝 | (d)温度保险丝 |

图 2.22　常见保险丝的电路符号

1. 保险丝的分类

保险丝的保护形式有过电流保护与过热保护。用于过电流保护的保险丝就是平常说的保险丝,也称限流保险丝;用于过热保护的保险丝一般称为温度保险丝,可细分为低熔点合金型、感温触发型、记忆合金型等。温度保险丝是为防止发热电器或易发热电器温度过高而对电路进行保护的,例如电吹风、电熨斗、电饭锅、电炉、变压器、电动机等,只对电器的温度升高敏感,而不会理会电路的工作电流的大小。

保险丝按使用范围可分为电力保险丝、机床保险丝、电器仪表保险丝(电子保险丝)、汽车保险丝等。

保险丝按体积可分为大型保险丝、中型保险丝、小型保险丝及微型保险丝等。

保险丝按额定电压可分为高压保险丝、低压保险丝和安全电压保险丝等。

保险丝按形状可分为平头管状保险丝、尖头管状保险丝、铡刀式保险丝、螺旋式保险丝、插片式保险丝、平板式保险丝、裹敷式保险丝、贴片式保险丝等。

保险丝按熔断速度可分为特慢速保险丝、慢速保险丝、中速保险丝、快速保险丝、特快速保险丝等。

保险丝按类型可分为电流保险丝、温度保险丝、自恢复保险丝等。其中自恢复保险丝采用高分子有机聚合物在高压、高温以及硫化反应的条件下,掺加导电粒子材料后,经过特殊的工艺加工而成。传统保险丝过流保护仅能保护一次,烧断了需更换,而自恢复保险丝具有过流过热保护以及自动恢复双重功能。

常见保险丝实物图如图 2.23 所示。

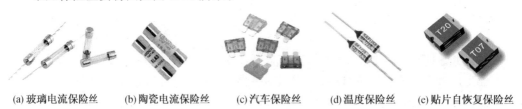

| (a)玻璃电流保险丝 | (b)陶瓷电流保险丝 | (c)汽车保险丝 | (d)温度保险丝 | (e)贴片自恢复保险丝 |

图 2.23　常见保险丝实物图

2. 保险丝的技术参数

(1) 额定电流。

额定电流又称保险丝的标称工作电流,保险丝的额定电流是由生产厂商在实验室的条件下所确定的。额定电流值通常有 100 mA、200 mA、315 mA、400 mA、500 mA、630 mA、800 mA、1 A、1.6 A、2 A、2.5 A、3.15 A、4 A、5 A、6.3 A 等,电流额定值表明了保险丝在一定测试条件下的电流承载能力。每只保险丝都会注明电流额定值,这个值可以用数字、字母或颜色标记,可以通过产品数据表找到每种标记的意义。

（2）额定电压。

额定电压又称保险丝的标称工作电压,一般保险丝的标准电压额定值为 32 V、60 V、125 V、250 V、300 V、500 V、600 V。保险丝的电压额定值必须大于或者等于断开电路的最大电压。由于保险丝的阻值非常低,只有当保险丝试图熔断时,保险丝的电压额定值才变得重要。当熔丝元件熔化后,保险丝必须能迅速断开、熄灭电弧,并且阻止开路电压通过断开的熔丝元件,以防再次触发电弧。

（3）电压降。

电压降是指对保险丝通额定电流时,当保险丝达到热平衡,即温度稳定下来时所测得的其两端的电压,由于保险丝两端电压降对电路会有一定的影响,因此在欧盟相关规定中有对电压降的明确规定。

（4）保险丝电阻。

保险丝电阻通常分为冷态电阻和热态电阻,冷态电阻是指在 25 ℃ 的条件下,保险丝通过 90% 额定电流值时所测得的电阻值;热态电阻则是通过 100% 额定电流值时所测得的电压降转化过来的。

（5）过载电流。

过载电流是指在电路中流过的高于正常工作时的电流。如果不能及时切断过载电流,则有可能会对电路中其他设备造成损坏。短路电流则是指电路中局部或全部短路时所产生的电流,短路电流通常很大,且比过载电流要大。

（6）熔断特性。

熔断特性即时间－电流特性(也称为安－秒特性)。通常有两种表达方法,即 $I-T$ 图和测试报告。$I-T$ 图是在以负载电流为 x 坐标、熔断时间为 y 坐标构成的坐标系内,由保险丝在不同电流负载下的平均熔断时间坐标点连成的曲线。每一种型号规格的保险丝都有一条相应的曲线可代表它的熔断特性,该曲线可在选用保险丝时参考。

（7）分断能力。

分断能力又称额定短路容量,是指在额定电压下,保险丝能够安全地断开电路,并且不发生破损时的最大电流值(交流电为有效值),保险丝的分断能力必须等于或大于电路中可能发生的最大故障电流。

（8）熔化热能值。

熔化热能值即保险丝熔化所需的能量值,它是使保险丝在 8 ms 或更短的时间内断开时,其对应的电流的平方与熔断时间的乘积,限制时间在 8 ms 以内是为了使熔丝产生的热量全部用来熔断而来不及散热。它对于每一种不同的熔丝部件来说是个常数,是熔丝本身的一个参数,由熔丝的设计所决定。

（9）温升。

温升是指保险丝在通规定的电流值的条件下,使温度达到稳定时的温度值与通电前温度值的差值。

第 3 章

常用仪器仪表的工作原理和使用方法

在电路基础实验中,经常使用的仪器仪表有直流稳压电源、数字万用表、任意波形 /函数发生器、示波器等,它们按功能可分为两类,一类是"源",为电子电路正常工作提供需要的能量和激励信号,包括直流稳压电源、任意波形 / 函数发生器等,作为驱动信号源,其输出阻抗一般都很小;另一类是测试设备,用于观察或测量电信号参量,常用的包括数字万用表和示波器等。数字万用表用于测量电路的静态工作点和直流信号参数,也可测量低频电路中的交流电压、交流电流的有效值;示波器用于观测电压信号的波形和幅度、频率、周期、相位等参数。由于测试设备往往需要并联到被测电路中,为减小设备使用时对被测电路的影响,其输入阻抗通常都很大。实验仪器与实验电路之间的关系如图 3.1 所示。本章将着重介绍这些常用仪器仪表的工作原理、功能、性能指标和使用注意事项。

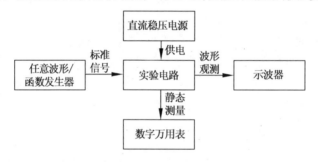

图 3.1   实验仪器与实验电路之间的关系

3.1   直流稳压电源

直流稳压电源是为实验电路提供恒定直流电压的设备,可以将交流电转变成稳定的、输出功率符合技术指标的低压直流电,是电路基础实验中不可或缺的仪器。

3.1.1   直流稳压电源的工作原理

直流稳压电源一般都是采用交流电网供电,将 220 V 交流市电经过变压器隔离降压后,依次经过"整流""滤波""稳压"后获得稳压直流电,如图 3.2 所示。"整流"是指把大小、方向都变化的交流电变成单向脉动的直流电;"滤波"是指滤除脉动直流电中的交流成分,使得输出波形平滑;"稳压"是指输入电压波动或负载变化引起输出电压变化时,能自动调整使输出电压维持在原值。直流稳压电源的内阻非常小,在其输出电压范围内,其伏安特性接近于理想电源。

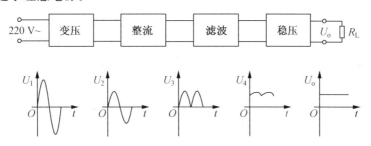

图 3.2　直流稳压电源原理框图

直流稳压电源的技术指标主要包括输出电压和电流范围、分辨率、稳定度、负载调节率、纹波和噪声等,其中输入电压、输出电压、输出电流、输出电压调节范围等属于特性指标,反映直流稳压电源的固有特性;稳定度、等效内阻(输出电阻)、纹波电压及温度系数等是质量指标,反映直流稳压电源的优劣。以下对几个常见的电源参数进行简单介绍:

1.输出电压、电流范围和分辨率

直流稳压电源输出电压、电流范围是指在符合其工作条件情况下,能够正常工作的输出电压和电流范围。由于人体安全电压为 36 V,故常见直流稳压电源的输出电压一般最大为 30 V,部分产品可达 60 V 以上,稳压电源输出电流一般最大为 3 A。电压分辨率和电流分辨率一般与直流电源调节模式相关,对于采用旋钮式可调变阻器的模拟调节方式,理论上分辨率可以非常小;而对于数字调节的直流稳压电源,则与控制数字位数、电源控制芯片分辨率等有关。

2.电压调整率

电压调整率是表征直流稳压电源稳压性能优劣的重要指标,又称为稳压系数或稳定系数,是指当输入电压变化时直流稳压电源输出电压的稳定程度,通常以单位输出电压下的输入和输出电压相对变化百分比表示。

3.电流调整率

电流调整率是反映直流稳压电源负载能力的一项主要指标,又称为电流稳定系数,指当输入电压不变时,直流稳压电源对于负载电流(输出电流)变化而引起输出电压波动的抑制能力,在规定的负载电流变化条件下,通常以单位输出电压下输出电压变化值的百分比来表示直流稳压电源的电流调整率。

4.纹波抑制比

纹波抑制比反映了直流稳压电源对输入端引入的市电电压的抑制能力,当直流稳压电源输入和输出条件保持不变时,纹波抑制比常以输入纹波电压峰 — 峰值与输出纹波电压峰 — 峰值之比表示,一般用分贝数表示,也可以用百分数或直接用两者的比值表示。

3.1.2　SW-17 型直流稳压电源的使用方法

直流稳压电源的型号很多,面板布局也有所不同,但使用方法基本相同。本书以SW-17 型直流稳压电源为例对其基本使用方法进行说明。SW-17 型直流稳压电源是上海稳压器厂生产的三路输出高精度直流稳定电源,其中两路为输出可调、稳压与稳流可自动转换的稳压电源,第三路为输出电压固定＋5 V的稳压电源。两路可调节电源可以单独或者进行串联、并联运用。在串联或并联时,只需对主路电源的输出进行调节,从路电源的输出严格跟踪主路,串联时最高输出电压可达60 V,并联时最大输出电流为6 A。

1. 技术参数

(1) 输入电压:AC 220 V±10%,(50±5) Hz。

(2) 输出电压:连续可调(0～30 V)。

(3) 输出电流:连续可调(0～3 A)。

(4) 电源效应:CV(Constant Voltage,恒压) $\leqslant 1 \times 10^{-4} + 0.5$ mV;

CC(Constant Current,恒流) $\leqslant 2 \times 10^{-4} + 1$ mA。

(5) 负载效应:CV $\leqslant 1 \times 10^{-4} + 2$ mV(输出电流 $\leqslant 3$ A);

CC $\leqslant 2 \times 10^{-3} + 3$ mA(输出电流 $\leqslant 3$ A)。

(6) 纹波与噪声:CV $\leqslant 10.0$ mV rms(输出电流 $\leqslant 3$ A);

CC $\leqslant 3$ mA rms。

(7) 保护:电流限制保护,短路保护,过温保护(电流大于30 A)。

(8) 输出指示:精度为2.5级的电压表和电流表,或3位半数码管或3位半液晶显示的电压、电流表,若有必要可另用更高精度的测量仪来校正输出指示。

(9) 使用环境:0～＋40 ℃,相对湿度＜90%。

(10) 工作时间:长期连续工作。

(11) 其他:双路电源可实行主、从路跟踪,并可进行串联使用(扩大电压使用)、并联使用(扩大电流使用)。

2. 控制面板功能介绍

SW-17型直流稳压电源的控制面板如图3.3所示,其中左边为主路电源输出通道,右边为从路电源输出通道。面板各元件功能如下:

① 和 ②:面板上的4只表头分别用来指示主路和从路0～30 V可调输出电源的输出电压和电流。需要注意的是,表头可以是数字的,也可以是指针的,但这些表头的准确度等级较低,输出电压的实际大小应以外接数字电压表或数字万用表的实际测量值为准。

③ 和 ④:稳压电源的稳压、稳流指示。当负载电流小于设定值时,输出为稳压状态,"CV"指示灯亮;当负载电流大于设定值时,输出电流将被恒定在设定值,"CC"指示灯亮。

⑤ 和 ⑥:预置／输出控制。在预置状态,输出端开路,此时可以调节电源输出电压和电流值;在输出状态,输出端口与负载连接,直接输出预置电压和电流。

⑦:独立／跟踪控制。在独立模式时,主路和从路两组电压可分别调节,相互独立控制输出;在跟踪模式时,从路(右边)输出电压与主路(左边)同步,此时将主路负接线端子与从路正接线端子用导线连接,即可得到一组电压相同极性相反的电源输出,此时两路预置电流应略大于使用电流,电压由主路控制。

⑧ 和 ⑨:输出电流调节旋钮,用来调节其对应的0～30 V可调输出电源的最大输出

电流(限流保护点调节),在 0 ～ 3 A 范围内可调。

⑩ 和 ⑪:输出电压调节旋钮,用来调节对应通道的输出电压值,在 0 ～ 30 V 范围内可调。注意在跟踪模式下,从路的旋钮不起作用。

⑫:电源开关,控制整机电源的开启或关闭。

⑬、⑭ 和 ⑮:主路电源的输出端子。"＋"(⑬)和"－"(⑮)分别表示主路直流电压输出的正、负极;接线柱上标有"GND"(⑭)表明该接线柱与机壳相连。

⑯、⑰ 和 ⑱:从路电源的输出端子。"＋"(⑯)和"－"(⑱)分别表示从路直流电压输出的正、负极;接线柱上标有"GND"(⑰)表明该接线柱与机壳相连。

⑲ 和 ⑳:固定 5 V 电源输出端子。⑲ 为"＋",⑳ 为"－"。

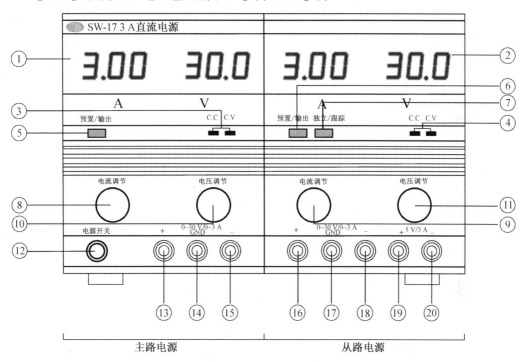

图 3.3　SW-17 直流稳压电源面板示意图

3.使用方法

(1)电流设定。

"电流调节"旋钮(⑧、⑨)用于设定输出电流的上限值,当负载电流达到或超过设定值时,输出电流将被恒定在设定值,同时输出电压将随负载电流的增加而下降,从而对负载和本机起到有效的保护。当输出电流达到设定值时,"CV"指示灯熄灭,"CC"指示灯亮。电流设定的步骤如下:

① 将"预置／输出"开关(⑤、⑥)弹出,调节"电流调节"旋钮(⑧、⑨)至最小位置。

② 用测试导线暂时将输出端的正极和负极(⑬ 和 ⑮、⑯ 和 ⑱)短路。

③ 按下"预置／输出"开关,缓慢调节"电流调节"旋钮,观察显示屏,直至电流指示达到需要的值,此时请勿再旋转"电流调节"旋钮。

④ 拆除输出端短路导线,完成电流设定。

(2) 获得一组 0 ～＋30 V 范围内的电压输出(独立模式)。

① 将"预置／输出"开关(⑤、⑥)弹出。

② 调节"电压调节"旋钮(⑩、⑪),使电压指示为所需要的电压。

③ 将仪器的输出端与负载连接。将"预置／输出"开关按入,负载即获得了所需要的电压,此时显示屏将显示负载的实际电流。

注:"预置／输出"开关在弹出时,输出端没有电压输出,正确使用"预置／输出"开关,可有效防止因调节不当而对负载产生不良的影响。在以上步骤中,除非另有说明,在设置过程中,应先将"预置／输出"开关弹出,在确认设置完成后,再按入"预置／输出"开关。

(3) 独立工作方式(两组电源)。

将"跟踪／独立"按钮(⑦)置"独立",得到两组完全独立的电源,连接如图 3.4 所示。

(4) 跟踪工作方式(正负电源)。

将"跟踪／独立"按钮(⑦)置"跟踪",将从路的"预置／输出"按钮置"输出",将主电路输出"－"端与从路输出"＋"端短接,即可等到一组输出电压数值完全相同,极性相反的电源,即正负电源,连接如图 3.5 所示。

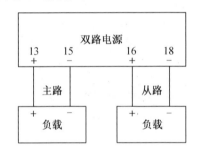 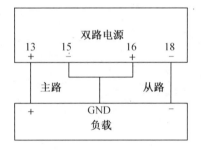

图 3.4　独立工作方式　　　　图 3.5　跟踪工作方式

(5) 串联工作方式(扩大电压使用)。

将"跟踪／独立"按钮(⑦)置"独立",两路输出预置电流大于使用电流,连接如图 3.6 所示。先检查主路和从路电源的输出负接线端与接地端间是否有连接片相连,如有则应将其断开,否则在两路电源串联时将造成从路电源短路。将从路电流输出调节旋钮(⑨)顺时针旋到最大,将"跟踪／独立"按钮(⑦)置"独立"位置,将主路负接线端与从路正接线端相连,分别调节主路稳压输出调节旋钮(⑩)和从路输出电压调节旋钮(⑪),则在主路输出正端(⑬)与从路输出负端(⑱)之间最高输出电压可达 60 V。

(6) 并联工作方式(扩大电流使用)。

将"跟踪／独立"按钮置"独立",两路输出电压都调至使用值,连接如图 3.7 所示。

4.使用注意事项

(1) 直流稳压电源要防止输出短路或严重过载。

当发现电压指示表头显示突然降为零或很低的数值,或"CC"指示灯亮(电流指示表头显示数据突然增大)时,表示输出电流过大或是电源被短路,应立即切断电源开关,查找、排除故障后再接通电源。

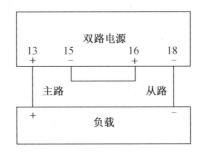

图 3.6   串联工作方式(扩大电压使用)

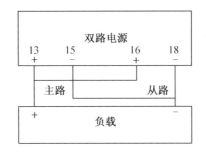

图 3.7   并联工作方式(扩大电流使用)

(2) 熟练使用"预置／输出"控制按键。

在输出电源前,应该将外部实验电路与直流稳压电源断开,先将"预置／输出"控制按键置为"输出"状态,在万用表监测前提下调节电压旋钮,设置输出电压值。设置完成后,再将"预置／输出"控制按键置为"预置"状态,重新接入外部实验电路。最后,将"预置／输出"控制按键置为"输出"状态,输出电源。严禁在"输出"状态下调节输出电压值。

(3) 浮地与接地问题。

电路中的"地"有两个不同的含义,一个是指参考地,即电路中零电位的参考点,是构成电路信号回路的公共端;另一个是指大地。电路中所说的"地"一般指参考地,电力系统中所说的"地"一般指大地,如 220 V 单相交流电源插座中,三孔插座有一个电极接大地。

浮地与接地中的"地"指大地。浮地是指电路的参考地和大地无导线连接,两者相互隔离。浮地使电路不受大地电性能的影响,可抑制地线公共阻抗耦合产生的干扰,但同时易受寄生电容和寄生电感的影响,使电路参考地电位发生变动,增加干扰。

稳压电源的每个通道输出有三个输出端子,即正"＋"、负"－"端子和大地"GND"端子,如图 3.8 所示,"GND"为电源机壳接大地的安全地线。直流稳压电源的输出端子可采用浮地或接地接法,但是一般浮地接法更为常用,此时多个通道可以给参考地隔离的多个电路供电。稳压电源浮地接法时,"＋""－"两端都不与"GND"端相连接,如图 3.8(a)所示。稳压电源接大地时,"＋""－"两端有一端与"GND"端相连接,当输出正电压时将"－"端与"GND"端相连;输出负电压时将"＋"端与"GND"端相连。由于接地端的不同,电源可以输出正电压或负电压,如图 3.8(b)、(c) 所示。

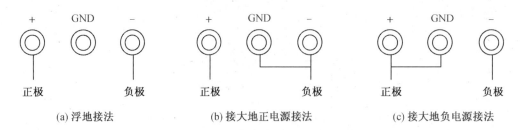

|(a) 浮地接法|(b) 接大地正电源接法|(c) 接大地负电源接法|

图 3.8　直流稳压电源的浮地和接大地接法

另一方面,用户可根据自己的使用环境情况和要求,将直流稳压电源接地或接入自己系统的电位,即接大地。接大地时,串联或主跟踪工作时的两路四个输出端子,原则上只允许一个端子接地(机壳),如图 3.9 所示。

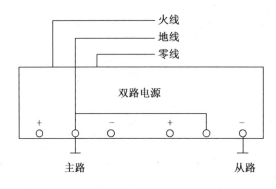

图 3.9　接地方式

仪器设备接大地的目的有保护、防静电、屏蔽等。保护接地是将设备正常运行时不带电的金属外壳接大地,防止设备漏电造成人身伤害。防静电接地是将可能带有静电的人体或设备接大地,避免静电损坏电子元器件,如 MOS 管;常见的防静电应用有防静电手腕带、恒温防静电烙铁等。屏蔽接地是将干扰源和被干扰的电路用屏蔽罩包围,避免电磁干扰。

除稳压电源提供了浮地与接大地的选择外,其他仪器如示波器、信号发生器等,一般将内部电路参考地、机壳与仪器交流电源插头的大地三者相连,因此示波器输入插座和探头参考地端子、信号发生器输出插座的参考地端子,都和交流电网的大地相连。如果误将信号发生器输出连接线的红色信号端夹子与示波器探头的黑色地线夹子相连,将造成信号发生器输出短路。如果被测电路的参考地也接大地,则示波器探头的负极鳄鱼夹只能接被测电路的参考地,只能用示波器观察被测电路中某一点对参考地的电压波形,不能用示波器观察被测电路中的双端信号,如差分放大器的输出波形(一般来说,差分放大器的输出波形,可以用双通道数字示波器的双通道分别测量,再使用数字示波器的 Math 数学功能中的"相减"功能实现)。

3.2　数字万用表

万用表是一种最常用的多功能测量仪表,常用的万用表具备交直流电压、电流、电阻、电容、频率、二极管、三极管及导线通断等测量功能。万用表分为指针式和数字式两种。数字万用表采用数字化的测量技术,将连续的模拟量利用模拟－数字转换器(Analog to Digital Convertor,ADC)转换为数字量,并将测量结果以数字形式显示出来,具有测量精度高、极性和量程自动转换、读数直观等优点,已经成为当前电子测量领域的主流测试设备。

3.2.1　数字万用表概述

与指针式万用表相比较,数字万用表有高准确度和高分辨力、测电压时具有高的输入阻抗、测量速率快、自动判别极性、全部测量实现数字直读、自动调零、抗过载能力强等优点。当然,数字万用表也存在弱点,具体如下:

(1)测量时不像指针式仪表那样能清楚直观地观察到指针偏转的过程,在观察充放电等过程时不够方便。

(2)数字万用表的量程转换开关通常与电路板是一体的,触点容量小,耐压值不高,有的机械强度不够高,寿命不够长,导致用旧以后换挡不可靠。

(3)一般万用表的电压／电阻(V/Ω)挡共用一个表笔插孔,而电流(A)挡单独用一个插孔。使用时应注意根据被测量调换插孔,否则可能造成测量错误或仪表损坏。

数字万用表是由数字电压表表头配上相应的功能转换电路构成的,它可对交、直流电压,交、直流电流,电阻、电容以及频率等多种参数进行直接测量。数字电压表表头通常由一块集成了模拟－数字(Analog to Digital,A/D)转换器和显示控制功能的集成电路,再搭配其他电阻、电容和显示器等元件组成。数字万用表表头只测量直流电压,其他性质的电参数必须转换成和其自身大小成一定比例关系的直流电压后才能被测量,数字万用表的整体性能主要由这一数字表头的性能决定。数字电压表是数字万用表的核心,A/D 转换器是数字电压表的核心,不同的 A/D 转换器构成不同原理的数字万用表。功能转换电路是数字万用表实现多电参数测量的必备电路,电压、电流的测量电路一般由无源的分压、分流电阻网络组成;交、直流转换电路与电阻、电容等电参数测量的转换电路,一般采用有源器件组成的网络来实现。功能选择可通过机械式开关的切换来实现,量程选择可通过转换开关切换,也可以通过自动量程切换电路来实现。数字万用表的基本功能是测量交、直流电压,交、直流电流以及测量电阻,其基本组成如图 3.10 所示。

1. 模数转换与数字显示电路

常见的物理量都是幅值连续变化的模拟量,指针式仪表可以直接对模拟电压、电流进行显示,而数字式仪表则需要把模拟电信号(通常是电压信号)转换成数字信号,再进行显示和处理(如存储、传输、打印、运算等)。数字信号与模拟信号不同,其幅值是不连续的,这种情况被称为是"量化的"。若最小量化单位为 Δ,则数字信号的大小一定是 Δ 的整数倍,该整数一般用二进制数码表示,但为了能直观地读出信号大小的数值,需经过数码变换(译码)后由数码管或液晶屏显示出来。

例如,设 $\Delta=0.1\ \mathrm{mV}$,将被测电压 U 与 Δ 比较,看 U 是 Δ 的多少倍,并把结果四舍五入取为整数 N(二进制表示)。一般情况下,$N \geqslant 1\,000$ 即可满足测量精度要求(量化误差 $\leqslant$

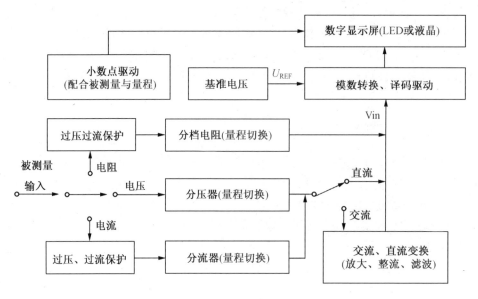

图 3.10　数字万用表的基本组成

$1/1\ 000=0.1\%$)。最常见的数字表头的最大示数为 1 999,被称为三位半$(3\frac{1}{2})$数字表。对上述情况,将小数点定在最末位之前,显示出来的就是以 mV 为单位的被测电压U的大小。如U是Δ(0.1 mV)的 1 234 倍,即$N=1\ 234$,显示结果为 123.4 mV。这样的数字表头,再加上电压极性判别显示电路,就可以测量显示$-199.9\sim199.9$ mV 的电压,显示精度为 0.1 mV。由上可见,数字测量仪表的核心是模数转换、译码显示电路,模数转换一般又可分为量化、编码两个步骤,模数转换及数字显示已是很成熟的电子技术,且已经制成大规模集成电路。

2.直流电压测量电路

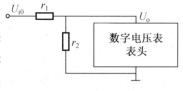

在数字电压表表头前面加一级分压电路,可以扩展直流电压测量的量程。如图 3.11 所示,U_{o}为数字电压表表头的量程(如 200 mV),r 为其内阻(如 10 MΩ),r_1、r_2为分压电阻,U_{i0}为扩展后的量程。

图 3.11　数字万用表分压电路原理

由于$r\gg r_2$,所以分压比为

$$\frac{U_{o}}{U_{i0}}=\frac{r_2}{r_1+r_2} \tag{3.1}$$

扩展后的量程为

$$U_{i0}=\frac{r_1+r_2}{r_2}U_{o} \tag{3.2}$$

多量程分压器原理电路如图 3.12 所示,5 挡量程的分压比分别为 1、0.1、0.01、0.001和 0.000 1,对应的量程分别为 2 000 V、200 V、20 V、2 V 和 200 mV。采用图 3.12 所示的分压电路虽然可以扩展电压表的量程,但在小量程挡明显降低了电压表的输入阻抗,这在实际使用中是应该避免的。所以,实际数字万用表的直流电压挡电路如图 3.13 所示,它能在不降低输入阻抗的情况下,达到同样的分压效果。

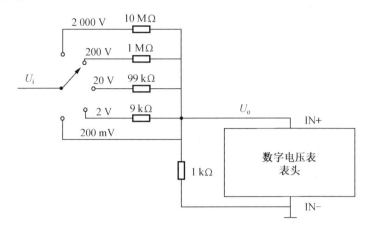

图 3.12　多量程分压器原理

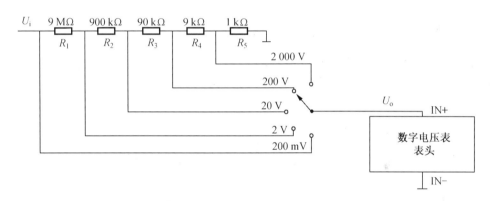

图 3.13　实用分压器电路

例如,200 V 挡位的分压比为

$$\frac{R_4 + R_5}{R_1 + R_2 + R_3 + R_4 + R_5} = \frac{10\ \text{k}\Omega}{10\ \text{M}\Omega} = 0.001 \tag{3.3}$$

尽管上述最高量程挡的理论量程是 2 000 V,但通常的数字万用表出于耐压和安全考虑,规定最高电压量限为 1 000 V。换量程时,多刀量程转换开关可以根据挡位自动调整小数点的显示,使用者可方便地直读出测量结果。

3. 直流电流测量电路

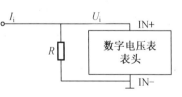

测量电流的原理是:根据欧姆定律,用合适的取样电阻把待测电流转换为相应的电压再进行测量。如图 3.14 所示,由于数字电压表表头内阻 $r \gg R$,取样电阻 R 上的电压降为 $U_i = I_i R$,即被测电流 $I_i = U_i/R$。

图 3.14　电流测量原理

若数字表头的电压量程为 U_o,欲使电流挡量程为 I_o,则该挡的取样电阻(也称分流电阻)$R = U_o/I_o$。如 $U_o = 200$ mV,则 $I_o = 200$ mA 挡的分流电阻为 $R = 1\ \Omega$。

多量程分流器原理电路如图 3.15 所示。图 3.15 中的分流器在实际使用中有一个缺点,就是当换挡开关接触不良时,被测电路的电压可能使数字表头过载,所以,实际数字万用表的直流电流挡电路如图 3.16 所示。

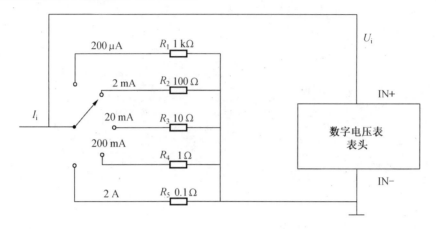

图 3.15　多量程分流器原理电路

图 3.16 中的 BX 是 2 A 保险丝管,其在电流过大时会快速熔断,起到过流保护作用。两只反向连接且与分流电阻并联的塑封硅整流二极管 D_1、D_2,起双向限幅过压保护作用。正常测量时,输入电压小于硅二极管的正向导通压降,二极管截止,对测量毫无影响;一旦输入电压大于 0.7 V,二极管立即导通,两端电压被限制住(小于 0.7 V),保护仪表不被损坏。

用 2 A 挡测量时,若发现电流大于 1 A,则应避免测量时间超过 20 s,以免大电流引起的较高温升影响测量精度甚至损坏电表。

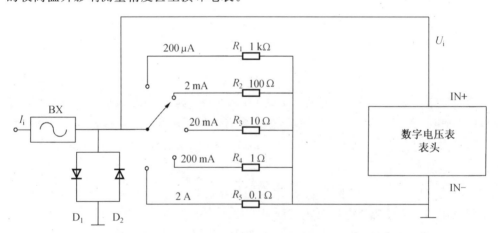

图 3.16　实用分流器电路

图 3.16 中各挡分流电阻的阻值计算过程如下:

最大电流挡的分流电阻 R_5 为

$$R_5 = \frac{U_o}{I_{m5}} = \frac{0.2}{2} = 0.1(\Omega) \tag{3.4}$$

下一挡的 R_4 为

$$R_4 = \frac{U_o}{I_{m4}} - R_5 = \frac{0.2}{0.2} - 0.1 = 0.9(\Omega) \tag{3.5}$$

类似地,可依次计算出 R_3、R_2 和 R_1 的阻值。

4. 交流电压、电流测量电路

数字万用表中交流电压、电流测量电路是在直流电压、电流测量电路的基础上,在分压器或分流器之后加入了一级交流－直流(AC－DC)变换器,图 3.17 所示为其原理简图。

该 AC－DC 变换器主要由集成运算放大器、整流二极管、RC 滤波器等组成,还包含一个能调整输出电压高低的电位器,用来对交流电压挡进行校准,调整该电位器可使数字表头的显示值等于被测交流电压的有效值。

同直流电压挡类似,出于对耐压、安全方面的考虑,交流电压最高挡的量程通常限定为 700 V(有效值)。

5. 电阻测量电路

数字万用表中的电阻挡采用的是比例测量法,其原理电路如图 3.18 所示。

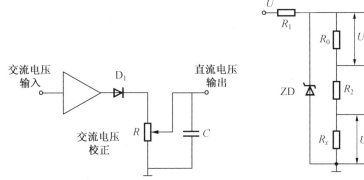

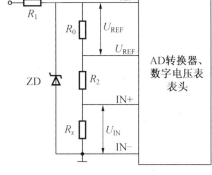

图 3.17　AC－DC 变换器原理简图　　　图 3.18　电阻测量原理

由稳压管 ZD 提供测量基准电压,流过标准电阻 R_0 和被测电阻 R_x 的电流基本相等(数字表头的输入阻抗很高,其取用的电流可忽略不计)。所以 A/D 转换器的参考电压 U_{REF} 和输入电压 U_{IN} 有如下关系:

$$\frac{U_{REF}}{U_{IN}} = \frac{R_0}{R_x} \tag{3.6}$$

即

$$R_x = \frac{U_{IN}}{U_{REF}} R_0 \tag{3.7}$$

根据所用 A/D 转换器的特性可知,数字表显示的是 U_{IN} 与 U_{REF} 的比值,当 $U_{IN} = U_{REF}$ 时显示"1 000",当 $U_{IN} = 0.5 U_{REF}$ 时显示"500",以此类推。所以,当 $R_x = R_0$ 时,表头将显示"1 000";当 $R_x = 0.5 R_0$ 时,表头将显示"500",这称为比例读数特性。因此,我们只要选取不同的标准电阻并适当地对小数点进行定位,就能得到不同的电阻测量挡。

如对 200 Ω 挡，取 $R_{01} = 1\ 000\ \Omega$，小数点定在十位上。当 $R_x = 100\ \Omega$ 时，表头就会显示出 100.0 Ω。当 R_x 变化时，显示值相应变化，可以从 0.1 Ω 测到 199.9 Ω。

又如对 2 kΩ 挡，取 $R_{02} = 1$ kΩ，小数点定在千位上。当 R_x 变化时，显示值相应变化，可以从 0.001 kΩ 测到 1.999 kΩ。其余各挡工作原理类似，数字万用表多量程电阻挡电路如图 3.19 所示。由以上分析可知

$R_1 = R_{01} = 100\ (\Omega)$

$R_2 = R_{02} - R_{01} = 1\ 000 - 100 = 900\ (\Omega)$

$R_3 = R_{03} - R_{02} = 10 - 1 = 9\ (k\Omega)$

依此类推。

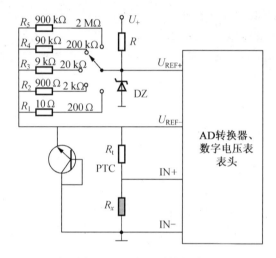

图 3.19　电阻测量电路

图 3.19 中由正温度系数（PTC）热敏电阻 R_t 与晶体管 T 组成了过压保护电路，以防误用电阻挡去测高电压时损坏集成电路。当误测高电压时，晶体管 T 发射极将击穿，从而限制了输入电压的升高；同时 R_t 随着电流的增加而发热，其阻值迅速增大，从而限制了电流的增加，使 T 的击穿电流不超过允许范围，即 T 只是处于软击穿状态，不会损坏，一旦解除误操作，R_t 和 T 都能恢复正常。

数字式万用表内部采用了多种振荡、放大、分频、保护等电路，所以功能较多，如可以测量频率（在一个较低的范围）、电容、电感或做信号发生器等。但由于其内部结构多用集成电路，所以过载能力较差。现在有些数字万用表已能自动换挡、自动保护等，但使用较复杂，损坏后一般也不易修复。数字式万用表输出电压较低（通常不超过 1 V），因此对于一些电压特性特殊的元件（如可控硅、发光二极管等）不便测量，但由于其测量范围很大，广泛应用于工业领域。

3.2.2　FLUKE 15B＋的使用方法

Fluke 15B＋数字万用表是 $3\frac{3}{4}$ 位万用表，最大显示 3 999，使用 2 节 1.5 V5 号电池供电，并带有数字显示屏。其实物如图 3.20 所示，相关技术指标见表 3.1 ～ 3.3。

图 3.20　FLUKE 15B＋数字万用表实物图

表 3.1　FLUKE 15B＋技术规格

功能	量程	分辨率	精度
交流电压（40 ～ 500 Hz）[①]/V	4.000、40.00、400.0、1 000	0.001、0.01、0.1、1	1.0％，＋3
直流电压 /V	4.000、40.00、400.0、1 000	0.001、0.01、0.1、1	0.5％，＋3
交流电压 /mV	400.0	0.1	3.0％，＋3
直流电压 /mV	400.0	0.1	1.0％，＋10
二极管测试[②]	2.000 V	0.001 V	10％
电阻	400.0 Ω 4.000 kΩ、40.00 kΩ、400.0 kΩ、4.000 MΩ 40.00 MΩ	0.1 Ω 0.001 kΩ、0.01 kΩ、0.1 kΩ、0.001 MΩ 0.01 MΩ	0.5％，＋3 0.5％，＋2 1.5％，＋3
电容[③]	40.00 nF、400.0 nF 4.000 μF、40.00 μF、400.0 μF、1 000 μF	0.01 nF、0.1 nF 0.001 μF、0.01 μF、0.1 μF、1 μF	2％，＋5 5％，＋5
交流电流 /μA(40 ～ 400 Hz)	400.0、4 000	0.1、1	1.5％，＋3
交流电流 /mA(40 ～ 400 Hz)	40.00、400.0	0.01、0.1	1.5％，＋3
交流电流 /A(40 ～ 400 Hz)	4.000、10.00	0.001、0.01	1.5％，＋3
直流电流 /μA	400.0、4 000	0.1、1	1.5％，＋3
直流电流 /mA	40.00、400.0	0.01、0.1	1.5％，＋3

续表3.1

功能	量程	分辨率	精度
直流电流 /A	4.000、10.00	0.001、0.01	1.5%，+3
背光灯	有		

① 所有电流、频率和占空比的范围都是量程的 1% ~ 100%。未指定低于量程 1% 的输入值。

② 通常，开路测试电压为 2.0 V，短路电流 < 0.6 mA。

③ 规格不包括测试引线电容和电容板引起的误差（量程为 40 nF 时，误差最高为 1.5 nF）。

表 3.2　FLUKE 15B＋各挡位极限工作条件

功能	过载保护	输入阻抗（标称值）	共模抑制比	常规模式抑制比
交流电压	1 000 V	> 10 MΩ，< 100 pF	在直流电流下，50 Hz 或 60 Hz 时，大于 60 dB	—
交流电压 /mV	400 mV	> 1 MΩ，< 100 pF	在 50 Hz 或 60 Hz 时，大于 80 dB	—
直流电压	1 000 V	> 10 MΩ，< 100 pF	在直流电流下，50 Hz 或 60 Hz 时，大于 100 dB	在 50 Hz 或 60 Hz 时，大于 60 dB
直流电压 /mV	400 mV	> 1 MΩ，< 100 pF	在 50 Hz 或 60 Hz 时，大于 80 dB	—

表 3.3　FLUKE 15B＋通用技术指标

任何端子和接地之间最高电压	1 000 V
显示屏（LCD）	4 000 次计数，每秒更新 3 次
电池类型	2 AA，NEDA15 A，IECLR_6
电池寿命	最短 500 h
温度	工作温度：0 ~ 40 ℃；存放温度：－30 ~ 60 ℃
相对湿度	工作湿度：10 ~ 30 ℃ 时，相对湿度 ≤ 90%；30 ~ 40 ℃ 时，相对湿度 ≤ 75%；非冷凝（低于 10 ℃ 时）
工作湿度，40 MΩ 量程	10 ~ 30 ℃ 时，相对湿度 ≤ 80%；30 ~ 40 ℃ 时，相对湿度 ≤ 70%
海拔	工作海拔：2 000 m；存放：12 000 m
温度系数	0.1×（指定精度）/℃（< 18 ℃ 或 > 28 ℃）
电流输入的保险丝保护	440 mA，1 000 V 快熔式，仅限使用 FLUKE 指定零件。11 A，1 000 V 快熔式，仅限使用 FLUKE 指定零件

续表 3.3

体积(高×宽×长)	183 mm×91 mm×49.5 mm
质量	455 g
IP 等级	IP40
安全性	IEC61010－1,IEC61010－2－030CATIII600 V,CATII1000 V,污染等级 2
电磁环境	IEC61326－1:便携式

图 3.21 所示为 FLUKE 15B＋的接线端子示意图,其对应功能介绍见表 3.4。万用表一般配有红、黑两种颜色的表笔,FLUKE 15B＋面板上的接线端子也标注了红、黑两色插孔。使用时,根据功能的不同,应将红表笔接红色插孔内,黑表笔接黑色插孔内,千万不能接错表笔,以免损坏万用表。

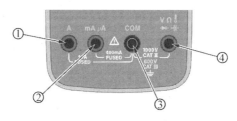

图 3.21　FLUKE 15B＋接线端子示意图

表 3.4　FLUKE 15B＋接线端子功能说明

接线端子	功能说明
1	用于交流电和直流电电流测量(最高可测量 10 A)的输入端子。
2	用于交流电和直流电的微安级以及毫安级测量(最高可测量 400 mA)的输入端子。
3	适用于所有测量的公共(返回)接线端。
4	用于电压、电阻、通断性、二极管、电容测量的输入端子。

图 3.22 所示为 FLUKE 15B＋显示屏的示意图,相应功能介绍参见表 3.5。通过这些图标可以确定万用表的工作模式和测量结果。当然,中间有一些属于高端 17B＋/18B＋的显示图形,在 15B＋的显示屏上不会显示出来。

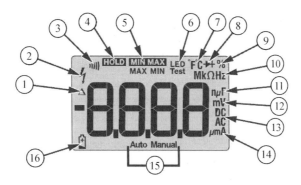

图 3.22　FLUKE 15B＋显示屏示意图

表 3.5　FLUKE 15B＋显示屏功能说明

项目	说明	项目	说明
1	已启用相对测量(仅限 17B＋)	9	已选中占空比（17B＋/18B＋）
2	高压	10	已选中电阻或频率（17B＋/18B＋）
3	已选中通断性	11	电容单位法拉
4	已启用"显示保持"	12	毫伏或伏特
5	已启用最小值或最大值模式(仅限 17B＋)	13	直流或交流电压或电流
6	已启用 LED 测试(仅限 18B＋)	14	微安、毫安或安培
7	已选中华氏温标或摄氏温标(仅限 17B＋)	15	已启用自动量程或手动量程
8	已选中二极管测试	16	电池电量不足,应立即更换

1.自动关机

FLUKE 15B＋数字万用表会在无操作 20 min 后自动关闭电源。如要重新启动万用表,则首先将旋钮调回 OFF 位置,然后调到所需位置。如要禁用自动关机功能,则在 FLUKE 15B＋开机时按住 □,直至屏幕上显示 PoFF。注意,当禁用自动关机功能时,屏幕上显示 LoFF,背照灯自动关闭功能也被禁用。

2.背照灯自动关闭

背照灯将会在仪器处于非活动状态 2 min 后自动关闭。如要禁用背照灯自动关闭功能,需在 FLUKE 15B＋开机时按住 □,直至屏幕上显示 LoFF。

3.测量

为了避免出现电击、火灾或人身伤害,在测量电阻、连通性、电容或结式二极管之前务必先断开电源并为所有高压电容器放电。

(1) 手动及自动量程选择。

FLUKE 15B＋有手动量程和自动量程两个选项。在自动量程模式下,FLUKE 15B＋将会为检测到的输入选择最佳量程,在使用时转换测试点无须重置量程。当然,也可以手动选择量程来改变自动量程。

默认情况下,该产品将会在包含多个量程的测量功能中使用自动量程模式,并在屏幕上显示自动量程。如要进入手动量程模式,请按 RANGE。注意,每按一次 RANGE 都将会按增量递增量程,当达到最高量程后,仪表会回到最低量程。如要退出手动量程模式,则按住 RANGE 2 s 的时间。

(2) 数据保持。

为防止可能发生的触电、火灾或人身伤害,请勿使用 HOLD 功能测量未知电位。开启 HOLD 后,在测量到不同电位时显示屏不会发生改变。如要保持当前读数,则按 HOLD,再按 HOLD 时可恢复正常操作。

（3）测量交流电压和直流电压。

① 测量步骤。

a. 将旋转开关转至 $\widetilde{\mathbf{V}}$、$\overline{\overline{\mathbf{V}}}$ 或 $\widetilde{\overline{\overline{\mathbf{mV}}}}$ 选择测量交流电或直流电。

b. 按 ▭ 可以在 mVac 和 mVdc 电压测量之间进行切换。

c. 将红色测试导线连接至 VΩ 端子 $\overset{V \cap \natural}{\underset{\longleftarrow}{\longleftarrow}}$，黑色测试导线连接至 COM 端子。

d. 用探头接触电路上的正确测试点以测量其电压，如图 3.23 所示。

e. 读取显示屏上测出的电压。

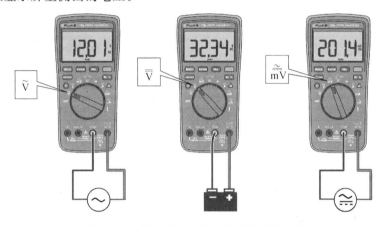

图 3.23　使用 15B＋测量交流和直流电压

② 注意事项。

a. 根据测试信号的特性选择不同的功能挡位，交流选择交流挡 $\widetilde{\mathbf{V}}$，直流选择直流挡 $\overline{\overline{\mathbf{V}}}$，只有确认在 mV 挡测量范围内时，才将挡位选择为 $\overline{\overline{\mathbf{mV}}}$，以免损坏万用表。

b. 万用表默认是自动量程，如果使用手动量程时，需要把万用表设置到比预估值大的量程挡位；表笔要与被测电路两端并联，保持接触稳定；测试结果可以直接从显示屏上读取。

c. 若万用表测试的结果显示为"1"，则表明量程太小，需要加大量程后重新测量。

d. 若在数值左边出现"一"号，则表明表笔极性与实际电源极性相反，此时红表笔接的是负极，注意交流电压无正负之分。

e. 无论测交流还是直流电压，都要注意人身安全，不要随便用手触摸表笔的金属部分。

（4）测量交流电流和直流电流。

为了防止可能发生的电击、火灾或人身伤害，测量电流时应先断开电路电源，然后再将电表连接到电路中，且万用表与电路串联连接。

① 测量步骤。

a. 将旋转开关转至 $\widetilde{\overline{\overline{\mathbf{A}}}}$、$\widetilde{\overline{\overline{\mathbf{mA}}}}$ 或 $\overline{\overline{\mathbf{\mu A}}}$。

b. 按 ▭ 可以在交流和直流电流测量之间进行切换。

c. 根据要测量的电流将红色测试导线连接至 A 或 mA/μA 端子，将黑色测试导线连接至 COM 端子，如图 3.24 所示。

d. 断开待测的电路路径，然后用测试导线衔接断口并施用电源。

e.阅读显示屏上的测出电流。

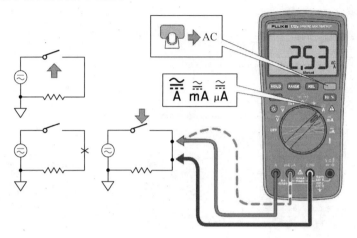

图 3.24　测量交流和直流电流

② 注意事项。

a.估计电路中电流的大小。若测量大于 400 mA 的电流,则要将红表笔插入 10 A 插孔并将旋钮转至直流 10 A 挡;若测量小于 400 mA 的电流,则将红表笔插入 mA 插孔,将旋钮转至直流 400 mA 以内的合适量程。

b.将万用表串联接进电路中,保持稳定,即可读数。若显示为"1",那么就要加大量程;如果在数值左边出现"—",则表明电流从黑表笔流进万用表。

c.电流测量完毕后应将红笔插回 VΩ孔(若忘记这一步而直接测电压,万用表会被烧坏)。

(5) 测量电阻与通断性。

① 测量步骤。

a.将旋转开关转至 $\overset{\text{一}}{\Omega}$,确保已切断待测电路的电源。

b.将红色测试导线连接至 $\overset{V\Omega}{+}$ 端子,并将黑色测试导线连接至 COM 端子,如图 3.25 所示。

c.将探针接触相应的电路测试点,测量电阻。

d.读取显示屏上测出的电阻。

e.要测试通断性,选择电阻模式后,按一次 ▭ 以激活通断性蜂鸣器。 如果电阻低于 70 Ω,蜂鸣器将持续响起,表明出现短路,如图 3.25 所示。

② 注意事项。

当检查被测线路的阻抗时,要保证移开被测线路中的所有电源和电容。被测线路中,如有电源和储能元件,会影响线路阻抗测试正确性。

(6) 测试二极管。

为避免对产品或被测试设备造成可能的损坏,请在测试二极管之前断开电路的电源并将所有的高压电容器放电。

① 测量步骤。

a.将旋转开关转至 $\overset{\text{一}}{\Omega}$。

b. 按两次 ▭ 以激活二极管测试功能。

c. 将红色测试导线连接至 VΩ 端子,黑色测试导线连接至 COM 端子。

d. 将红色探针接到待测的二极管的阳极而黑色探针接到阴极。

e. 读取显示屏上的正向偏压。

f. 如果测试导线极性与二极管极性相反,显示读数为 **OL**,这可以用来区分二极管的阳极和阴极。

② 注意事项。

二极管的正负与好坏的判断。红表笔插入 VΩ 孔,黑表笔插入 COM 孔,选择二极管测量挡,然后颠倒表笔再测一次。如果两次测量的结果是:一次显示 **OL** 字样,另一次显示零点几的数字,那么此二极管就是一个正常的二极管;两次显示都相同且均

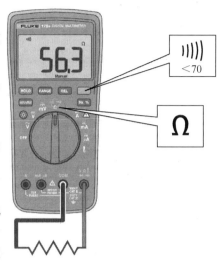

图 3.25　测量电阻／通断性

为 **OL**,那么此二极管已经损坏。LCD 上显示的数字即是二极管的正向压降,硅材料为 0.6 V 左右,锗材料为 0.2 V 左右。根据二极管的特性,可以判断此时红表笔接的是二极管的正极,而黑表笔接的是二极管的负极。

（7）测量电容。

为避免对产品造成损坏,请在测量电容之前断开电路的电源,并将所有的高压电容器放电。

① 测量步骤。

a. 将旋转开关转至 ⊣⊢。

b. 将红色测试导线连接至 VΩ 端子,黑色测试导线连接至 COM 端子。

c. 将探针接触电容器引脚。

d. 读数稳定后（最多 18 s 后）,读取显示屏所显示的电容值。

② 注意事项。

a. 测量前电容需要放电,否则容易损坏万用表。

b. 测量后电容也要放电,避免埋下安全隐患。

c. 仪器本身已对电容挡设置了保护,故在电容测试过程中不用考虑极性及电容充放电等情况。

d. 测量大电容时稳定读数需要一定的时间。

3.2.3　使用注意事项

1. 万用表的日常维护

（1）清洁万用表。

应定期用湿布和温和的清洁剂清洁万用表的外壳,不要使用腐蚀剂或溶剂。万用表

的端子若弄脏或潮湿可能会影响读数。清洁端子步骤如下：

① 关闭产品，拆下测试导线。

② 把端子上的脏物清除。

③ 用蘸有异丙醇的新棉棒擦拭每个输入端子的内部。

（2）测试保险丝。

为了避免触电或受伤，请在更换保险丝之前先断开测试导线并清除所有输入信号。

① 将旋转开关转至 ⫿Ω⫿。

② 将测试导线插入端子，然后用探头接触 A 或 mA/μA 端子。

a. 状态良好的 A 端子保险丝读数介于 000.0 ~ 000.1 Ω 之间。状态良好的 mA/μA 端子保险丝读数介于 0.990 ~ 1.010 kΩ 之间。

b. 如果显示读数为 OL，则更换保险丝并重新测试。

c. 若显示屏显示其他数值，则需维修本产品。

（3）更换电池和保险丝。

为了避免显示错误的读数（这可能会造成触电或人身伤害），当出现电池指示符（🔋）时，请立即更换电池。

为防止损坏器件或对人造成伤害，只安装更换符合指定的安培数、电压和分断电流的保险丝。打开机壳或电池盖以前，须先把测试线断开。更换电池或保险丝的示意图如图 3.26 所示。

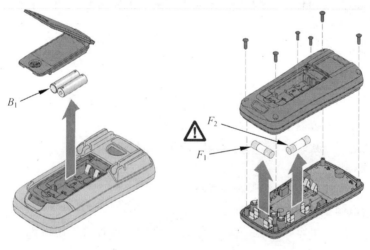

图 3.26 更换电池和保险丝

2. 使用注意事项

（1）测量之前，必须先确保红、黑表笔插在正确的位置，先调好正确的挡位、量程，再接入电路，对元器件进行测量。否则，容易损坏仪表。

（2）测量直流 60 V 或交流 30 V 以上的电压时，务必小心谨慎，切记手指不要超过表笔保护位置，以防触电。

（3）测量电路中的电阻时，须做到"两断"，即电阻所在电路须断电，电路中电容须放电;确保电阻至少有一端从所在电路断开。否则,会导致测量结果误差很大,甚至损坏仪表。

（4）日常使用时默认自动量程即可,如果选择手动量程,则应当选用不小于实际值的最小量程。这样,既避免了实际值超量程的问题,又减少了误差。

（5）当显示器显示电量不足标志 时,应及时更换电池,以确保测量精度。

（6）数字万用表不适合测量频率高的正弦交流信号的电压值,否则误差会很大。

（7）测量时,请先连接零线或地线,再连接火线;断开时,请先切断火线,再断开零线和地线。

（8）如果长时间不使用产品应将其存放在不高于 50 ℃ 的环境中,并取出电池。否则,电池漏液可能损坏产品。

3.3　示　波　器

示波器是电子测量领域对电信号波形进行观察和测量的重要仪器,可以用来研究信号瞬时幅度随时间的变化关系,也可以用来测量脉冲的幅值、上升时间等瞬时特性。通过与各种传感器或转换器配合,示波器还可以用来观测各种非电量,如温度、压力、流量、生物信号等的变化过程。按照技术原理,示波器可以分为模拟示波器和数字示波器,如图3.27 所示,目前广泛应用的是数字示波器。

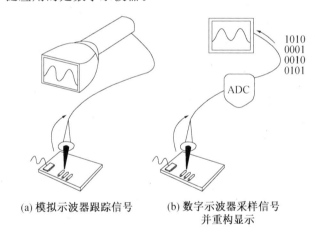

(a) 模拟示波器跟踪信号　　　(b) 数字示波器采样信号
　　　　　　　　　　　　　　　　并重构显示

图 3.27　模拟示波器与数字示波器的区别

数字示波器是随着 20 世纪 90 年代高速数字器件的出现而发展起来的,其利用高速模数转换器将模拟输入信号转换为数字信号,再结合高速数字处理器和大容量存储器,在数字域实现了模拟示波器的功能。数字示波器可以分为数字存储示波器、数字荧光示波器、数字混合信号示波器、数字混合域示波器等。本节将以数字存储示波器为例介绍数字示波器的基本工作原理和使用方法。

3.3.1　数字存储示波器的工作原理

如图 3.28 所示,数字存储示波器的基本结构包括垂直模拟系统、采集与存储系统、水平时基系统、触发系统、处理器控制系统和显示系统,其中垂直模拟系统、水平时基系统和触发系统的设置均可以通过示波器前面板上的垂直设置区、水平设置区和触发设置区进行设置。示波器工作时,还需要配备不同种类的示波器探头,将被测信号接入到示波器中,示波器探头需要与示波器参数设置一一对应,才能确保测量结果的正确性。

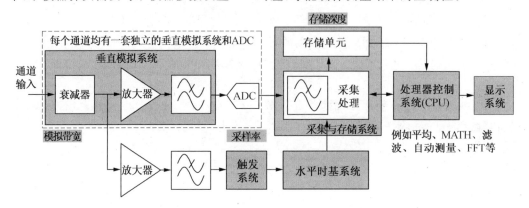

图 3.28　数字存储示波器的基本结构示意图

1.垂直模拟系统

垂直模拟系统主要由输入阻抗设置、可编程衰减器和可变增益放大器三部分组成,在 ADC 数字采样前完成对示波器的输入阻抗、耦合方式、垂直位移、垂直灵敏度、带宽限制和垂直设置等参数的设置。

(1) 输入阻抗。

示波器的输入阻抗一般有两种,分别为 $1\ M\Omega$ 和 $50\ \Omega$。对于一个待测电路,使用示波器观测电路中某一信号的原则是:接入示波器后不会对原电路的参数造成影响,这样才能正确地得到被观测点的波形。由于示波器的负载效应,示波器的等效阻抗不可能无穷大,为了减小示波器对被测电路的影响,此时应该选择 $1\ M\Omega$ 高阻输入阻抗。如果被测电路的输出阻抗为 $50\ \Omega$,可以将示波器的输入阻抗设置为 $50\ \Omega$ 以实现阻抗匹配。

(2) 耦合方式和垂直位移。

耦合方式决定了输入信号从示波器前面板上的 BNC 连接器输入端通到该通道垂直偏转系统其他部分的方式,有直流耦合(DC 耦合)、交流耦合(AC 耦合)和接地三种耦合方式,如图 3.29 所示。

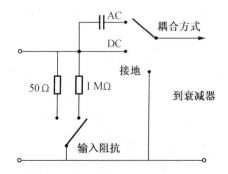

图 3.29　示波器输入阻抗和耦合方式设置结构简图

　　直流耦合用于测定信号直流绝对值和观测极低频信号,DC 耦合方式为信号提供直接的连接通路,因此信号的所有分量(AC 和 DC)都会影响示波器的波形显示。

　　交流耦合用于观测交流和含有直流成分的交流信号。在电路实验中,一般选择 DC 耦合方式,以便观测信号的绝对电压值。AC 耦合方式则在 BNC 连接器输入端和衰减器之间串联一个电容,以阻断信号的直流分量,同时,信号的低频交流分量也将受阻或大为衰减。示波器的低频截止频率就是示波器显示的信号幅度下降为真实幅度 0.707 时所对应的信号频率,主要决定于其输入耦合电容的数值,示波器的低频截止频率典型值为 10 Hz。

　　当选择"接地"时,扫描线显示出"示波器地"在荧光屏上的位置,此时输入信号和衰减器断开并将衰减器输入端连至示波器的地电平,在屏幕上将会看到一条位于 0 V 电平的直线,此时可以使用位置控制机构(垂直标度旋钮)来调节这个参考电平或扫描基线的位置。

　　图 3.30 所示为 $1.0V_{p-p}$ 并伴有 2.0 V 直流偏置的正弦波信号在交流耦合和直流耦合方式下示波器不同的显示波形。由图 3.29 可知,DC 耦合会显示所有输入信号,而 AC 耦合则去除信号中的直流成分,结果是显示的波形始终以零电压为中心。当整个信号(振荡电压＋直流偏置电压)大于屏幕显示的最大电压设置时,AC 耦合非常适用。

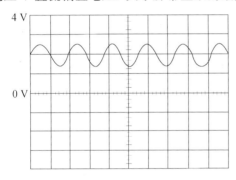
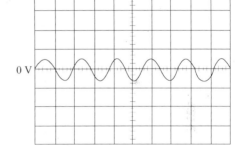

(a)直流耦合(DC)方式显示　　　　　　　　　(b)交流耦合(AC)方式显示

图 3.30　直流耦合(DC)和交流耦合(AC)方式波形对比

　　(3)垂直标度和带宽限制。

　　垂直标度是指 Y 轴坐标每个大格所代表的电压值,单位为伏／格(Volt/div),可以通过示波器控制面板上的垂直标度旋钮对可变增益放大器进行增益粗调和细调。可变增益放大器还具有带宽限制功能,限制带宽后,可以减少显示波形中不时出现的噪声,显示的波形会更为清晰(一般表现为图形会变得更"细")。需要注意的是,在消除噪声的同时,带宽限制同样会减少或消除信号高频成分。

　　(4)垂直位移控制。

　　可以通过垂直位移控制旋钮,改变对应模拟通道波形在显示区域范围内的位置,控制效果如图 3.31 所示。

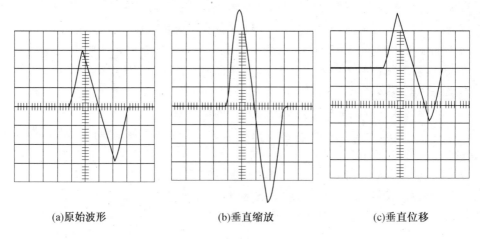

(a)原始波形   (b)垂直缩放   (c)垂直位移

图 3.31   垂直控制波形显示

2.采集与存储系统

采集与存储系统由高速 ADC、捕获控制系统和采集存储器组成,可以设置的参数有采样方式、捕获模式、存储深度等。

(1)ADC 采样方式。

ADC 采样方式可以分成实时采样和等效时间采样两类,在示波器的捕获控制部分(Acquire)可以选择捕获信号的采样方式。对于慢速的捕获信号来说,选择不同采样方式的结果是没有差别的,只有当 ADC 采样速度不够快,不能在一遍之内把波形点填充到记录中时,不同的 ADC 采样方式才有意义。

① 实时采样。实时采样方式下,示波器在一次触发中获取重建波形所需要的所有采样点。根据奈奎斯特(Nyquist)采样定理,ADC 采样率应大于输入信号最高频率成分的两倍。因此,在观察高频信号波形时,要求其 ADC 有非常高的转换速率。

对于频率范围在示波器最大采样速率一半以下的信号,实时采样是理想的采样方式。此时,通过一次"扫描"波形,示波器就能获得足够多的点来重构精确的图象,如图 3.32 所示。对于快速、单脉冲和瞬态信号,实时采样是唯一的采样方式。

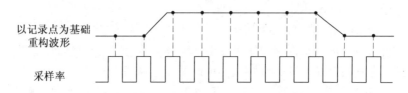

以记录点为基础
重构波形

采样率

图 3.32   实时采样方式

数字示波器必须要有足够的采样速率,才能使用实时采样精确数字化高频瞬态事件,如图 3.33 所示。10 ns 脉冲信号只出现一次,必须在脉冲出现的同一时间帧内对其采样。如果采样速率不够快,高频成分可能会"混叠"为低频信号,引起显示混叠。另外,一旦波形经实时采样数字化,其所必需的高速存储器也给采样带来更多的复杂性。

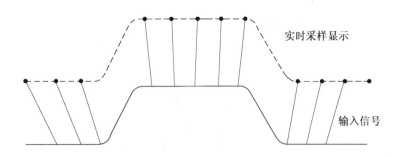

图 3.33　为实时捕获这 10 ns 脉冲，ADC 采样速率必须足够高，才能精确定义边缘

示波器经过 ADC 采样后获得被显示波形的离散采样值，为了便于观察、增加信号的可视性，数字示波器一般使用插值法"连接各采样点"，即在一个信号周期内只收集少量采样点，在采样点间隙处利用插值法进行填充，仅利用一些采样点即可描绘出整个波形。

插值法包括线性插值法和 sinc 函数（$\frac{\sin x}{x}$）插值法。线性插值法在相邻样点处直接连接上直线，这种方法只限于重建直边缘的信号，比如方波。如图 3.34 所示，sinc 插值法利用数学处理，在实际样点间隔中运算出结果，弯曲信号波形，使之产生比纯方波和脉冲更为现实的普通形状，当采样速率是系统带宽的 3 到 5 倍时，sinc 插值法是推荐的插值法，通用性更强。

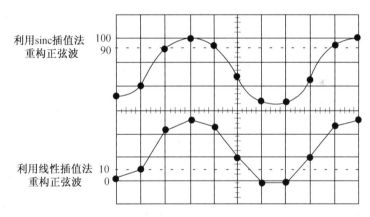

图 3.34　线性插值法和 sinc 函数（$\frac{\sin x}{x}$）插值法的区别

② 等效时间采样。在测量高频信号时，示波器可能在一次扫描中无法收集足够的采样值。如图 3.35 所示，当信号频率超过示波器采样频率的一半时，等效时间采样可以精确捕获这些信号。等效时间采样方式下，对于周期性信号，每次触发仅捕获很少的几个采样点，把多次触发采样得到的采样点拼凑成一个波形，最后形成的两个采样点间的时间间隔的倒数称为等效采样速率。采用等效时间采样方式，可以大大降低对 ADC 转换速率的要求。

等效时间采样可以分成随机和连续两种采样模式，随机采样方式采用内部的时钟，连续不断地获得采样点，内部时钟与触发电路时钟不同步，如图 3.36 所示。尽管采样在时间上是连续的，但由于触发位置是随机的，因此称为随机等效时间采样。随机等效时间采样方式允许显示触发点前的输入信号，不用外部预触发信号或延迟线。

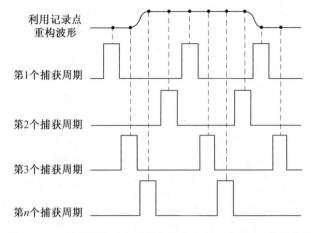

图 3.35　利用等效时间采样来采集和显示快速、重复的信号

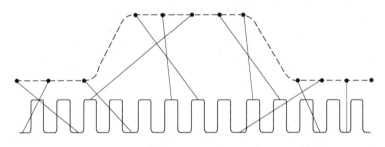

图 3.36　随机等效时间采样的采样时钟与输入信号和触发器的时钟不同步

连续等效时间采样方式下,每次触发捕获一个采样点,而不依赖于扫描(时间 / 格, time/div) 的设置和扫描速度,下一次触发时,延迟一段时间增量 Δt 进行下一个采样点的捕获,此过程重复多次,直到时间窗口填满,如图 3.37 所示。连续等效时间采样可以提供更高的分辨率和精度,但不能进行单次捕捉预触发观察。

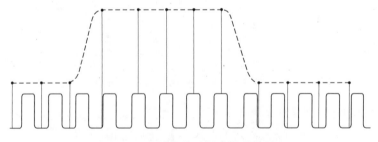

图 3.37　连续等效时间采样采样原理

（2）捕获模式。

实时采样示波器的 ADC 最高采样率可达 10 GS/s(Giga Sample/second) 以上,受存储器写入速度的限制,ADC 采样值不能直接存入存储器,捕获模式就是控制如何从采样点中产生出波形点。采样点是直接从模数转换器(ADC) 中得到的数字值,采样间隔指的是相邻采样点的时间,波形点指的是存储在存储区内的数字值,它将重构显示波形,相邻波形点之间的时间差用波形间隔表示。采样间隔和波形间隔可以一致,也可以不一致,由此产生出几种不同的实际捕获模式,包括普通模式、峰值检测模式、高分辨率模式、包络模式、平均模式等。

① 普通模式。这是最简单的捕获模式,示波器每个采样点均被存入采集存储器作为波形点以重建波形。对于大多数波形来说,使用该模式均可以产生最佳的显示效果,如图 3.38 所示。

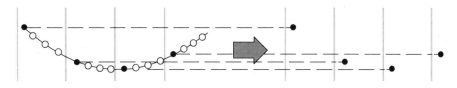

图 3.38　普通模式原理

② 峰值检测模式。示波器将波形间隔内采样出来的采样点,选取其中的最小值和最大值,并把这些样值当作两个相关的波形点。采用峰值检测模式的示波器以非常高的采样速率运行 ADC,即便设置的时基非常慢也是如此(慢时基等效为长的波形间隔)。普通模式不能捕获发生在波形点之间的快速变化的信号,如图 3.39 所示,而峰值检测模式可以捕获到。峰值检测模式原理如图 3.40 所示。利用峰值检测,可以获取信号的包络波形及偶发的窄脉冲(如尖峰)干扰,该模式下示波器可以捕获比采样周期宽的所有脉冲。

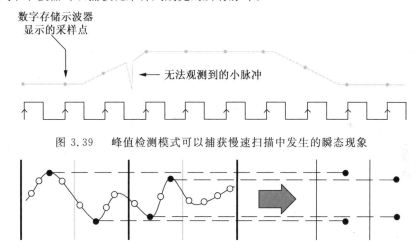

图 3.39　峰值检测模式可以捕获慢速扫描中发生的瞬态现象

图 3.40　峰值检测模式原理

③ 高分辨率(High-Resolution,Hi Res)模式。高分辨率模式下,对邻近的若干采样点进行平均,作为一个波形点存入采集存储器,可减小输入信号的随机噪声,在屏幕上产生更加平滑的波形。高分辨率模式原理如图 3.41 所示。

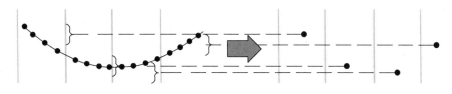

图 3.41　高分辨率模式原理

④ 包络模式。包络模式与峰值检测模式类似,但是包络模式是由多次捕获得到的多

个波形的最小和最大波形点重新组合为新波形,表示波形随时间变化的最小／最大量。包络模式原理如图 3.42 所示。常常利用峰值检测模式来捕获记录,组合为包络波形。

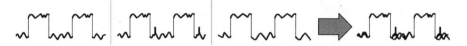

图 3.42　　包络模式原理

⑤ 平均模式。平均模式下,示波器对多次触发得到的多个波形的采样点进行平均,得到的波形数据存入采集存储器,以减少输入信号上的随机噪声并提高垂直分辨率。平均次数越多,噪声越小且垂直分辨率越高,但显示的波形对波形变化的响应也越慢。平均模式和高分辨率模式使用的平均方式不一样,前者为波形平均,后者为点平均。平均模式原理如图 3.43 所示。

图 3.43　　平均模式原理

（3）存储深度设置。

存储深度是示波器所能存储的采样点数量的量度,是示波器的重要指标之一。如图 3.44 所示,经过 ADC 数字化后的八位二进制波形信息存储到示波器的高速内存中,这个过程是"写过程"。内存的容量就是存储深度,对于数字存储示波器来说,其最大存储深度是一定的,但是在实际测试中所使用的存储长度却是可变的。

在存储深度一定的情况下,存储速度越快,存储时间就越短,成反比关系。同时采样率跟时基（time base）是联动的,也就是调节时基挡位越小,采样率越高。存储速度等效于采样率,存储时间等效于采样时间,采样时间由示波器的显示窗口所代表的时间决定,所以有

$$存储深度＝采样率×采样时间（距离＝速度×时间）\qquad(3.8)$$

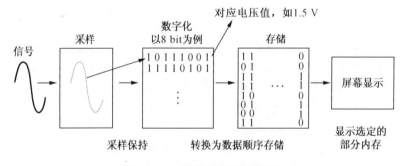

图 3.44　　采样过程中数据流程

深存储的优点包括:可保证在同等时间下,以更高采样率采集波形;可保证在同等采样率下,采集更长时间的波形。示波器在自动模式下可以根据当前的采样率自动选择存储深度,当然也支持手动模式设置存储深度。

3.水平时基系统

水平时基系统可以通过前面板设置,改变 ADC 采样时钟频率,控制降速抽取处理和采集数据存储的写入。水平系统可以进行时基模式、水平扫描速度、水平位移等设置。

(1) 时基模式。

示波器的时基模式有两种:Y－T 模式和 X－Y 模式。Y－T 模式为主时基模式,该模式下,Y 轴表示电压量,X 轴表示时间量;X－Y 模式下,X 轴和 Y 轴分别跟踪两个通道上的输入电压,X 轴不再表示时间,X－Y 模式主要用于通过李沙育法测量相同频率的两个信号之间的相位差。

李沙育法是指将未知频率 f_y 的电压 U_y 和已知频率 f_x 的电压 U_x(均为正弦电压),分别送到示波器的 Y 轴和 X 轴,由于两个电压的频率、振幅和相位的不同,在显示屏上将显示各种不同波形,一般得不到稳定的图形,但当两电压的频率成简单整数比时,将出现稳定的封闭曲线,该封闭曲线称为李沙育图,又称为李沙育图形(Lissajou figures),根据这个图形可以确定两电压的频率比,从而确定待测频率的大小。图 3.45 所示为各种不同的频率比在不同相位差时的李沙育图形,不难得出:

$$\frac{\text{加在 Y 轴电压的频率 } f_y}{\text{加在 X 轴电压的频率 } f_x} = \frac{\text{水平直线与图形相交的点数 } N_x}{\text{垂直直线与图形相交的点数 } N_y} \qquad (3.9)$$

所以未知频率为

$$f_y = \frac{N_x}{N_y} \cdot f_x \qquad (3.10)$$

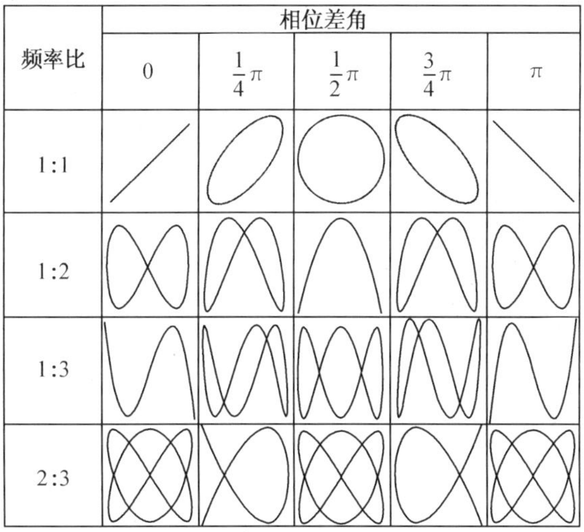

频率比	相位差角				
	0	$\frac{1}{4}\pi$	$\frac{1}{2}\pi$	$\frac{3}{4}\pi$	π
1:1					
1:2					
1:3					
2:3					

图 3.45　使用李沙育图测试信号频率

(2) 水平扫描速度。

水平扫描速度是指水平方向 X 轴坐标每个大格代表的时间,也被称为时基设置和秒 / 格 设置,通常记为 sec/div,或秒 / 格,即设置波形描绘到屏幕上的速率。水平扫描速度的调节方式有粗调和微调两种,该设置是一个标度因数,如果设置为 1 ms,则表示水平方向每刻度表示 1 ms,而整个屏幕宽度为 10 格,即代表 10 ms。改变 sec/div 设置,可以看到输入信号的时间间隔呈增长和缩短的变化。

（3）水平位移。

示波器具有预触发和延迟触发功能，可以在触发事件之前和之后采集数据。触发位置通常位于屏幕的水平中心（字符 T 所对应位置），全屏显示时可以观察到预触发和延迟触发波形点。调节水平位置旋钮，可以在水平方向上左右移动波形，查看更多的预触发或延迟触发信息，从而了解触发前后的信号情况，如捕捉电路产生的毛刺、分析预触发数据、查找毛刺产生的原因等。单击（按下）水平位移旋钮，则可快速复位水平位移或延迟扫描位移。水平控制波形显示如图 3.46 所示。

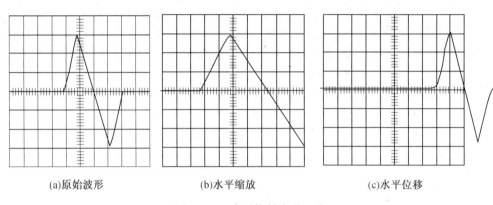

(a)原始波形　　　　　　　(b)水平缩放　　　　　　　(c)水平位移

图 3.46　水平控制波形显示

4.触发系统

触发系统可以产生一个周期与被测信号相关的触发脉冲，确定时基扫描时每次都从输入波形的相同位置开始，以便示波器能稳定显示重复的周期波形，或者便于捕获单次突发波形。未触发波形显示和已触发波形显示的区别如图 3.47 所示。

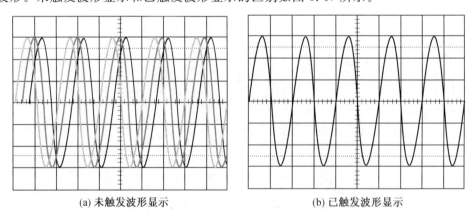

(a) 未触发波形显示　　　　　　　　(b) 已触发波形显示

图 3.47　未触发波形显示和已触发波形显示的区别

触发系统可以设置的参数包括：触发源、触发模式、触发耦合、触发电平、触发释抑、触发类型等。

（1）触发源。

触发系统支持模拟通道输入、外触发输入和工频交流电三种触发源，任一模拟通道的输入信号均可作为触发信源,大多数情况,示波器默认当前显示的模拟通道的信号作为触发源。同时,一些示波器还可提供触发输出信号,用作其他仪器的触发信号输入。示波器可以使用交替的触发源,而不一定是被显示信号。使用时应该避免无意之中以通道 1 作触发,但实际又是显示的通道 2 的波形这种情况。外触发输入通过连接器接入,示波器内部有一个模拟通道,对外部触发信号进行阻抗变换和衰减。工频交流电触发信号取自示波器的交流电源输入,用于电力设备的相关测量。

(2)触发模式。

触发模式决定示波器是否按照信号的条件描绘波形,通用触发包括正常、自动和单次三种模式。

正常触发模式下,仪器只有在满足触发条件时才采集并显示波形,不满足触发条件时保持原有波形显示,并等待下一次触发,如果上次未采集波形,则不显示波形。正常触发模式适用于低重复率信号和不要求自动触发的信号,该方式下按 FORCE 键可强制产生一个触发信号。

自动触发模式下,即使没有发生任何触发,仪器也会采集波形。自动模式使用计时器,在采集开始并且获取预触发信息后启动。如果在计时器超时之前未检测到触发事件,则仪器将强制触发,等待触发事件的时间长度取决于时基的设置,无信号输入时显示一条水平线。该触发方式适用于低重复率信号和未知信号电平的信号,要显示直流信号,必须使用自动触发模式。

单次触发模式下,示波器等待触发,在满足触发条件时显示波形,然后停止。此模式下,按强制触发键 FORCE 可强制产生一个触发信号。

(3)触发耦合。

示波器的输入信号经放大器后分两路,一路进入 ADC,另一路到触发电路,形成触发信号。触发耦合是触发信号与触发电路的耦合方式,与垂直系统输入类似,可为触发信号设置多种耦合方式。这些设置对消除触发噪声十分有效,可以避免噪声导致的错误触发。触发耦合包括直流耦合、交流耦合、低频抑制、高频抑制等方式,默认时为直流耦合。在选择边沿触发类型时,才可以进行触发耦合方式设置。

直流触发耦合将触发信号直接连到触发电路,交流耦合时触发源通过一个串联的电容连到触发电路,起到隔直作用。高频抑制耦合使触发信号通过低通滤波器以抑制高频分量,这说明即使触发的低频信号中包含很多高频噪声,仍能使其按低频信号触发。低频抑制耦合使触发源信号通过一个高通滤波器以抑制其低频成分,这说明即使触发的高频信号中包含很多低频噪声,仍能使其按高频信号触发。低频抑制方式和高频抑制方式从触发信号中消除噪声,防止误触发。

(4)触发电平。

触发电平用于设置触发时的触发信号电平大小,当输入触发信号的电平与预置触发电平大小相等时产生触发信号。调节触发电平旋钮可以改变触发电平的大小,此时屏幕上会出现一条触发电平线以及触发标志,并随旋钮转动上下移动,同时屏幕显示的触发电平值也会实时变化。触发电平应该设置在信号电平最大值和最小值之间。

（5）触发释抑。

释抑时间是指示波器触发之后重新启用触发功能所等待的时间。在释抑时间内，即使满足触发条件，示波器也不会触发，直到释抑时间结束，示波器才重新启用触发模块。触发释抑可稳定触发复杂波形（如脉冲）。

如图 3.48 所示，一些信号在小周期内不重复，但在长时间内又存在重复的周期信号。此时，信号具有多个可能的触发点，但示波器的扫描间隔是固定的，会造成每一次扫描的起始都从信号不相同位置开始，使波形显示混乱。

为了得到正确的波形，可以采用触发隔离功能，即在各次扫描之间加入延迟时间，使得扫描的每次触发总是从相同的信号沿开始，从而得到稳定的波形显示。依据波形特征设置显示稳定的触发条件，包括沿和触发电平标准条件设定，同时还有设定触发释抑波形特征条件。

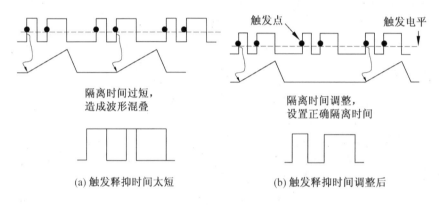

图 3.48　触发释抑的应用效果对比

（6）触发类型。

数字示波器能够提供多种基本触发类型、高级触发类型和专用触发类型，其中最基本的触发类型是边沿触发，高级触发类型则是指在输入信号满足一定的电压幅度和时间宽度时产生触发。根据电压幅度条件定义的触发类型有欠幅脉冲触发等；根据时间宽度条件定义的触发类型有脉宽触发、超时触发、毛刺触发、跳变时间触发、建立时间和保持时间触发等；根据电压幅度和时间宽度共同定义的触发类型有窗口触发等；根据用户绘制的自定义波形定义的触发类型有可视化触发等；示波器还支持多通道组合逻辑触发、多事件时序逻辑触发。高级触发类型主要用于观察数字信号，一台示波器提供的触发类型与其型号、功能相关，功能越全面的示波器，所能支持的触发类型越多。

① 边沿触发。边沿触发是最基本和常见的触发类型，输入信号在指定边沿的触发门限上触发，如图 3.49 所示。边沿触发可以选择上升沿触发、下降沿触发、上升和下降沿均触发。

边沿类型选择为上升沿时，在输入信号的上升沿处，且电压电平满足设定的触发电平时触发，如图 3.50 所示。边沿类型选择为下降沿时，在输入信号的下降沿处，且电压电平满足设定的触发电平时触发，也可以选择在上升沿和下降沿处都产生触发。

② 单次触发。示波器为使单次信号（包括重复信号中的过冲异常）得到捕获，需要将

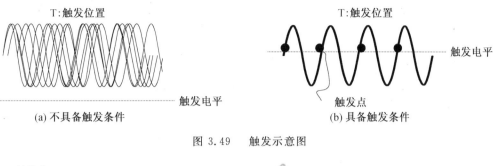

图 3.49　　触发示意图

图 3.50　　波形边沿和电平构成触发条件

边沿触发条件和单次触发模式进行配合。重复信号上升、下降沿和触发电平在信号边沿上构成触发点,由于触发条件不断被满足,故会出现很多触发点,此时,需要使边沿和触发电平构成唯一触发条件,才能对重复信号中的异常波形进行捕获。如图 3.51 所示,波形边沿和电平的设置是单次信号捕获的标准条件。

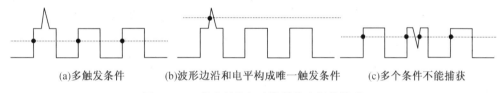

图 3.51　　单次触发与边沿触发之间的关系

③ 脉冲宽度触发。由于信号在波形的沿上都具有触发点,隔离捕获异常宽度信号时,利用边沿触发的基本方式设定触发条件是不可能捕获到异常宽度波形的。脉冲宽度触发是指根据信号的特征(波形宽度问题),选用脉冲宽度触发功能设定触发电平和设定所要捕获波形的时间宽度(时间触发条件可以设定为 =、<、> 或 ≠)。如图 3.52 所示,当波形满足电平触发条件,同时满足设定的波形时间宽度的触发条件时,通过脉冲宽度触发比较器使示波器触发,捕获到所关心的宽度波形。利用脉冲宽度触发,可以长时间监视信号,当脉冲宽度超过设定的允许范围时,引起触发。示波器的脉冲宽度设定范围与仪器相关,例如泰克 TDS3000B 示波器的范围为 39.6 ns ～ 10 s。

图 3.52　　脉冲宽度触发是在边沿触发基础上设置脉冲宽度条件

④ 欠幅触发。欠幅脉冲触发可以检测正常的脉冲串中幅度突然减小的正向或负向脉冲,设置电压的下限后,电压幅度落在上下限之间的脉冲被认定为欠幅脉冲,将欠幅脉冲的上下限设置为数字逻辑系列的门限值,可捕获异常脉冲。

对于高级示波器,例如泰克 TDS3000B 示波器,可同时选择波形宽度条件,当波形满足高低电平设置条件,同时满足设定的波形时间宽度的触发条件时,通过欠幅触发比较器使示波器触发,捕获到所关心的欠幅波形。欠幅触发应用示意图如图 3.53 所示。

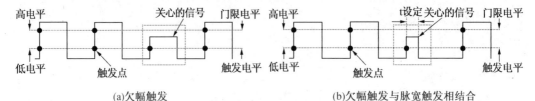

(a)欠幅触发   (b)欠幅触发与脉宽触发相结合

图 3.53   欠幅触发应用示意图

⑤ 摆率触发。摆率＝幅度／时间(V/s),其中幅度表示高低阈值之间的幅度;时间表示波形边沿高低阈值之间的时间;摆率表示边沿由低电平变化到高电平的速度。由于信号在波形边沿上都具有触发条件,隔离捕获上升或下降时间异常信号时,利用边沿触发的基本方式设定触发条件是不可能捕获到关心的波形的。如图 3.54 所示,根据信号的特征(波形边沿速度问题),选用摆率触发功能,设定高低边值和高低边值之间的时间。示波器自动计算摆率(摆率触发条件设定为 ＝、＜、＞ 或 ≠),当波形满足触发条件时,通过触发比较器使示波器触发,捕获到关心的边沿信号。

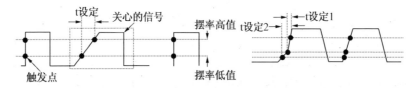

图 3.54   摆率触发应用示意图

⑥ 逻辑触发。逻辑触发是指将各通道的触发条件经过 AND、OR、NAND、NOR 等逻辑组合后,形成总的触发条件,此触发条件为真时才捕获波形,又称逻辑码型触发,逻辑触发应用示意图如图 3.55 所示,逻辑触发特别适用于验证数字逻辑的操作。

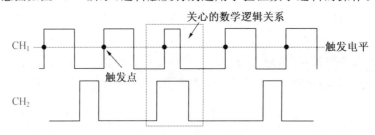

图 3.55   逻辑触发应用示意图

5. 显示系统

示波器由显示系统完成波形、网格、坐标、测量参数的显示,并可通过设置改变波形和屏幕的显示方式。

(1) 显示屏。

示波器显示屏幕中的栅格记号形成格子线,垂直和水平线构成主刻度格,格子线通常布置为 8×10 的区块,示波器控制的标号(如 Volt/div 和 Sec/div)通常参照的是主刻度。

中央的水平线和垂直线上标注的标号称为小刻度,如图 3.56 所示。许多示波器的屏幕显示的是每一个垂直刻度表示多少伏特的电压,以及每一个水平刻度表示多少秒的时间。

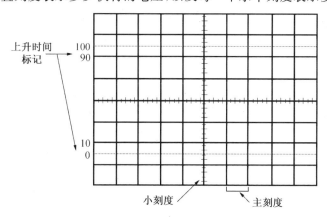

图 3.56　示波器刻度格示例

（2）显示类型。

设置波形的显示方式为矢量或点,矢量显示方式下,采样点之间通过连线的方式显示,该模式在大多情况下提供最逼真的波形,可方便查看波形的陡边沿;点显示方式直接显示采样点,可以直观地看到每个采样点,并可使用光标测量。

（3）波形亮度。

亮度控制用于调整波形的亮度,当增加模拟示波器的扫描速度的时候,需要增加亮度级。

3.3.2　数字存储示波器的性能指标

评价一台示波器的好坏,需要从示波器的性能指标入手。数字示波器的主要性能指标包括通道数、带宽、上升时间、采样率、波形捕获率、存储深度、垂直灵敏度、垂直分辨率、扫描速度、输入阻抗等。

1.通道数

数字示波器一般具有 2～4 个模拟输入通道。

2.带宽

带宽决定示波器对信号的基本测量能力,随着信号频率的增加,示波器对信号的准确显示能力将下降。示波器带宽是指正弦输入信号衰减到其实际幅度的 70.7% 时所对应的频率值,即 $-3\,\mathrm{dB}$ 点(基于对数标度),如图 3.57 所示。示波器的带宽取决于前端电路的模拟带宽,即垂直模拟通道电路的幅频响应,带宽决定示波器可以测量的信号最高频率成分,如图 3.58 所示。示波器带宽与被测信号最高频率之间存在一个 5 倍准则(The 5 times rule):示波器所需带宽 = 被测信号的最高频率成分 × 5,即一般应取示波器标称的带宽大于被测信号最高频率成分的 5 倍。在具体操作中准确表征信号幅度,并运用 5 倍准则,示波器的测量误差将不会超过 ±2%,如图 3.59 所示。然而,随着信号速率的增加,受示波器采样 ADC 的频率限制,这个经验准则将不再适用。

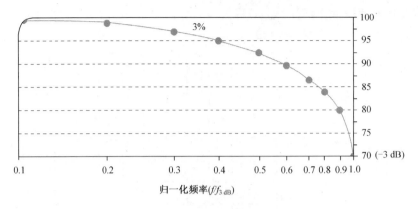

图 3.57　示波器的带宽定义

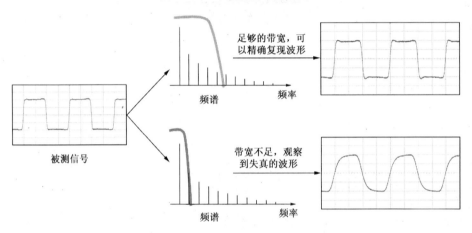

图 3.58　带宽对示波器所观察波形的影响

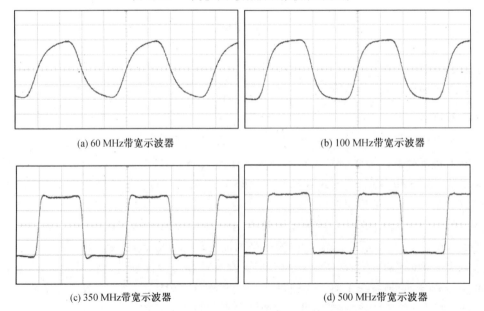

(a) 60 MHz带宽示波器　　　　　　　　　　(b) 100 MHz带宽示波器

(c) 350 MHz带宽示波器　　　　　　　　　　(d) 500 MHz带宽示波器

图 3.59　50 MHz 信号在不同带宽示波器中所测量得到的波形对比

3.上升时间

上升时间是指在垂直通道输入端加一个理想的阶跃信号,显示屏上的显示波形从稳定幅度的 10% 上升到 90% 所需的时间。上升时间描述示波器的有效频率范围,取决于模拟通道的瞬态响应。示波器必须有快速的上升时间才能准确地捕获快速变换的信号细节,一般要求示波器的上升时间小于被测信号的最快上升时间的 $1/5$。

$$示波器上升时间 \leqslant 被测信号的最快上升时间 \times \frac{1}{5} \qquad (3.11)$$

示波器的带宽和上升时间通过一个常数 k 相关联,存在以下关系:

$$带宽 = \frac{k}{上升时间} \qquad (3.12)$$

其中,k 是常数,为 $0.35 \sim 0.45$,取决于示波器的频率响应特性曲线和脉冲上升时间响应。对带宽小于 $1\ \mathrm{GHz}$ 的示波器,常数 k 的典型值为 0.35;而对带宽大于 $1\ \mathrm{GHz}$ 的示波器,其常数 k 的值为 $0.40 \sim 0.45$。

4.采样率

采样率表示为样点数每秒(Samples/s,Sa/s),即每秒多少个采样点,指数字示波器对信号采样的频率。示波器的采样速率越快,所显示的波形的分辨率和清晰度就越高,重要信息和事件丢失的概率就越小。采样率包括实时采样率和等效采样率,一般使用单位 GSa/s,表示每秒 10^9 个采样点,表示每秒 10^9 个采样点。一般主要关注实时采样率,多通道同时采样时的采样率低于单通道采样时采样率。常用的数字示波器实时采样率一般在 $10\ \mathrm{GSa/s}$ 以下,高端产品可达 $160\ \mathrm{GSa/s}$。实时采样率取决于 ADC 的最高速率,实时采样率越高,采样间隔越短,重建波形的失真越小,就越便于捕获信号中的毛刺、尖峰干扰。图 3.60 所示为一个 $500\ \mathrm{MHz}$ 带宽示波器在不同采样率下对 $50\ \mathrm{MHz}$、$500\ \mathrm{ps}$ 上升时间的时钟被测信号进行采样得到的波形,显然,采样率越高,得到的波形越精细,越接近实际波形。

5.波形捕获率

波形捕获率又称波形更新率,即每秒捕获的波形数,单位为 wfms/s (waveforms/s)。示波器捕获一个波形后需要一段时间对波形数据进行处理,如图 3.61 所示,在这段数据处理的死区时间内,无法继续捕获波形,因此可能无法捕捉到偶发事件。快速波形捕获率意味着两次采集

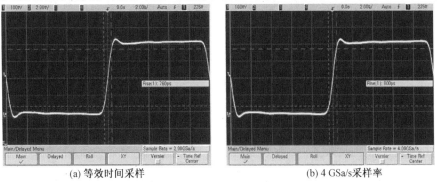

(a) 等效时间采样　　　　　　　　　　　　(b) 4 GSa/s采样率

图 3.60　　$500\ \mathrm{MHz}$ 带宽示波器对 $50\ \mathrm{MHz}$、$500\ \mathrm{ps}$ 上升时间的时钟被测信号进行采样得到的波形

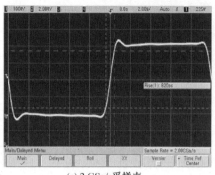

(c) 2 GSa/s采样率

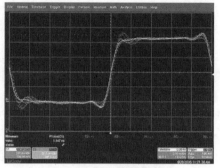

(d) 1 GSa/s采样率

续图 3.60

期间的死区时间更短,更容易发现罕见的问题。数字存储示波器使用串行处理机制,每秒钟可以捕获 10 ～ 5 000 个波形,而大多数数字荧光示波器采用并行处理机制来提供更高的波形捕获速率。一些混合域数字荧光示波器可以提供高达每秒数百万波形的捕获率,大大降低了捕获间歇和难以捕捉事件的概率,并能让用户更快地发现信号中存在的问题。图 3.62 所示为捕获率快慢对示波器性能影响示意图。

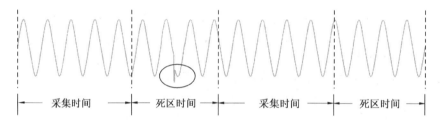

图 3.61   波形捕获率示意图

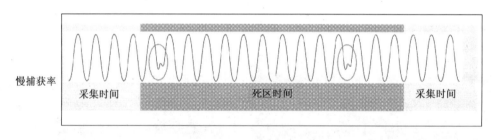

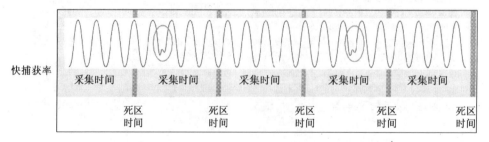

图 3.62   捕获率快慢对示波器性能影响示意图

6. 存储深度

存储深度又称记录长度,是指示波器的采集存储器能够连续存入的最多波形点数,决定了每个通道中所能捕获的数据量。存储深度增大,能捕捉到更多波形的细节。存储深度取决于存储器的容量,由于示波器仅能存储有限数目的波形采样,波形的持续时间和示波器的采样速率成反比,即

$$存储深度 = 采样率 \times 采集时间 \qquad (3.13)$$

其中,采集时间 = 扫描时间 /div × 10,因为显示屏中时间轴有 10 个主刻度格。

7. 垂直灵敏度

垂直灵敏度为 Y 轴坐标每个大格代表的电压值,反映垂直通道放大器的增益,通常用 mV/div 作单位,一般垂直灵敏度最低为 1 mV/div。

8. 垂直分辨率

模数转换器的垂直分辨率即数字示波器的垂直分辨率,是指示波器将输入电压转换为数字值的精确程度。垂直分辨率用比特数(bit)来度量,采用高分辨率捕获模式等计算方法能有效提高分辨率。

9. 扫描速度

扫描速度表征轨迹扫过示波器显示屏的速度,用时间(秒)/ 格表示,扫描速度越快,越能够发现更细微的细节。

10. 输入阻抗

示波器的输入阻抗一般可等效为电阻和电容并联,电阻一般在 1 MΩ、75 Ω 和 50 Ω 中选择,输入电容一般为 10 pF 左右。输入阻抗选择为高阻(1 MΩ)时,测量高频信号如振荡电路输出信号时,要特别考虑输入电容的影响。被测信号不经过示波器探头直接接入示波器时,示波器输入阻抗将对被测电路产生负载效应。一般情况下均使用示波器探头进行测量,此时应保证示波器探头的输入阻抗和示波器的输入阻抗相匹配,可选用生产厂商推荐的示波器探头。

3.3.3　示波器探头

1. 探头分类

示波器探头将被测信号不失真地引入示波器,具有衰减、放大、阻抗变换、屏蔽等功能。探头和示波器共同构成一个波形测量系统,共同决定了测量系统的性能。图 3.63 所示为探头的基本分类,根据所测量的参数的不同,可以分成电流、电压、逻辑和其他传感器探头,使用时可以根据实际需要进行选用。常见示波器探头如图 3.64 所示。

作为示波器和被测设备之间的连接桥梁,探头对测量结果的影响很大,对示波器探头的要求主要有负载效应低(对被测试信号的影响小)、输入阻抗大、带宽高、动态范围大、频率响应曲线平坦、垂直放大精度高、垂直灵敏度大和探针类型丰富等。

图 3.65 ~ 3.67 所示分别为 1× 无源探头、10× 无源探头和有源探头的电路结构示意图。1× 无源探头的优点是无衰减与价格低,缺点是有很大的反射、很大的输入电容和很

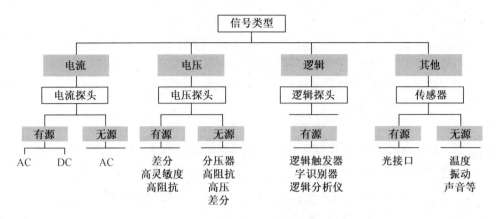

图 3.63　示波器探头的分类

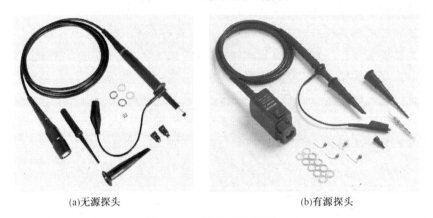

(a)无源探头　　　　　　　　　　　　(b)有源探头

图 3.64　常见示波器探头

窄的带宽;10×无源探头的优点是高输入阻抗、动态范围大、价格便宜,缺点包括输入电容较大、与 50 Ω 系统不兼容和必须补偿;有源探头的优点包括低输入电容、高的带宽、高输入电阻、兼容 50 Ω 系统、无须补偿,缺点包括价格高、动态范围有限、要求电源、结构复杂等。实际使用时应根据条件尽量使用原厂探头,降低探头对测量结果的影响。

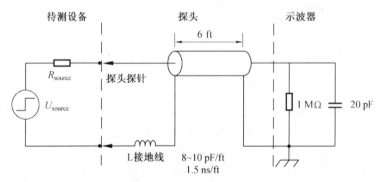

图 3.65　1×无源探头电路结构示意图

(注:ft 即英尺,1 ft = 0.304 8 m)

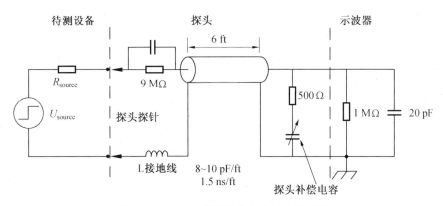

图 3.66　10×无源探头电路结构示意图

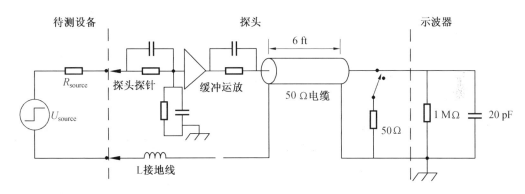

图 3.67　有源探头电路结构示意图

2.探头补偿方法

示波器探头一般与示波器型号匹配,但是,在示波器之间、甚至在同一台示波器的不同输入通道之间都会略有差异。为了降低这一差异给数据测量带来的影响,许多探头、特别是衰减探头(10×和 100×探头)都带有内置补偿网络,可以通过调节探头补偿网络来降低通道的差异。

如果探头带有补偿网络,可以调节该补偿网络实现探头补偿,其操作流程如下:

(1)把探头连接到示波器上。

(2)把探头尖端连接到示波器前面板上的探头补偿测试点,如图 3.68 所示,探头补偿测试点的测试信号一般默认为 1 kHz、5 V 的方波信号。

(3)使用探头标配的调节工具或其他非磁性调节工具,调节补偿网络,获得顶部平坦、没有过冲或圆形的校准波形显示,如图 3.69 所示。

(4)如果示波器带有内置校准程序,运行这一程序,以提高校准精度。

没有补偿的探头可能会导致各种测量误差,特别是在测量脉冲上升时间或下降时间时。为避免这些误差,应在把探头连接到示波器后立即补偿探头,同时要经常检查补偿结果。

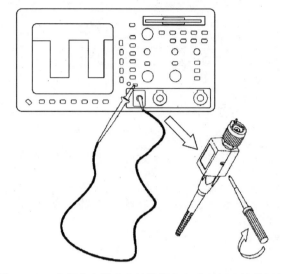

图 3.68　在探头头部或在补偿设备上进行探头补偿调节

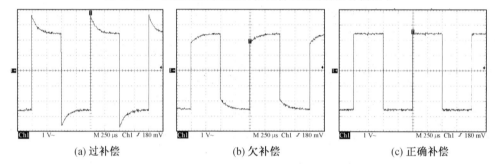

(a) 过补偿　　　　　　　(b) 欠补偿　　　　　　　(c) 正确补偿

图 3.69　探头补偿对方波的影响实例

3.3.4　数字示波器使用注意事项

1.探头补偿

使用无源衰减电压探头时,应首先对探头进行补偿。将探头连接到示波器上的探头补偿测试点,使用无感螺丝刀调节探头的微调电容,使方波波形失真最小,避免过补偿和欠补偿。

2.地线夹连接

地线的等效电感和探头的输入电容形成串联谐振电路,测量脉冲信号时,显示波形可能发生严重畸变,出现减幅振荡等现象。在测量高速脉冲信号时,应特别注意探头地线夹的接地位置,使其尽可能靠近探头的探针,以减小地线回路的长度。

地线夹连线频繁使用时,容易造成断路。由于地线断开,示波器将显示 50 Hz 工频干扰波形,此时可用万用表检测地线夹与探头连接是否良好。

3.自动设置功能与手动设置

使用自动设置(Autoset)功能,示波器将根据输入信号自动调整垂直挡位、水平时基和触发方式,使波形显示达到最佳状态,并提供快速参数测量功能。但是在信号噪声很大,或信号为调制信号波形(如调幅波),或信号边沿变化很慢、频率很低、占空比很低的情况下,使用自动设置功能可能无法正确显示波形,须手动设置。当信号噪声很大时,示波器无法正确测量某些参数(如频率),须在显示屏幕上根据垂直灵敏度和扫描时间用光标进行手动测量。

4.触发源选择

一般情况下,应该选择输入信号所在的通道作为触发源,否则无论如何调节触发电平,信号波形可能都无法稳定显示。如果同时观测两路信号,可以选择其中比较稳定的一路信号作为触发源。

3.3.5　泰克示波器 TDS2012C－EDU 的使用方法

数字存储示波器前面板的各通道标志、旋钮和按键的位置及操作方法与传统模拟示波器类似,现以 TDS2012C－EDU 数字存储示波器为例加以说明。TDS2012C－EDU 数字存储示波器是美国 Tektronix(泰克)公司生产的一款数字存储示波器,具有 200 MHz 的带宽、双输入通道、2 GSa/s 的采样速率,支持 USB 闪存、体积小、量程宽和功能全面易用等特点,广泛应用于产品的设计与调试,企业、学校的教育与培训,工厂的制造测试、质量控制、生产维修,等活动,是电子测量领域一种不可或缺的辅助设备。TDS2012C－EDU 数字存储示波器参数见表 3.6。

表 3.6　TDS2012C－EDU **数字存储示波器参数**

类别	项目	技术指标
示波器概况	带宽	200 MHz
	通道	2
	每条通道的取样速率	2.0 GSa/s
	记录长度	所有时基均为 2 500 点
输入技术规格	输入耦合	直流、交流或接地
	输入灵敏度范围	1 MΩ±2% 的电阻与(20±3) pF 的电容并联
	直流增益精度	从 10 mV/div 至 5 V/div 为 ±3%
	最大输入电压	300 Vrms,CATII;超过 100 kHz 时以 20 dB/ 倍频程下降至 3 MHz 时的 13 Vpp
	AC 偏置范围	垂直标度设置为 2 ～ 200 mV/div 时:1.8 V; 垂直标度设置为 200 mV/div ～ 5 V/div 时:±45 V
	带宽限制	20 MHz
	输入耦合	交流、直流、接地
	输入阻抗	1 MΩ 并联 20 pF
	垂直缩放	垂直扩展或压缩动态或停止波形

续表3.6

类别	项目	技术指标
水平系统—模拟通道	时基范围	5 ns/div 至 50 s/div
	时基精度	50×10^{-6}
	水平缩放	水平扩展或压缩动态或停止波形
输入/输出接口	USB 接口	USB 主机端口位于前面板上，支持 USB 闪存驱动器。USB 设备端口位于仪器后面，支持 PC 连接
	GPIB 接口	可选
数据存储器—非易失性	参考波形显示	2 500 点参考波形
	波形存储(不使用 U 盘)	2 500 点
	最大 U 盘大小	64 GB
	波形存储(使用 U 盘)	每 8 MB 有 96 个或更多参考波形
	设置(不使用 U 盘)	10 个前面板设置
	设置(使用 U 盘)	每 8 MB 有 4 000 个或更多前面板设置
	屏幕图像(使用 U 盘)	每 8 MB 有 128 个或更多屏幕图像(图像数量取决于所选的文件格式)
	全部保存(使用 U 盘)	每 8 MB 有 12 个或更多屏幕图像，一次全部保存操作会创建 3 至 9 个文件(设置、图像外加每个显示波形一个文件)
	课程内容	100 MB
采集系统	峰值检测	高频随机毛刺捕获。5 μs/div ~ 50 s/div 的所有时基设置均可捕获至 12 ns(典型值) 的毛刺
	采样	仅采样数据
	平均值	平均波形，选配范围：4,16,64,128
	单序列	使用"单序列"按钮，捕获一个已触发的采集序列
	滚动	采集时基设置为 > 100 ms/div
触发系统	外部触发输入	1 路
	触发模式	自动、正常、单序列
	触发类型	边沿(上升/下降)：常规的电平驱动触发。任一通道均提供正斜率或负斜率。 耦合选项：交流、直流、噪音抑制、高频抑制、低频抑制视频：所有行或单个行、复合视频的奇数场/偶数场或所有场或者广播制式(NTSC、PAL、SECAM) 均可触发。脉宽(或毛刺)：脉宽小于、大于、等于或不等于均可触发，选配时限范围为 33 ns 至 10 s
	触发源	两通道型号：Ch1、Ch2、外部、外部 /5、市电
	触发视图	按下"触发视图"按钮时显示触发信号
	触发信号频率读数	提供触发源的频率读数

续表3.6

类别	项目	技术指标
波形测量	光标	类型:时间、幅度测量,ΔT、$1/\Delta T$、ΔU
	自动测量	周期、频率、正频宽、负频宽、上升时间、下降时间、最大值、最小值、峰—峰值、平均值、RMS、周期 RMS、光标 RMS、相位、正脉冲计数、负脉冲计数、上升边沿计数、下降边沿计数、正占空比、负占空比、幅度、周期平均、光标平均、脉宽、正过冲、负过冲、面积、周期面积、延迟 RR、延迟 RF、延迟 FR、延迟 FF
波形数学运算	代数运算	加法、减法、乘法
	数学函数	FFT
	FFT	窗口:Hanning 窗、平顶窗、矩形;2 048 个采样点
	信号源	Ch1 − Ch2、Ch2 − Ch1、Ch1 + Ch2、Ch1 × Ch2
自动设置	自动设置菜单	一键式自动设置垂直、水平和触发系统的所有通道,配有撤销自动设置功能
	方波	单周期、多周期、上升沿或下降沿
	正弦波	单周期、多周期、FFT 频谱
	视频(NTSC、PAL、SECAM)	字段:全部、奇数行或偶数行
自动量程	自动量程	在点间移动探头或者信号呈现较大变化时,自动调节垂直 / 水平示波器设置
频率计数器	分辨率	6 位数字
	精度(典型)	$+51 \times 10^{-6}$(包括所有的频率参考误差和 $+1$ 计数误差)
	频率范围	交流耦合,从最小 10 Hz 到额定带宽
	频率计数器信号源	脉宽或边沿选定触发源。频率计数器始终在脉冲宽度模式和边沿模式下测量选定触发源,包括当示波器采集由于运行状态中的变化而暂停时,或当单次事件采集已经结束时。频率计数器不测量没有达到合理触发事件标准的脉冲。脉宽模式:计数 250 ms 测量窗口中具有足够幅度并且达到可触发事件标准的脉冲(例如,如果 PWM 脉冲列被设定为"<"模式而且极限被设定为相对较小的数字时,PWM 脉冲列中的所有窄脉冲)。边沿触发模式:计数所有幅度足够的脉冲
显示器系统	插值	$\dfrac{\sin x}{x}$
	波形类型	点、矢量
	余辉	关闭、1 s、2 s、5 s、无限
	格式	YT 或 XY

续表3.6

类别	项目	技术指标
课件软件:安装课件软件的最低要求	操作系统	WindowsXP、Windows7、Windows8、Linux(Ubantu12.04、12.10、13.04 或 Fedora18、19)
	RAM	512 兆字节(MB)
	磁盘空间	1 GB 可用硬盘空间
	显示	XVGA1 024×768,推荐 120 dpi 字体大小
	可移动介质	CD－ROM 或 EVE 驱动器
	外围设备	键盘和 Microsoft 鼠标或其他兼容定点设备
环境特点	温度	工作状态:0～＋50 ℃;非工作状态:－40～＋71 ℃
	湿度	工作与非工作状态:等于或低于＋40 ℃ 时相对湿度(RH)最高 85%;等于或低于＋50 ℃ 时相对湿度最高 45%
	高度	工作与非工作状态:最高 3 000 m

1.示波器控制面板

TDS2012C－EDU 数字存储示波器的前操作面板如图 3.70 所示。按功能分,前面板除显示区域外,还有 6 个控制区,即边框菜单、功能菜单、垂直控制区、水平控制区、触发控制区和信号输入区。本节将对 TDS2012C－EDU 的屏幕显示信息和相关控制方法进行简要说明。

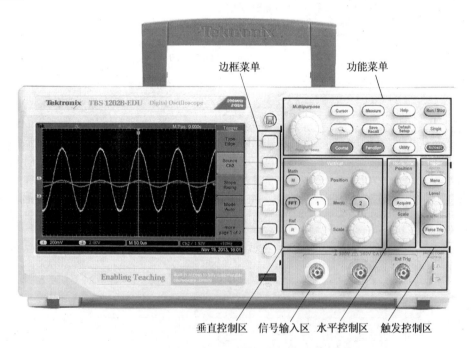

图 3.70　TBS1202C－EDU 数字存储示波器的前操作面板

（1）显示区域。

除显示波形外,显示屏上还提供关于波形和示波器控制设置的详细信息,图 3.71 中标注的项目可能出现在显示中,在任一特定时间,不是所有这些项都可见。菜单关闭时,某些读数会移出格线区域。

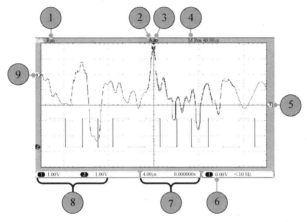

图 3.71　显示区域所包含的信息

① 采集读数,显示采集运行或停止,图标包括 Run 运行:采集已启用;Stop 停止:采集未启用。

② 触发位置图标,显示采集的触发位置,旋转"Horizontal Position 水平位置"旋钮可以调整标记位置。

③ 触发状态读数显示。

Armed(已配备):示波器正在采集预触发数据,在此状态下将忽略所有触发。

Ready(就绪):示波器已采集所有预触发数据并准备接受触发。

Trig'd(已触发):示波器已发现一个触发,并正在采集触发后的数据。

Stop(停止):示波器已停止采集波形数据。

Acq. Complete(采集完成):示波器已经完成单次采集。

Auto(自动):示波器处于自动模式并在无触发的情况下采集波形。

Scan(扫描):示波器在扫描模式下连续采集并显示波形数据。

④ 中心刻度读数显示中心刻度处的时间,触发时间为零。

⑤ 触发电平图标显示波形的边沿或脉冲宽度触发电平。图标颜色与触发源颜色相对应。

⑥ 触发读数显示触发源、电平和频率,其他触发类型的触发读数显示其他参数。

⑦ 水平位置／标度读数显示主时基设置(使用"水平标度"旋钮调节)。

⑧ 通道读数显示各通道的垂直标度系数(每格)。使用"垂直标度"旋钮为每个通道调节。

⑨ 波形基线指示器显示波形的接地参考点(0 V 电平)(忽略偏置效应)。图标颜色与波形颜色相对应,如没有标记,则不会显示通道。

（2）菜单及控制按钮。

图 3.72 给出了 TBS1202B－EDU 数字存储示波器前操作面板所有菜单及控制按钮的功能介绍,按照功能区域划分为 A 垂直控制区、B 水平控制区、C 触发控制区、D 菜单与

控制区以及其他的一些按钮，以下做详细介绍：

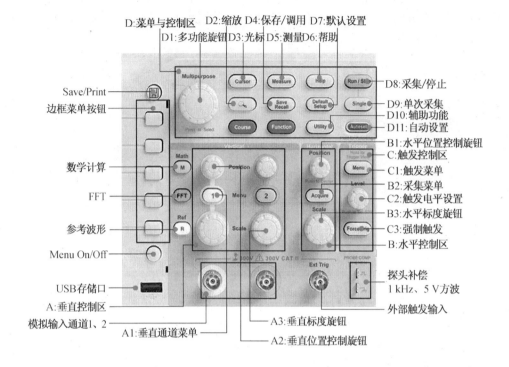

图 3.72　TBS1202B－EDU 数字存储示波器前面板控制按钮功能介绍

① 垂直控制区。可以使用垂直控制来显示和删除波形、调整垂直刻度和位置、设置输入参数以及进行数学运算。

A1(垂直通道菜单)：用于显示"垂直"菜单选择项并打开或关闭相应通道的波形显示。每个通道都有单独的垂直菜单，其选项及说明见表 3.7，每个选项对应于每个通道，可单独进行设置。

A2(Position/ 垂直位置控制旋钮)：用于调整所有通道（含 MATH 和 REF）波形的垂直位置，该旋钮解析度根据垂直挡位而变化，单次按下此旋钮选定通道的位移立即回零，即显示屏的水平中心线。

A3(Scale/ 垂直标度(V/div) 旋钮)：可以使用"垂直标度"旋钮控制示波器放大或缩小通道波形的信源信号，单位为伏 / 格或 V/div。

表 3.7　示波器通道垂直菜单选项说明

选项	设置	注释
耦合	直流、交流、接地	"直流"既通过输入信号的交流分量，又通过它的直流分量；"交流"将阻止直流分量，并衰减低于 10 Hz 的信号；"接地"会断开输入信号
带宽限制	20 MHz、关	限制带宽，以便减小显示噪声；过滤信号，以便减小噪声和其他多余的高频分量

续表3.7

选项	设置	注释
V/div	粗调、细调	选择标度(V/div)旋钮的分辨率。粗调定义一个 $1-2-5$ 序列;细调将分辨率改为粗调设置间的小步进
探头	见表 3.8	按下后可调整"探头"选项
反相	开、关	相对于参考电平反相(倒置)波形

表 3.8　探头选项说明

探头选项	设置	注释
探头 → 电压 → 衰减	$1 \times$、$10 \times$、$20 \times$、$50 \times$、$100 \times$、$500 \times$、$1\,000 \times$	将其设置为与电压探头的衰减系数相匹配,以确保获得正确的垂直读数
探头 → 电流 → 比例	5 V/A、1 V/A、500 mV/A、200 mV/A、100 mV/A、20 mV/A、10 mV/A、1 mV/A	将其设置为与电流探头的刻度相匹配,以确保获得正确的垂直读数
返回		返回到前一菜单

垂直控制注意事项:

a.接地耦合:使用"接地"耦合可以显示 0 V 波形,此时,滤波器内部将通道输入与 0 V 参考电平连接。

b.细调分辨率:在细调分辨率设定时,垂直刻度读数显示实际的 V/div 设置,只有调整了"垂直标度"控制后,将设定改变为粗调的操作才会改变垂直刻度。

c.波形关闭:要打开或关闭显示器上的波形,只需单次按下垂直通道菜单前面板按钮 A1。例如,按下 1(通道 1 菜单)按钮可以显示或关闭通道 1 波形。

d.纵向测量过量程(剪断):测量读数显示为"?"时表示无效值,这可能是因为波形超出屏幕范围(过量程),此时需调整垂直标度旋钮,调整垂直比例,以确保读数有效。

② 水平控制区。水平控制区用于调整触发点相对于所采集波形的位置及调整水平标度(时间 / 格)。靠近屏幕右上方的读数以秒为单位显示当前的水平位置,示波器还在刻度顶端用一个箭头图标来表示水平位置。

B1(Position/ 水平位置控制旋钮):用于调整所有通道和数学波形的水平位置,该旋钮分辨率随时基设置的不同而改变。如果要对水平位置进行大幅调整,可将"水平标度"旋钮旋转到较大数值,更改水平位置,然后再将"水平标度"旋钮转到原来的数值。单次按下此旋钮各个通道波形的水平位移立即回零。

B2(Acquire/ 采集菜单):用于设置显示采集模式,包括采样、峰值检测和平均值三种采集模式。Acquire(采集) 按钮选项下的采集参数设置见表3.9。

B3(Scale/ 水平标度旋钮):用于改变水平时间刻度,以便在时间轴上放大或压缩波形。

③ 触发控制区。示波器提供的触发类型有三种:"边沿""视频"和"脉冲宽度"。对于每种类型的触发,均有对应的选项供设置。

表 3.9　Acquire(采集)按钮选项下的采集参数设置

选项	设置	注释
采样	无	默认方式,用于采集和精确显示多数波形
峰值检测	无	用于检测毛刺并减少假波现象的可能性
平均值	无	用于减少信号显示中的随机或不相关的噪声,平均值的数目可设置
平均次数	4,16,64,128	设置平均值的数目

C1(触发菜单):单击(按下)一次该按钮将显示触发菜单。按住超过 1.5 s 时,将显示触发视图,此时显示的是触发波形而不是通道波形,使用触发视图可查看诸如"耦合"之类的触发设置对触发信号的影响,释放该按钮将停止显示触发视图,恢复到正常的通道波形显示功能。

C2(触发电平位置):使用边沿触发或脉冲触发时,"位置"旋钮用于设置波形的触发阈值电平。按下该旋钮可将触发电平设置为触发信号峰值的垂直中点(设置为 50%)。

C3(强制触发):无论示波器是否检测到触发,都可以使用此按钮完成波形采集。此按钮可用于单次序列采集和"正常"触发模式(在"自动"触发模式下,如果未检测到触发,示波器会定期自动强制触发)。

④ 菜单与控制区。

D1(多功能(多用途、通用)旋钮):通过显示的菜单或选定的菜单选项来确定功能。

D2(缩放):按下"缩放"按钮可在屏幕大约四分之三的区域内显示放大后的波形,原始波形仍将在屏幕顶部大约四分之一的区域内显示,放大波形以水平方式放大。按下"通用"旋钮或者按下侧面菜单"标度"或"位置"项可选择标度或位置功能。旋转"通用"旋钮可更改标度因子或选择(定位)波形的要放大的部分。示波器缩放功能示意图如图 3.73 所示。

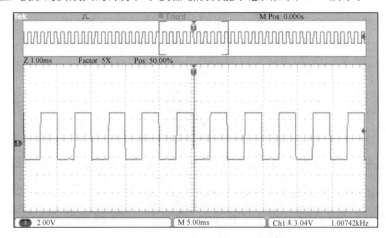

图 3.73　示波器缩放功能示意图

D3(Cursor(光标)):显示 Cursor 菜单。离开 Cursor 菜单后,光标保持可见(除非"类型"选项设置为"关闭"),但不可调整。按下 Cursor 按钮显示测量光标和"光标"菜单,然后使用"多用途"旋钮改变光标的位置。表 3.10 对光标选项进行了详细说明。

表 3.10　光标选项说明

选项	设置	注释
类型	时间、幅度、关闭（对于 FFT 信源，将测量频率和幅度）	选择并显示测量光标；"时间"测量时间、频率和幅度，"幅度"测量幅度，例如电流或电压
信源	Ch1、Ch2、FFT、数学、参考 A、参考 B	选择波形进行光标测量光标读数显示测量值
Δ		显示光标间的绝对差值（增量）
光标 1光标 2		显示选定光标的位置（时间参考触发位置，幅度参考基准连接）

D4（Save/Recall（保存／调用））：显示设置和波形的 Save/Recall（保存／调用）菜单。

D5（Measure（测量））：显示"自动测量"菜单。按下 Measure（测量）按钮，通过边框菜单选项和多用途旋钮相配合，可以进行 34 种自动测量，在屏幕底部一次最多可以显示六种自动测量结果，如图 3.74 所示。

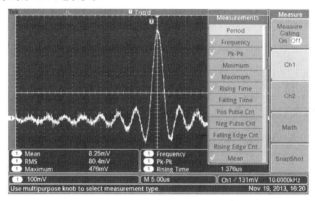

图 3.74　自动测量功能

D6（Help（帮助））：显示 Help 菜单。

D7（Default Setup（默认设置））：调出厂家设置。

D8（Run/Stop（采集／停止））：连续采集波形或停止采集。

D9（Single（单次采集））：（单次序列）采集单个波形，然后停止。

D10（Utility（辅助功能））：显示 Utility 菜单，包括显示、语言、自校正、探头检查、文件功能、选项、自动设置启用、系统状态等内容。

D11（自动设置）：自动设置示波器控制状态以产生适用于输出信号的显示图形。按住超过 1.5 s 时，会显示"自动量程"菜单，可激活或禁用自动量程功能。

2. 示波器的功能检查

（1）功能检查：执行此功能可用于验证示波器是否正常工作，步骤如下：

① 打开示波器电源，按下 Default Setup（默认设置）按钮，如图 3.75 所示，探头选项默认的衰减设置为 10×。

② 将探头连接器上的插槽对准通道 1 BNC 连接器上的凸键，按下即可连接，然后向右转动将探头锁定到位。将所提供的示波器探头连接到示波器上的通道 1，同时将探头端部和基准导线分别连接到"探头补偿"终端上，如图 3.76 所示。

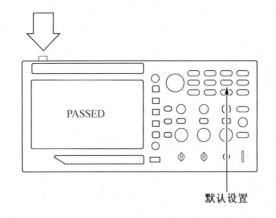

图 3.75　功能检查第一步,开机后按下默认设置按钮

　　③ 按 Autoset(自动设置)按钮,几秒钟后,可看到显示一条峰—峰值约为 5 V、频率为 1 kHz 的方波,如图 3.77 所示。按两次前面板上的通道 1 菜单按钮关闭通道 1,按通道 2 菜单按钮显示通道 2,然后重复步骤 ② 和 ③。

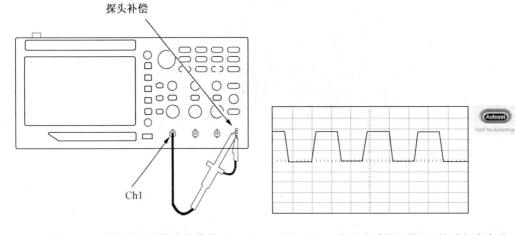

图 3.76　将探头连到探头补偿接口　　　图 3.77　按下自动设置按钮,得到方波波形

　　(2)手动探头补偿。

　　① 按下垂直控制区通道 1 按钮,在跳出的屏幕菜单中,依次选择→"探头"→"电压"→"衰减"选项并选择 10×,将相应的探头连接到示波器上的通道 1。如果使用探头钩式端部,请确保钩式端部牢固地插在探头上。

　　② 将探头端部连接到 PROBE COMP ～ 5 V@1 kHz(探头补偿 ～ 5 V@1 kHz)端子上,将基准引线连接到 PROBE COMP(探头补偿)机箱端子上。显示通道,然后按下"自动设置"按钮,如图 3.78 所示。

　　③ 检查所显示波形的形状。

　　④ 如有必要,使用无感螺丝刀调整探头,如图 3.79 所示。

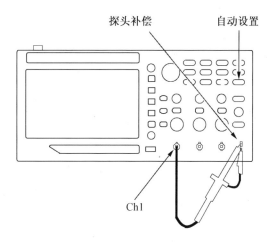

图 3.78　　连接探头补偿接口后按自动设置按钮

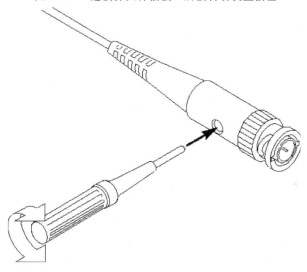

图 3.79　　使用无感螺丝刀调节探头补偿电容

3. 示波器的基本使用方法

(1) 简单测量。

利用示波器进行电路简单测量,查看电路中的某个信号,快速显示该信号,并测量其频率、周期和峰－峰值幅度等。图 3.80 所示为进行简单测量的电路图。

① 使用"自动设置"功能快速显示某个信号。

a. 按下 1(通道 1 菜单) 按钮。

b. 按下"探头"→"电压"→"衰减"→ 10 ×。

c. 将通道 1 的探头端部与信号连接,将基准导线连接到电路基准点。

d. 按 Autoset(自动设置) 按钮,示波器自动设置垂直、水平和触发控制。 如果要优化波形的显示,可手动调整上述控制。

② 使用"自动设置"功能测量常规信号参数。

示波器可自动测量多数信号的常规参数,例如信号的频率、周期、峰－峰值幅度、上

升时间以及正频宽,步骤如下:

  a. 按下 Measure(测量)按钮调出"测量菜单",如图 3.81 所示。

  b. 按下通道1或2按钮,将在左侧显示测量菜单。

  c. 旋转"多功能"旋钮加亮显示所需测量,单击(按一下)"多功能"旋钮可选择所需的测量。"值"读数将显示测量结果并随时更新数据。

  d. 按通道1或2按钮可选择其他测量,一次最多可以在屏幕上显示六种测量结果。

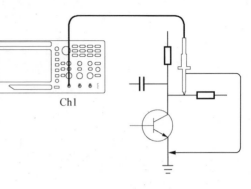

图 3.80 简单测量电路图

  如果在自动测量"值"读数中显示问号"?",则表明信号在测量范围之外,此时应调节相应通道的垂直"标度"旋钮(伏/格)以降低敏感度(涉及幅度相关参数显示"?"),或者更改"水平标度"设置(秒/格)(涉及时间相关参数显示"?")。

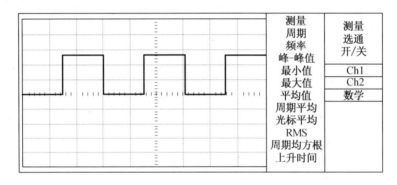

图 3.81 使用示波器自动测量

③ 同时测量两个信号。

  针对需要同时测量两个信号的应用场合,例如测量音频信号放大器的增益,将示波器的两个通道分别与放大器的输入和输出端相连,如图 3.82 所示。此处需要注意的是,由于示波器的两个探头的"负"端内部是相连的,因此,两个探头的"负"端应接在同一个参考地平面上,否则将改变被测电路的拓扑结构,影响测试结果。

  示波器使用双通道分别测量两个信号的操作步骤如下:

  a. 按 Autoset(自动设置)按钮。

  b. 按下 Measure(测量)按钮调出"测量菜单"。

  c. 按下 Ch1 侧面菜单,将在左侧显示测量类型弹出菜单。

  d. 旋转"通用"旋钮加亮显示"峰 — 峰值"。

  e. 按下"通用"旋钮选择"峰 — 峰值"。菜单项旁边将显示选中状态,显示屏的底部将显示通道 1 的峰 — 峰值测量。

  f. 按下 Ch2 侧面菜单,将在左侧显示测量类型弹出菜单。

  g. 旋转"通用"旋钮加亮显示"峰 — 峰值"。

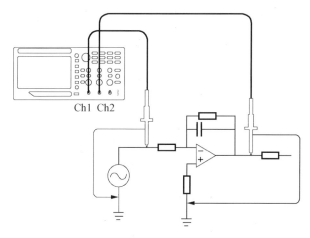

图 3.82　用示波器测量两个信号电路示意图

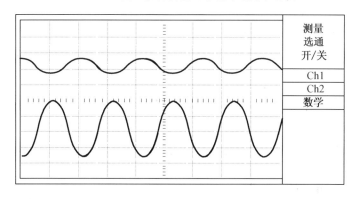

图 3.83　示波器显示的测量波形

h.按下"通用"旋钮选择"峰－峰值",菜单项旁边将显示选中状态,显示屏的底部将显示通道 2 的峰－峰值,如图 3.83 所示。

i.读取两个通道的峰－峰值幅度。

j.要计算放大器电压增益,可使用以下公式:

$$电压增益＝输出幅度 / 输入幅度 \tag{3.14}$$

$$电压增益(dB)＝20 \times lg(电压增益) \tag{3.15}$$

(2)光标测量。

自动测量功能可以对信号的常规参数进行测量,但是,示波器不是智能的,如果要测量波形中任意两点的幅度差、时间差等非常规参数,使用自动测量功能是无法实现的。此时,需要使用光标测量功能,使用光标可快速对波形进行时间和振幅测量。

① 测量振荡波形的频率和振幅。使用光标测量某个信号上升沿的振荡频率,操作步骤如下:

a.按下前面板 Cursor(光标) 按钮,打开"光标"菜单。

b.按下"类型"侧面菜单按钮,在出现的弹出菜单中显示出可用光标类型的可滚动列表。

c.旋转"多功能"旋钮加亮显示"时间"如图 3.84 所示。

d.按下"多功能"旋钮选择"时间"。

e.按下"信源"侧面菜单按钮,在出现的弹出菜单中显示出可用信源的可滚动列表。

f.旋转"多功能"旋钮加亮显示 Ch1。

g.按下"多功能"旋钮选择 Ch1。

h.按下"光标 1"选项按钮。

i.旋转"多功能"旋钮,将光标置于振荡的第一个波峰上。

j.按下"光标 2"选项按钮。

k.旋转"多功能"旋钮,将光标置于振荡的第二个波峰上。此时,可在 Cursor(光标)菜单中查看时间和频率的 Δ 增量(测量所得的振荡频率)。

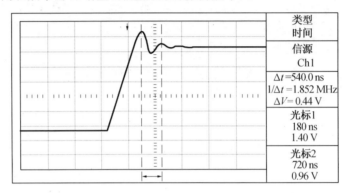

类型
时间
信源
Ch1
Δt=540.0 ns
$1/\Delta t$=1.852 MHz
ΔV=0.44 V
光标1
180 ns
1.40 V
光标2
720 ns
0.96 V

图 3.84   使用光标测量时间间隔

l.按下"类型"侧面菜单按钮,在出现的弹出菜单中显示出可用光标类型的可滚动列表。

m.旋转"多功能"旋钮加亮显示"幅度"。

n.按下"多功能"旋钮选择"幅度"。

o.按下"光标 1"选项按钮。

p.旋转"多功能"旋钮,将光标置于振荡的第一个波峰上。

q.按下"光标 2"选项按钮。

r.旋转"多功能"旋钮,将光标 2 置于振荡的最低点上。

完成上述操作后,在 Cursor(光标)菜单中将会显示出振荡的振幅。

② 测量脉冲宽度。使用光标测量某个脉冲波形的脉冲宽度,操作步骤如下:

a.按下 Cursor(光标) 按钮,以调出"光标"菜单。

b.按下"类型"侧面菜单按钮,出现的弹出菜单中显示出可用光标类型的可滚动列表。

c.旋转"多功能"旋钮加亮显示"时间",如图 3.85 所示。

d.按下"多功能"旋钮选择"时间"。

e.按下"光标 1"选项按钮。

f.旋转"多功能"旋钮,将光标置于脉冲的上升边沿。

g.按下"光标 2"选项按钮。

h.旋转"多功能"旋钮,将光标置于脉冲的下降边沿。

完成上述操作后,在 Cursor(光标)菜单中看到以下测量结果,如图 3.86 所示。

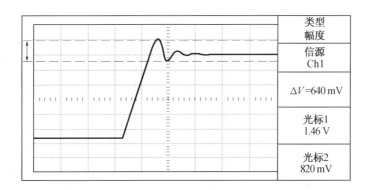

图 3.85　　使用光标测量幅度间隔

ⅰ 光标 1 处相对于触发的时间。

ⅱ 光标 2 处相对于触发的时间。

ⅲ 表示脉冲宽度测量结果的时间的 △ 增量。

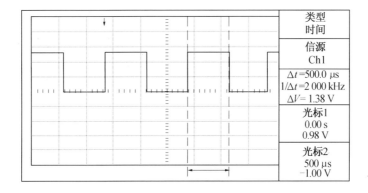

图 3.86　　使用示波器测量脉冲宽度

③ 测量上升时间。

测量脉冲宽度后,可能还需要检查脉冲的上升时间。通常情况下,应当测量波形电平的 10% 和 90% 之间的上升时间。要测量上升时间,可执行以下步骤:

a. 旋转"水平标度"(秒 / 格)旋钮以显示波形的上升边沿。

b. 旋转"垂直标度"(伏 / 格)和"垂直位置"旋钮,将波形振幅大约五等分。

c. 按下 1(通道 1 菜单)按钮。

d. 按下"伏 / 格"→"细调"。

e. 旋转"垂直标度"(伏 / 格)旋钮,将波形幅度准确地设为五格。

f. 旋转"垂直位置"旋钮使波形居中;将波形基线定位到中心刻度线以下 2.5 等分处。

g. 按下 Cursor(光标)按钮以查看"光标"菜单。

h. 按下"类型"侧面菜单按钮。将出现弹出菜单,显示可用光标类型的可滚动列表。

i. 旋转"通用"旋钮加亮显示"时间"。

j. 按下"通用"旋钮选择"时间"。

k.按下"信源"侧面菜单按钮,将出现弹出菜单,显示可用信源的可滚动列表。

l.旋转"通用"旋钮加亮显示 Ch1。

m.按下"通用"旋钮选择 Ch1。

n.按下"光标 1"选项按钮。

o.旋转"通用"旋钮,将光标置于波形与屏幕中心下方第二条刻度线的相交点处。这是波形电平的 10%。

p.按下"光标 2"选项按钮。

q.旋转"通用"旋钮,将光标置于波形与屏幕中心上方第二条刻度线的相交点处。这是波形电平的 90%。

如图 3.87 所示,Cursor(光标)菜单中的 Δt 增量读数即为波形的上升时间。

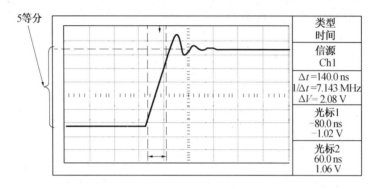

图 3.87 使用光标法测量上升时间

3.4 任意波形发生器

在测量各种电路系统或电子设备的幅频特性、传输特性及其他电参数,以及测量元器件的特性与参数时,须将任意波形发生器用作测试的信号源或激励源,根据系统或电路的实际需要,任意波形发生器可以产生正弦波、三角波、方波、脉冲波等各种基本波形和任意波。随着现代数字技术的发展,任意波形发生器逐步得到了普及和推广,本节主要介绍任意波形发生器的原理和使用方法。

3.4.1 任意波形发生器概述

任意波形发生器可以分成任意波形/函数发生器(Arbitrary Function Generator,AFG)和任意波形发生器(Arbitrary Waveform Generator,AWG)两种,AFG 通过读取内存的内容,来同时创建函数波形和任意波形。大多数现代 AFG 采用直接信号合成(Direct Digital Synthesizer,DDS)技术,在广泛的频率范围上提供信号。

AWG 基于真正可变时钟结构(通常称为"True Arbs"),适用于在所有频率上生成比较复杂的波形,AWG 也读取内存的内容,但其读取方式不同。

(1)AWG。

如图 3.88 所示,AWG 开始工作时波形已经在内存中,波形占用指定数量的内存位置。在每个时钟周期中,仪器从内存中输出一个波形样点。由于代表波形的样点数量是固定的,因此时钟速率越快,读取内存中波形数据点的速度越快,输出频率越高。换句话说,输出信号频率完全取决于时钟频率和内存中的波形样点数量(当然任何 AWG 型号都有最大内存容量,波形占用的深度可能要小于全部容量)。

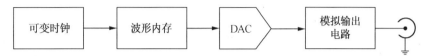

图 3.88　AWG 简化结构框图

AWG 的灵活性源自其内存中存储的波形,波形可以为任何形状,可以有任意数量的畸变,或根本没有畸变。在基于 PC 的工具帮助下,用户可以在物理限制内开发几乎任何波形,可以在仪器能够生成的任何时钟频率上,从内存中读取样点。不管时钟是以 1 MHz 运行还是以 1 GHz 运行,波形的形状相同。

(2)AFG。

AFG 也使用存储的波形作为输出信号的基础,其样点读数中涉及时钟信号,但结果类似。AFG 的时钟以某个固定速率运行,由于波形样点的数量在内存中也是固定的,因此 AFG 通过选择性的读取样点数来重建波形。如图 3.89 给出了简化的 AFG 结构。

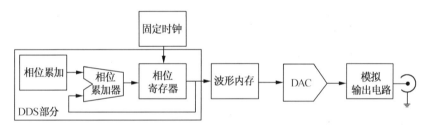

图 3.89　AFG 简化结构框图

如前所述,AFG 保持固定的系统时钟频率,360 度时钟周期分布在所有波形样点中,DDS(直接数字频率合成,Direct Digital Synthesis) 部分根据波形长度及用户选择的频率自动确定相位增量。对于高频输出信号来说,相位增量数值很大,AFG 通过 360 度周期时迅速向前跳。低频值导致小的增量,触发相位累加器以较低的步长通过波形样点,甚至会重复各个样点,构成 360 度,生成频率较低的波形,总而言之,AFG 根据自己的内部算法跳过选择的波形数据点,由于相位增量方法,它并不是在每个周期中一直跳过相同的样点数。AFG 为生成变化的波形和频率提供了一种快捷方式,但最终用户不能控制跳过哪些数据点,这必然对输出波形保真度造成影响,虽然在连续形状的波形,如正弦、三角形等等时的影响不大,但可能会影响快速转换的信号,如脉冲和瞬变等。AFG 与 AWG 取样特点比较见表 3.11。

表 3.11　AFG 与 AWG 取样特点比较

项目	AFG(DDS 技术)	AWG
取样时钟速率	固定	可变
取样增量	自动变化,根据输出频率设置而定	固定,每个时钟 1 个点
内存深度	固定或可变	可变

　　为更好地比较 AWG 和 AFG 的结构,此处以三种不同的 AWG 和 AFG 仪器产生 3 ∼ 20 MHz 的频率范围内一个正弦波信号的方式,来说明这两种设备的工作原理。AFG 的最大取样速率为 1 GSa/s,AWG♯1 和 AWG♯2 的最大取样速率分别为 1 GSa/s 和 2 GSa/s。已知这三台 AWG 和 AFG 都在 100 点的取样内存中装有一个正弦波周期。图 3.90 显示了这三个仪器平台的特点是如何影响其任务处理方式的。

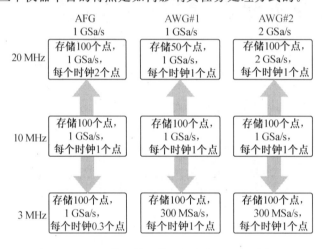

图 3.90　管理输出信号频率的三种不同方法

1. 输出 10 MHz 正弦波信号

　　这三种仪器都以 1 GSa/s 的取样速率读取波形内存中的 100 个点,生成 10 MHz 正弦波(图 3.90 中的中间行),AFG 的 DDS 单元收到命令,在输出上提供 10 MHz 信号,可计算出 1 GSa/s 时钟下,时钟每摆动 1 下增加 1 个点,故它接触到 100 个样点中的每个点。两个 AWG 中的时钟都被手动设置为 1 GSa/s,它们也可以读取 100 个点,生成 10 MHz 波形。

2. 输出 3 MHz 正弦波信号

　　与输出 10 MHz 信号不同,输出 3 MHz 信号时方法出现分歧。AFG 的时钟仍以 1 GSa/s 的固定速率运行,但现在 DDS 把增量自动设成时钟每摆动一下 0.3 个点,也就是说各个数据点重复三次或四次。两个 AWG 中的时钟频率必须手动降到 300 MSa/s,通过降低时钟更慢地读内存中的数据点,生成 3 MHz 的输出频率。

3. 输出 20 MHz 正弦波信号

　　输出频率提高到 20 MHz 时,AFG 的 DDS 单元把取样增量设为两个样点,它每隔一个样点读取一个样点,共使用 50 个点定义波形,其长度只是读取 100 个点的一半,结果是一个 20 MHz 输出信号。

与所有 AWG 在任何频率设置上一样,AWG♯1 时钟每摆动一下读取一个样点,但是由于其最大取样速率是 1 GSa/s,它不能在 50 ns 的 20 MHz 正弦波周期中读取 100 个点,必须通过用户故意干预,把存储的波形图像下降到总共 50 个点,与 1 GSa/s 采用速度配合生成一个 20 MHz 输出信号。AWG 提供了多种软件工具,在需要时帮助用户编辑样点数量,某些仪器为此提供了内置功能。在使用外部工具时,必须把修改后的波形重装到 AWG 中。

　　AWG♯2 时钟每摆动一次读取一个样点,但时钟速率翻了一倍,提高到 2 GSa/s。仪器读取 100 点内存的速度提高了一倍。结果是一个 20 MHz 输出信号。

　　此处看起来似乎 AWG♯1 与 AFG 具有相同的波形分辨率,但是实际上有关键区别。在 20 MHz 的输出频率上,AWG 先让用户重新设置了 50 个正弦波点,再读取了正弦波内存中 50 个点的每个点;而 AFG 的处理方式是从 100 个点中随机读取 50 个点,又跳过了 50 个样点。AFG 跳过样点,提高其输出频率。在某些频率上,可以忽略各个信号细节。图 3.91 所示为 AFG 的 DDS 方法和 AWG 方法之间的区别,图中以半个周期的正弦波为例,由 25 个点构成,并添加了一个瞬时跌落的畸变样点。

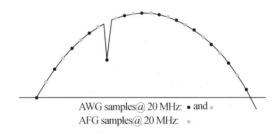

图 3.91　AFG 的 DDS 方法和 AWG 方法之间的区别

　　AWG 读取每个点(浅色或深色)而不管输出频率的设置是多少。如果输出频率设为 10 MHz,AWG 读取 25 个点;如果设为 20 MHz,AWG 仍读取 25 个点。如果 AWG 内部的最大时钟速率没有足够高,通过读取所有样点来生成希望的频率,那么可以降低点数。假设用户在削减 AWG 的样点数量时保留希望的波形特点,仪器将在每个周期中可靠地提供一个毛刺。

　　对于 AFG 来说,如果输出频率为 10 MHz,它将读取每个点;如果设为 20 MHz,它会每隔第二个点读取一个点,这些 DDS 点用浅色显示。注意,AFG 完全绕过毛刺,它刚好跳过定义跌落的那个样点,波形输出为一个清楚的正弦波,被测器件没有受到畸变。

　　图 3.91 是严格的“教科书”实例,AFG 所采取的 DDS 技术将根据涉及的算法和频率,选择要跳过的不同点,因此浅色样点和深色样点之间的二分法并不适用于任何情况。图 3.92 和图 3.93 所示为实际信号截图,它们突出显示了两种取样和波形重建结构的差别。

　　图 3.94 和图 3.95 所示为基于 DDS 的 AFG 和 AWG 在生成伪随机码流(Pseudo－Random Binary Sequence,PRBS)码型时产生的抖动问题实际波形。简单地说,AFG 一般对快速变化的脉冲上升沿和下降沿应用相当于抖动的一个相同周期×3。例如,如果 AFG 的取样速率是 250 MSa/s,那么信号边沿上将出现 4 ns 的抖动,抖动值与 AFG 的取样周期相同。之所以出现抖动,是因为 AFG 拥有固定的取样速率,其不是数据速率的倍

数,而 AWG 则没有这种限制(尽管任何实际环境信号源都会产生某些抖动)。

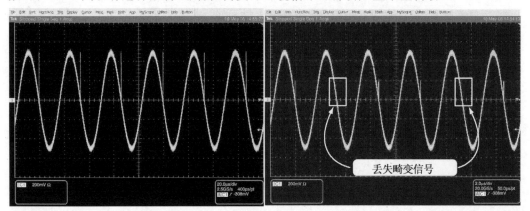

| 图 3.92 | AWG 产生的正弦波每个周期均有畸变 | 图 3.93 | AFG 产生的正弦波不确定每个周期均有畸变 |

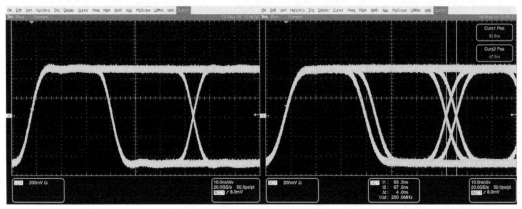

| 图 3.94 | 30 MSa/s AWG 生成的 30 Mbit/s 的随机码型 | 图 3.95 | 250 MSa/s 的 AFG 生成的 30 Mbit/s 的随机码型 |

对比上述对 AFG 和 AWG 的分析可以看出,这两种任意波形发生器具有不同的优缺点,也决定了其应用场合的不同:对于在应用要求干净规则的波形时,或要求从一个频率到另一个频率快速切换,或在多条通道中必须同时提供不同频率时,应选择 AFG;对最复杂的信号,或当信号源必须在提供的每个频率上在每个工作周期中可靠地生成畸变、受控抖动和噪声时,更适合采用 AWG。

3.4.2　AFG3021C 的使用方法

AFG3021C 型任意函数波形发生器是由泰克(Tektronix)公司生产的高挡信号发生器,实物如图 3.96 所示,模拟通道 1 通道,信号输出最高频率为 25 MHz,记录长度为 128 000 点,采样率为 250 MSa/s,垂直分辨率为 14 bit。

1.前面板概述

如图 3.97 所示,AFG3021C 的前面板被分成几个易于操作的功能区,本部分简明扼要地介绍前面板控制部件和屏幕界面。

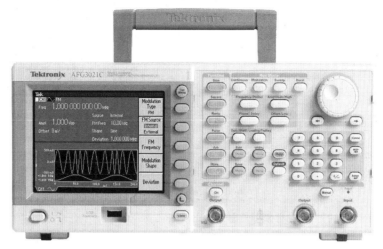

图 3.96　AFG3021C 的仪器实物图

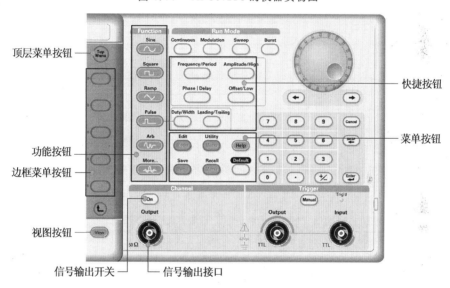

图 3.97　AFG3021C 的控制面板

（1）快捷按钮。

通过快捷按钮，可以不进行任何面板菜单选择而直接设置参数，并用前面板控制部件输入数字值。

① 如图 3.98 所示，快捷按钮位于前面板 Run Mode（运行模式）按钮下方。此处以脉冲波形为例说明快捷按钮的使用方法。

② 按一次 Amplitude/High（幅度 / 高）按钮，Amplitude（幅度）变有效，如图 3.99所示。

③ 再按一次 Amplitude/High（幅度 / 高）按钮，High Level（高电平）变有效。用同样的方法，还可设置 Frequency/Period（频率 / 周期）、Offset/Low（偏置 / 低）、Duty/Width（占空比 / 宽度）或 Leading/Trailing（上升 / 下降）等参数，如图 3.100 所示。

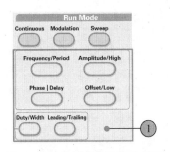 

图 3.98　快捷按钮面板布局图　　　　图 3.99　选择 Amplitude(幅度)有效

(2) 默认设置。

前面板的 Default(默认)按钮用于将仪器设置恢复为默认值。

① 按下前面板的 Default(默认)按钮,如图 3.101 所示。

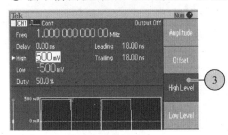 

图 3.100　选择 High Level(高电平)有效　　图 3.101　面板的 Default(默认)按钮

② 屏幕上出现确认弹出消息,按下 OK(确定)调出默认设置,按下 Cancel(取消)放弃调出,如图 3.102 所示。

③ 如果选择 OK(确定),则仪器将显示频率为 1 MHz、幅度为 1 V_{p-p} 的正弦波形,作为默认设置,如图 3.103 所示。

 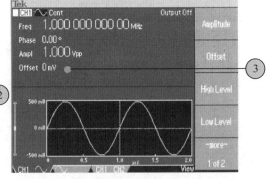

图 3.102　恢复默认设置时的屏幕确认消息　　图 3.103　已经恢复默认设置后的屏幕显示

(3) 选择波形。

AFG3021C 可以提供 12 种标准波形(正弦波、方波、锯齿波、脉冲、$\sin(x)/x$、噪声、直流、高斯、洛伦兹、指数上升、指数衰减、半正矢),同时还可提供用户自定义的任意波形,可使用 Run Mode Modulation(运行模式调制)菜单创建调制波形。表 3.12 说明了调制类型和输出波形形状的组合。

表 3.12　AFG3021C 在不同运行模式下所能提供的 12 种标准波形

运行模式		正弦波、方波、锯齿波、sin(x)/x、高斯、洛伦兹、 指数上升、指数衰减、半正矢	脉冲	噪声、直流
连续		√	√	√
调制	AM	√		
	FM	√		
	PM	√		
	FSK	√		
	PWM		√	
扫描		√		
突发脉冲		√	√	

当仪器输出任意波形时,仪器设置的 V_{p-p} 显示归一化波形数据的 V_{p-p} 值;当仪器输出 sin(x)/x、高斯、洛伦兹、指数式增长、指数式下降或半正矢时,V_{p-p} 被定义为 0 到峰值间的值的两倍。输出波形操作步骤如下:

① 按下前面板 Sine(正弦波) 按钮,再按下 Continuous(连续) 按钮,选择连续正弦波。

② 可通过前面板 Function(函数) 按钮直接选择四种标准波形(正弦波、方波、锯齿波、脉冲)之一。

③ 要选择任意波形,按下 Arb(任意波) 按钮。

④ 要选择其他标准波形(如 sin(x)/x、噪声、直流或高斯),按 More...(更多...) 按钮,再按顶部屏幕按钮。

输出波形步骤示意图如图 3.104 所示。

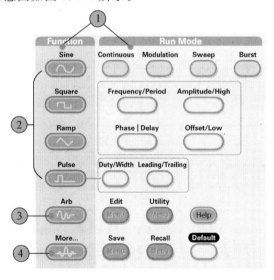

图 3.104　输出波形步骤示意图

⑤ 图 3.105 所示为 sin(x)/x 和噪声波形的例子。

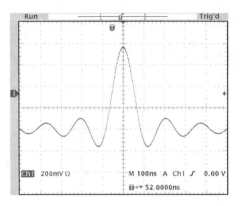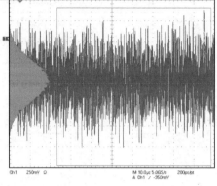

图 3.105　sin(x)/x 和噪声波形示意图

⑥ 图 3.106 所示为直流和高斯波形的例子。

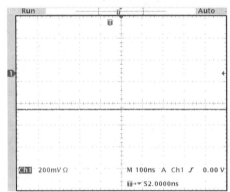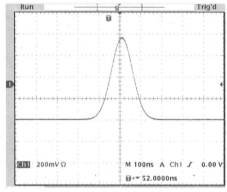

图 3.106　直流和高斯波形示意图

⑦ 图 3.107 所示为洛伦兹和半正矢波形的例子。

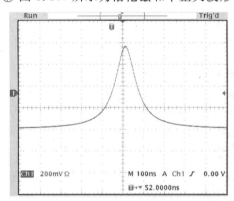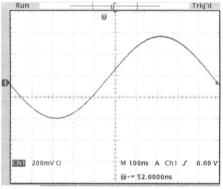

图 3.107　洛伦兹和半正矢波形示意图

⑧ 图 3.108 所示为指数上升和指数衰减波形的例子。

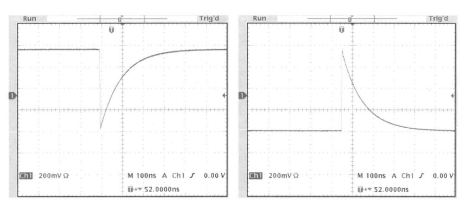

图 3.108　指数上升和指数衰减波形示意图

（4）选择运行模式。

AFG3021C 提供四种运行模式，可根据需要通过不同的 Run Mode（运行模式）按钮选择仪器的信号输出方式。

① 默认运行模式为 Continuous（连续）。Continuous（连续）运行模式时的屏幕界面如图 3.109 所示。

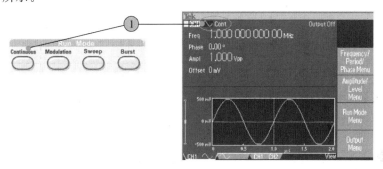

图 3.109　Continuous（连续）运行模式时的屏幕界面

② 按下 Modulation（调制）按钮选择调制模式波形。Modulation（调制）运行模式时的屏幕界面如图 3.110 所示。

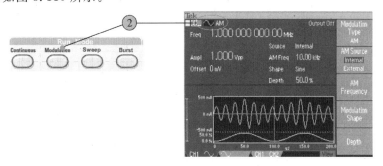

图 3.110　Modulation（调制）运行模式时的屏幕界面

③ 按下 Sweep（扫描）按钮选择扫频模式波形。Sweep（扫描）运行模式时的屏幕界面如图 3.111 所示。

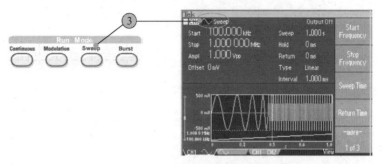

图 3.111　Sweep(扫描)运行模式时的屏幕界面

④ 按下 Burst(突发脉冲) 按钮选择突发脉冲模式波形。Burst(突发脉冲) 运行模式时的屏幕界面如图 3.112 所示。

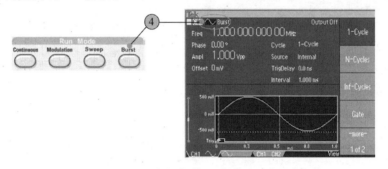

图 3.112　Burst(突发脉冲)运行模式时的屏幕界面

(5)调节波形参数。

仪器开机后,默认输出信号是 1 MHz 正弦波形,幅度为 1 V_{p-p}。下面将详细介绍如何改变输出信号的频率和幅度。

① 按下前面板 Default(默认) 按钮,显示默认输出信号(此步骤可以省略,直接进入到修改参数步骤中),如图 3.113 所示。

② 按下前面板 Frequency/Period(频率 / 周期) 快捷按钮,可更改频率,如图 3.114 所示。

③ 此时频率有效,可使用键盘和单位面板菜单或通用旋钮更改数值,如图 3.115 所示。

④ 再按一次 Frequency/Period(频率 / 周期) 快捷按钮,将参数切换为 Period(周期)。如图 3.116 所示。

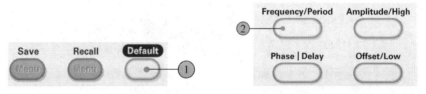

图 3.113　恢复默认设置　　图 3.114　按下 Frequency/Period(频率 / 周期)
快捷按钮更改频率

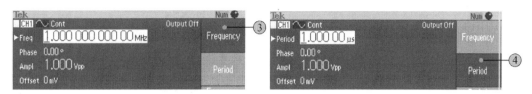

图 3.115   输入频率数据   图 3.116   通过直接输入频率值或者输入周期
                                                   来改变输出信号频率

⑤ 接下来更改幅度,按下 Amplitude/High(幅度 / 高)快捷按钮,如图 3.117 所示。

⑥ 此时幅度有效,可使用键盘和单位面板菜单或通用旋钮更改数值,如图 3.118 所示。

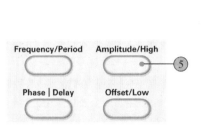

图 3.117   按下 Amplitude/High(幅度 / 高)   图 3.118   改变幅值
            快捷按钮更改幅度

⑦ 再按一次 Amplitude/High(幅度 / 高)快捷按钮,将参数切换为 HighLevel(高电平)。可用同样的方法更改相位和偏置值,如图 3.119 所示。

⑧ 要更改幅度单位,按下 - more -(- 更多 -)屏幕按钮,显示第二页,如图 3.120 所示。

⑨ 按下 Units(单位)屏幕按钮,显示单位选择屏幕菜单,默认选择是 V_{p-p}。表 3.13 给出了 V_{p-p}、Vrms 和 dBm 之间的关系。

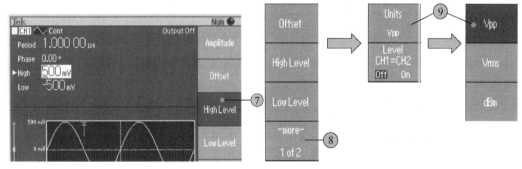

图 3.119   通过直接幅度值或输入高低电平值   图 3.120   改变幅度单位的操作方法
            来改变输出信号幅值

表 3.13 V_{p-p}、Vrms 和 dBm 之间的关系

V_{p-p}	Vrms	dBm
20.00 V_{p-p}	7.07 Vrms	＋30.00 dBm
10.00 V_{p-p}	3.54 Vrms	＋23.98 dBm
2.828 V_{p-p}	1.00 Vrms	＋13.01 dBm
2.000 V_{p-p}	707 mVrms	＋10.00 dBm
1.414 V_{p-p}	500 mVrms	＋6.99 dBm
632 mV_{p-p}	224 mVrms	0.00 dBm
283 mV_{p-p}	100 mVrms	－6.99 dBm
200 mV_{p-p}	70.7 mVrms	－10.00 dBm
10.0 mV_{p-p}	3.54 mVrms	－36.02 dBm

（6）打开／关闭输出。

按下前面板通道输出 On(开) 按钮使信号输出有效。在打开状态时，该按钮中的 LED 亮起。

需要注意的是，务必在输出关闭时配置信号，尽量避免向 DUT(Device Under Test, 测试设备) 发送有问题的信号，以免造成 DUT 损坏。连接电缆时，一定要区分输入连接器和输出连接器，以免连接错误。输出开关和输入输出连接器如图 3.121 所示。图中，2 为信号输出连接器；3 为触发输出连接器；4 为触发输入连接器。

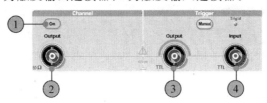

图 3.121 输出开关和输入输出连接器

2. 屏幕界面的构成

AFG3021C 屏幕界面如图 3.122 所示，主要由以下部分构成：

（1）边框菜单。

按下前面板按钮时，仪器在屏幕右侧显示相应的菜单。该菜单显示直接按下屏幕右侧未标记的 Bezel 按钮时可用的选项。

（2）主显示区和视图标签。

按下前面板 View(视图) 按钮，可以切换主显示区的视图格式，视图标签对应当前视图格式。

（3）输出状态。

如果输出被设为停用，在该区域会出现 Output Off(输出关闭) 消息。按下前面板通道输出按钮打开输出时，该消息会消失。

（4）消息显示区。

该区域中显示硬件状态(如时钟和触发器)的监控消息。

（5）电平表。

电平表显示幅度电平。图 3.123 所示为屏幕界面中的电平表，其中

① 显示仪器的最大幅度电平。

② 显示用户设置的高电平和低电平限定值的范围。

③ 显示当前选择的幅度电平。

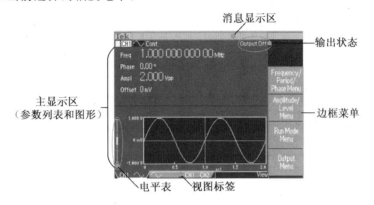

图 3.122　AFG3021C 的屏幕界面

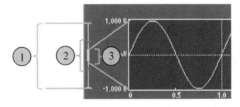

图 3.123　电平表示意图

3. 基本设置

（1）等效输出电路。

AFG3021C 的等效输出电路如图 3.124 所示，信号源部分输出信号的幅度和偏置均不受外接负载阻抗影响。但是，由于输出阻抗为 50 Ω，当外接负载阻抗变化时，由电阻分压的原因，其最大输出信号幅度会受到影响。表 3.14 以正弦波为例，给出了负载阻抗为 50 Ω 和高阻抗时，AFG3021C 所能输出的最大电平、最小电平和最大幅度值，负载阻抗将影响输出端口信号参数。

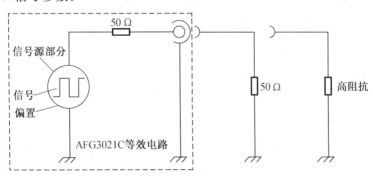

图 3.124　AFG3021C 的等效电路与外接负载示意图

表 3.14　更改负载阻抗(L) 时,AFG3021C 的输出端口参数

参数	$L = 50\ \Omega$	$L =$ 高阻抗
最大电平	5 V	10 V
最小电平	-5 V	-10 V
最大幅度	10 V_{p-p}	20 V_{p-p}

需要注意的是,表 3.14 中所描述的输出电平和幅度大小是受 AFG3021C 的硬件电路结构所限制的,无法做修改。

(2) 设置负载阻抗。

AFG3000 系列的输出阻抗为 50 Ω,如果外部连接的负载不是 50 Ω,则显示的幅度、偏置和高 / 低值都不同于输出电压。要使显示的值与输出电压相同,必须使用输出菜单设置负载阻抗。设置步骤如下:

① 按下前面板的 Sine 和 Continuous 按钮,如图 3.125 所示,以连续正弦波为例说明如何设置负载阻抗。

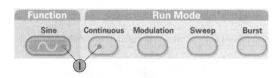

图 3.125　设置输出连续正弦波

② 按下前面板 Top Menu(顶层菜单) 按钮,然后按 Output Menu(输出菜单) 屏幕按钮。

③ 显示 Output Menu(输出菜单)。 通过顶层菜单功能进入输出设置菜单,如图 3.126 所示。

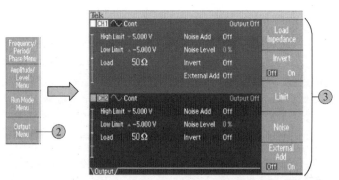

图 3.126　通过顶层菜单功能进入输出设置菜单

④ 按下 Load Impedance(负载阻抗)。

⑤ 显示 Load Impedance(负载阻抗) 子菜单。如图 3.127 所示。

⑥ 选择 Load(负载),调整负载阻抗,可以将负载阻抗设为 1 Ω 至 10 kΩ 间的任何值。如果不将负载阻抗设为 50 Ω,则设置值将在输出状态中显示,如图 3.128 所示。

此处注意,负载阻抗对幅度、偏置和高 / 低电平设置都有影响。如果指定的输出幅度单位为 dBm,则选择高阻抗后,幅度单位设置会自动变为 V_{p-p}。

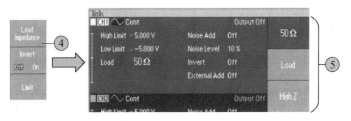

图 3.127　　负载阻抗子菜单

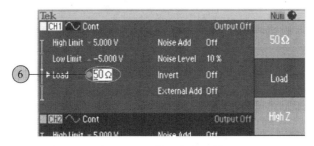

图 3.128　　设置负载阻抗

4.使用方法

（1）生成正弦波形。

① 连接电源线,并按下前面板电源开关,打开仪器。

② 用 BNC 电缆将任意波形函数发生器的 CH1 输出连接到示波器输入连接器。AFG3021C 与示波器的接法如图 3.129 所示。

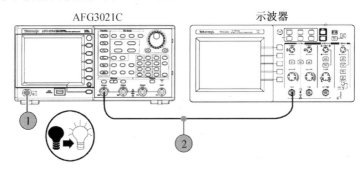

图 3.129　　AFG3021C 与示波器的接法

③ 按下前面板 Sine(正弦波) 按钮,再按下 Continuous(连续) 按钮,以选择波形。设置输出波形为连续正弦波,如图 3.130 所示。

④ 按下前面板 Output On(输出开) 按钮,启用输出,如图 3.131 所示。

图 3.130　　设置输出波形为连续正弦波　　图 3.131　　打开 Output On(输出开) 按钮
　　　　　　　　　　　　　　　　　　　　　　　　　　启用输出

⑤ 使用示波器自动设置功能在屏幕上显示正弦波形,如图 3.132 所示。

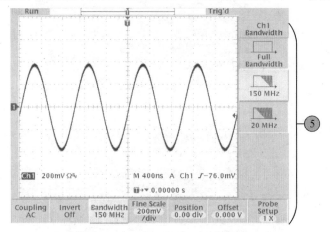

图 3.132　在示波器上可以显示出正弦波信号

⑥ 要更改频率,请按下前面板 Frequency/Period(频率／周期)快捷按钮。通过前面板 Frequency/Period(频率／周期)快捷按钮更改频率如图 3.133 所示。

⑦ 出现频率／周期／相位菜单,Freq(频率)被选中即可更改频率值。更改频率时的屏幕界面如图 3.134 所示。

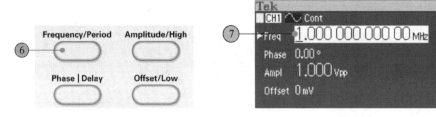

图 3.133　通过前面板 Frequency/Period(频　　　图 3.134　更改频率时的屏幕界面
率／周期)快捷按钮更改频率

⑧ 要更改频率值,请使用键盘和 Units(单位)屏幕按钮。例如,如果用键盘输入了数值"2",屏幕菜单会自动变为 Units(单位)。输入频率值后,按下 Units(单位)屏幕按钮或前面板 Enter(输入)按钮结束输入。用同样的方法可更改幅度、相位、偏置的值。使用数字键盘实现频率输入如图 3.135 所示。

⑨ 也可以使用通用旋钮和箭头键更改频率值,顺时针转动旋钮增大数值。要更改特定数字,可以通过按下箭头键选择,再转动旋钮,更改该数字。通过通用旋钮和箭头键更改频率值如图 3.136 所示。

(2)产生脉冲波形。

① 按下前面板 Pulse(脉冲波)按钮以显示 Pulse(脉冲波)屏幕。

② 按下 Frequency/Period(频率／周期)快捷按钮选择 Frequency(频率)或 Period(周期)。脉冲信号的频率、周期的设置如图 3.137 所示。

③ 按下 Duty/Width(占空比／宽度)快捷按钮在 Duty(占空比)和 Width(宽度)之间切换。

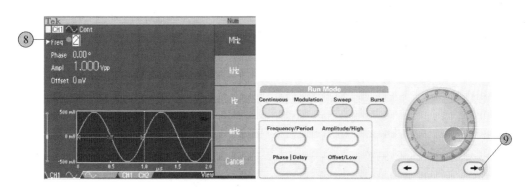

图 3.135　使用数字键盘实现频率输入　图 3.136　通过通用旋钮和箭头键更改频率值

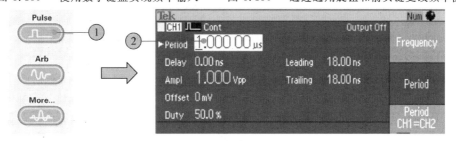

图 3.137　设置脉冲信号的频率、周期

　　④ 按下 Leading/Trailing(上升 / 下降)快捷按钮在 Leading Edge(上升沿)参数和 Trailing Edge(下降沿)参数之间切换。设置脉冲信号的占空比、宽度,上升沿和下降沿参数如图 3.138 所示。

　　⑤ 通过按 Phase｜Delay(相位｜延迟)快捷按钮以显示上升延迟设置屏幕,根据需要调节参数即可设置上升延迟,也可以从屏幕菜单选择 Lead Delay(脉冲延迟),如图 3.139所示。

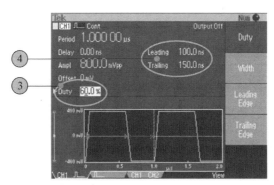

图 3.138　设置脉冲信号的占空比、宽度,上升
　　　　　沿和下降沿参数

　　(3) 产生噪声 / 直流。

　　① 按下前面板上的 More...(更多...)按钮。

　　② 按下 MoreWaveformMenu(更多波形菜单)屏幕按钮,产生噪声 / 直流的操作方式如图 3.140 所示。

　　③ 选择 Noise(噪声)。

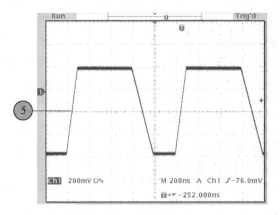

图 3.139　得到的脉冲波形

④ 可以设置噪声的波形参数。图 3.141 所示为一个示波器屏幕上显示的高斯噪声的例子。

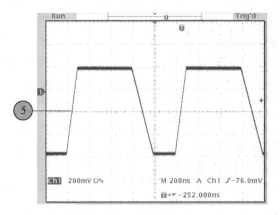

图 3.140　产生噪声／直流的操作方式　　　图 3.141　产生高斯噪声的波形

⑤ 按下 DC(直流) 以显示直流参数。直流参数显示界面如图 3.142 所示。

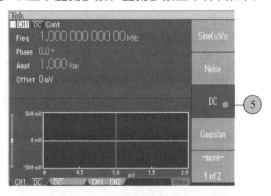

图 3.142　直流参数显示界面

（4）产生突发波形。

可以用标准波形(如正弦波、方波、锯齿波、脉冲或任意波形) 输出突发脉冲,在仪器上使用下列两种脉冲模式:

触发突发模式:当仪器从内部触发源、外部触发源、远程命令或"手动触发"按钮收到触发输入后,即输出指定数量(脉冲数)的波形周期。

门控突发模式:当外部施加了有效的选通信号、按下了"手动触发"按钮、应用了远程命令或处于已选内部触发间隔的 50% 范围内时,仪器将输出连续波形。

① 生成触发脉冲波形。用脉冲模式产生双脉冲的操作步骤如下:

a.选择脉冲作为输出波形,然后按下前面板 Burst(突发脉冲) 按钮。

b.确认选择了 1－Cycle(1 个周期)、N－Cycles(N 个周期) 或 Inf－Cycles(无限周期),这意味着启用了已触发脉冲模式。要产生双脉冲,将脉冲数(N 个周期) 设为 2。在突发脉冲模式下设置脉冲个数如图 3.143 所示。

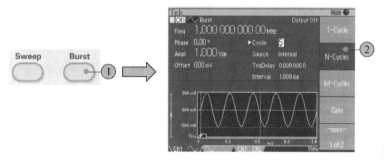

图 3.143　在突发脉冲模式下设置脉冲个数

c.如图 3.144 所示,编号 3 为一个外部输入的触发信号。

d.该波形是输出的突发信号。

e.可以按下手动触发按钮触发脉冲或选通波形,如图 3.145 所示。

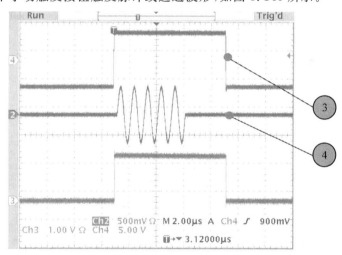

图 3.144　输出双脉冲示例和触发输出信号

图 3.145　手动触发按键

② 生成选通脉冲波形。在选通脉冲模式中,是否产生输出取决于内部选通信号或施加在前面板 Trigger Input(触发器输入)连接器上的外部信号。当选通信号为真时或按下前面板 Manual Trigger(手动触发)按钮后,仪器将输出连续波形。

a. 按下前面板 Burst(突发脉冲)按钮以显示脉冲菜单。

b. 选择 Gate(选通)。在突发模式下选择 Gate(选通)如图 3.146 所示。

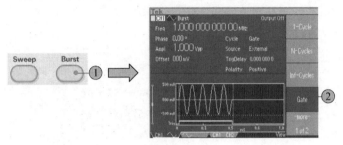

图 3.146　在突发模式下选择 Gate(选通)

c. 如图 3.147 所示,编号 3 为一个示波器显示内容的示例,顶部波形是一个触发输出信号;编号 4 是一个选通波形示例。

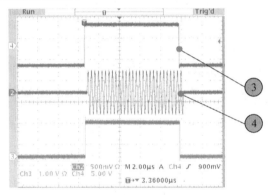

图 3.147　选通波形和触发输出信号

仪器提供内部或外部触发信号、手动触发和远程命令三种脉冲模式触发源,一旦选择了 Gate(选通),脉冲个数参数就被忽略。

(5)生成扫描波形。

扫描方式输出波形的输出信号频率以线性或对数方式变化。扫描方式设置下列参数:初始频率、终止频率、扫描时间、返回时间、中心频率、频率范围、保持时间,参数具体定义如图 3.148 所示。

① 选择一种波形,再按下前面板 Sweep(扫描)按钮。以正弦波为例设置扫描输出方式如图 3.149 所示。

② 如图 3.150 所示,可以通过扫描菜单指定初始频率、终止频率、扫描时间和返回时间。返回时间表示从终止频率到初始频率的时间。按下－more－(－更多－)按钮,显示第二个扫描菜单。

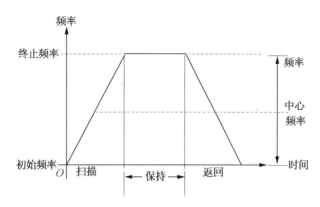

图 3.148　　扫描方式的参数定义

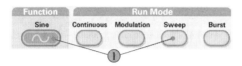

图 3.149　　以正弦波为例设置扫描输出
方式

　　③ 如图 3.151 所示,在该页中,可以设置中心频率、频率范围、保持时间参数,并选择扫描类型。保持时间表示在达到终止频率后频率必须保持稳定的时间。按下 － more －(－ 更多 －) 按钮,显示第二个扫描菜单。

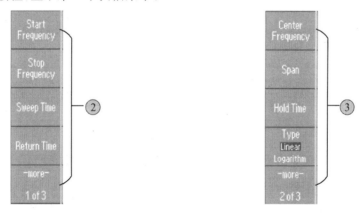

图 3.150　　通过扫描菜单设定初始频率、终止频　图 3.151　　通过扫描菜单设定中心频率、频率范
　　　　　　率、扫描时间和返回时间　　　　　　　　　　　　　围、保持时间参数,并选择扫描类型

　　④ 如图 3.152 所示,在该页中,可以选择扫描模式(Repeat(重复) 或 Trigger(触发))以及触发源。

　　⑤ 图 3.153 所示为一个示波器显示内容的示例,编号 5 是一个扫描波形的例子,该波形由触发输出信号生成。

　　对于频率扫描,可以选择正弦波、方波、锯齿波或任意波形。不能选择脉冲、直流或噪声波形。一旦选择了扫描,就从扫描初始频率到扫描终止频率进行频率扫描。如果初始频率低于终止频率,仪器就从低频向高频扫描。如果初始频率高于终止频率,仪器就从高频向低频扫描。如果需要在选择其他菜单后返回 Sweep（扫描）菜单，则再按一次前面板 Sweep（扫描）按钮。

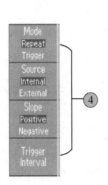

图 3.152　设置扫描模式（Repeat（重复）或 Trigger（触发））以及触发源

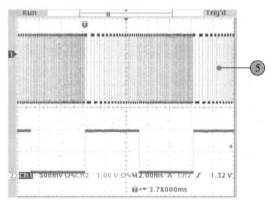

图 3.153　扫描波形实例和触发输出信号

（6）输出 AM 波形。

① 选择一个波形，然后按下前面板 Modulation（调制）按钮。在本例中，用正弦波形作为输出波形（载波），如图 3.154 所示。

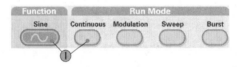

图 3.154　以正弦波为例设置 AM 调制波形

② 如图 3.155 所示，按下顶部的屏幕按钮，显示调制选择菜单。选择 AM 作为调制类型。

③ 如图 3.156 所示设置 AM 调制参数：选择调制源；设置调制频率；选择调制形状；设置调制深度。

④ 图 3.157 所示为一个示波器屏幕上显示的幅度调制波形的例子。

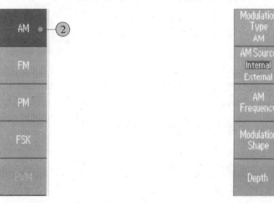

图 3.155　选择 AM 调制形式　　　图 3.156　AM 调制参数设置

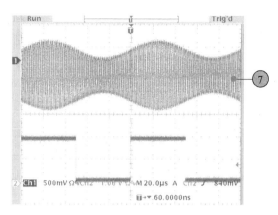

图 3.157   AM 调制输出波形

同理,可以相同的方式输出频率调制或相位调制波形。不能选择脉冲、噪声或直流作为载波。可以选择内部或外部信号作为 AM 信号源,如果选择外部信号源并将调制深度设为 120%,那么当在后面板 EXT MODULATION INPUT(外部调制输入)连接器上施加 $\pm 1\ V_{p-p}$ 信号时,输出将达到最大幅度。也可以从内部存储器或 USB 存储器选择调制形状。

下列公式表示 AM、FM 以及 PM 调制的输出幅度(在该示例中,正弦波形用于载波和调制波形):

$$\text{AM:Output}(V_{p-p}) = \frac{A}{2.2}\left[1 + \frac{M}{100}\sin(2\pi f_m t)\right]\sin(2\pi f_c t) \tag{3.16}$$

$$\text{FM:Output}(V_{p-p}) = A\sin\{2\pi[f_c + D\sin(2\pi f_m t)]t\} \tag{3.17}$$

$$\text{PM:Output}(V_{p-p}) = A\sin\left[2\pi f_c t + 2\pi\frac{P}{360}\sin(2\pi f_m t)\right] \tag{3.18}$$

其中,参数定义见表 3.15。AM 调制波形的调制深度与最大幅度之间的关系见表 3.16。

表 3.15   调制参数定义

参数名称	参数定义	参数单位
A	载波幅度	V_{p-p}
f_c	载波频率	Hz
f_m	调制频率	Hz
t	时间	sec
M	AM 调制深度	%
D	FM 偏差	Hz
P	PM 偏差	度

表 3.16　AM 调制波形的调制深度与最大幅度之间的关系（选择内部调制源）

调制深度	最大幅度
120%	$A(V_{p-p})$
100%	$A(V_{p-p}) \times 0.909$
50%	$A(V_{p-p}) \times 0.682$
0%	$A(V_{p-p}) \times 0.455$

（7）输出空载波（频率调制）。

使用任意波形／函数发生器和频谱分析仪观察频率调制的载波。

① 选择 Sine（正弦波）作为输出波形，再选择 FM 作为调制类型。选择 FM 调制功能如图 3.158 所示。

② 如下设置波形参数：

■ 载波频率：1 MHz

■ 调制频率：2 kHz

③ 改变 Deviation（偏差）。

将偏差设置为 4.809 6 kHz，它使载波变为空。确认在频谱分析仪上可以观察到空载波。得到的 FM 调制信号波形如图 3.159 所示。

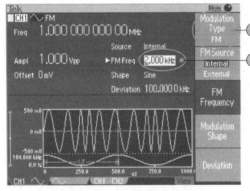
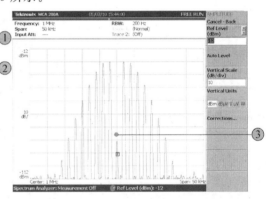

图 3.158　选择 FM 调制功能　　　　图 3.159　得到的 FM 调制信号波形

（8）输出 FSK 波形。

频移键控调制 FSK 是一种使输出信号频率在两个频率（载频和跳频）之间转移的调制技术。AFG3000 系列仪器生成相位连续 FSK 信号的操作步骤如下：

① 如图 3.160 所示，按照"输出 AM 波形"中叙述的步骤显示调制类型选择子菜单。

② 如图 3.161 所示，出现 FSK 参数设置屏幕。选择 Internal（内部）或 External（外部）作为 FSK 信号源。

③ 如果选择 Internal（内部），可以设置 FSK Rate（FSK 速率）；如果选择了 External（外部），FSK Rate（FSK 速率）将被忽略。

④ 设置 Hop Frequency（跳频）。载波频率以指定的 FSK 速率转移到载频，再返回原频率。

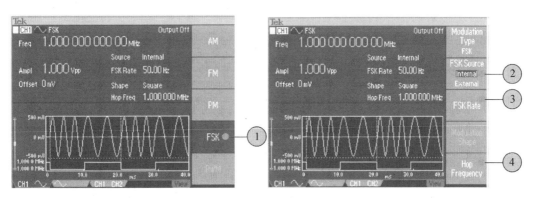

图 3.160　选择 FSK 调制方式　　　　　图 3.161　设置 FSK 调制参数

（9）输出 PWM 波形。

按照以下步骤输出 PWM 波形：

① 按下前面板 Pulse（脉冲波）按钮，再按下 Pulse Parameter Menu（脉冲参数菜单）屏幕按钮，显示脉冲参数设置屏幕，如图 3.162 所示。

② 按下前面板 Modulation（调制）按钮以显示 PWM 参数设置屏幕，选择 PWM 信号源。

③ 设置 PWM 频率，如图 3.163 所示。

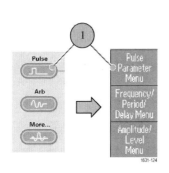

图 3.162　选择 PWM 模式，进入参数设置界面　　　图 3.163　设置 PWM 参数

④ 选择 Modulation Shape（调制波形）。

⑤ 设置 Deviation（偏差）（脉宽偏差）。

（10）触发输出。

① 连接前面板 Trigger Output（触发输出）连接器和示波器外部触发输入连接器，如图 3.164 所示。触发输出连接器为示波器提供触发信号。

② 连续模式：触发输出为方波，每个波形周期以上升边沿开始。如果输出频率高于 4.9 MHz，则将应用某些限制。连续输出模式下的方波触发信号输出波形如图 3.165 所示。具体的关系见表 3.17。

③ 扫描模式：如果选择 Repeat（重复）或 Trigger（触发）扫描模式和内部触发源，则触发输出为方波，每次扫描从上升边沿开始。扫描模式下的触发信号输出波形如图 3.166

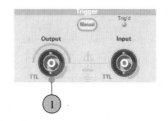

图 3.164　触发输出连接器

所示。

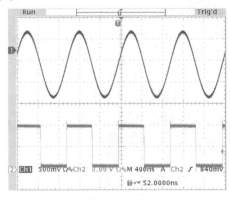

图 3.165　连续输出模式下的方波触发　　图 3.166　扫描模式下的触发信号输出
　　　　　信号输出波形　　　　　　　　　　　　　波形

④ 调制模式：如果选择内部调制源，则触发输出为方波，其频率与调制信号频率相同。如果选择外部调制源，则将禁用触发输出。调制模式下的触发信号输出波形如图 3.167 所示。

⑤ 脉冲模式：如果选择内部触发源，则触发输出为方波，每个脉冲周期以上升边沿开始；如果选择外部触发源，则在触发输入频率较高时，触发输出频率也较高。脉冲模式下的触发信号波形如图 3.168 所示。

如果输出波形的设置频率高于 4.9 MHz，则从 Trigger Out（触发输出）输出的是一个低于 4.9 MHz 的分频，见表 3.17。

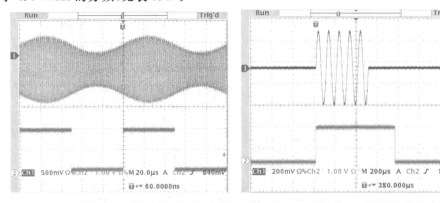

图 3.167　调制模式下的触发信号输出波形　　图 3.168　脉冲模式下的触发信号波形

表 3.17　触发输出频率与输出波形频率之间的关系

设置输出波形的频率 /MHz	触发输出频率 /MHz
～ 4.900 000 000 00	Fs
4.900 000 000 01 ～ 14.700 000 000 0	Fs/3
14.700 000 000 1 ～ 24.500 000 000 0	Fs/5
24.500 000 000 1 ～ 34.300 000 000 0	Fs/7

续表3.17

设置输出波形的频率 /MHz	触发输出频率 /MHz
34.300 000 000 1 ～ 44.100 000 000 0	Fs/9
44.100 000 000 1 ～ 50.000 000 000 0	Fs/11
50.000 000 000 1 ～	无信号

注：当仪器输出超过 50 MHz 的连续信号时，Trigger Out(触发输出) 信号无法输出。 如果选择 External(外部) 作为调制源，则仪器在输出调制波形时无法输出 Trigger Output(触发输出) 信号。

（11）在输出波形上增加噪声。

要在输出波形上附加内部噪声信号，需要使用输出菜单，以下以正弦波为例说明添加噪声的步骤和方法。

① 按下前面板 Sine(正弦波) → Continuous(连续) 按钮，设置输出波形为连续正弦波信号，如图 3.169 所示。

② 按照上文所述的步骤显示 Output Menu(输出菜单)。要在正弦波形上附加噪声，请按下 Noise(噪声)。通过 Noise Add 子菜单选择增加噪声如图 3.170 所示。

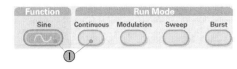

图 3.169　设置输出波形为连续正弦波信号

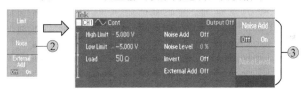

图 3.170　通过 Noise Add 子菜单选择增加噪声

③ 出现 Noise Add(噪声增加) 子菜单。 按下 Noise Add(噪声增加) 以选择 On(开)。

④ 按下 output 信号输出按钮，输出状态由 Output Off 转换为 Noise，如图 3.171 所示。

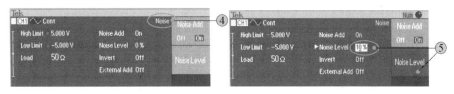

图 3.171　通过 Noise Level 设置噪声强度　　　　图 3.172　调节噪声电平

⑤ 要调节噪声电平，请按下 Noise Level(噪声电平)，如图 3.172 所示，使用通用旋钮或数字键盘输入数值。

⑥ 如图 3.173 所示，图中 ⑥ 是增加噪声之前的波形；⑦ 是增加噪声之后的波形。要避免噪声增加导致的溢出，输出信号的幅度会自动减半，如图 3.173 中 ⑦ 所示。

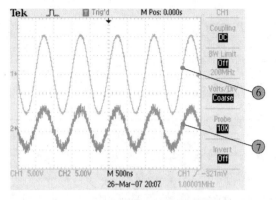

图 3.173　增加噪声前后波形对比

内部噪声发生器(数字)用于增加噪声。如果按下前面板 Channel Output(通道输出)按钮启用输出,则输出状态将从 Output Off(输出关闭)更改为 Noise(噪声)。说明:将 Noise Add(噪声增加)设置为 On(开)时,输出信号的幅度降低至 50%。

3.5　HiGO 电路实验平台

HiGO 电路实验平台是哈尔滨工业大学电子与信息工程学院信息与通信工程实验教学中心拥有自主知识产权的一款通用型电路实验教学产品,采用完全开放的形式,利用各种元件模块在底板上积木式搭建电路,代替传统的面包板,具有直观、耐用的特点,能够完成与电子电路相关的各种基础实验,可以培养学生的学习兴趣,提高动手能力和创新能力。

3.5.1　HiGO 电路实验平台的特点

1.积木式电路设计

HiGO 是借鉴国际先进设计理念,参考国内各大仪器设备厂商的实验箱设计方案,结合哈工大教学实际需求,开发而成的积木式搭建电路的通用电路实验平台。该平台采用通用型底板,将元器件和功能电路模块封装于标准规格的模块盒中,像搭积木一样搭建电路,快捷方便,趣味性强。其底板的颜色大小可随意变换,使学生的设计灵感不再受限于狭小的施展空间,能充分激发学生的学习兴趣和探究热情。

2.通用性、直观性

(1)HiGO 可以满足基础教育、职业教育和高等教育各种层次的实验室教学或课堂教学需求。

(2)搭建的电路能够完全体现电路原本的拓扑结构,清晰明了,有利于学生对知识的理解,提高实验效率。

(3)元件实物和电气符号相结合的方式,既能够加深学生对元器件实物的了解,又能够帮助学生将电气符号与实物对应起来。

3.可靠性与安全性

（1）连接件全部使用优质产品，并采用安全可靠的插接方式，整体插拔寿命大于 1 万次，有效克服了面包板容易损坏的问题。

（2）电路设计和元器件选择均参考军品级电路设计，确保电路的使用寿命。

将 HiGO 应用于电路基础实验课程教学中，为开展电路基础实验提供了便捷的实验环境。该实验平台采用模块化设计方式，既可以组合成一套功能完备的电路基础实验箱，也可以根据实验要求，自行选取单元模块，构建实验电路。

3.5.2　HiGO 电路实验平台的组成

1.底板

标准底板尺寸为 40 cm×40 cm，为乐高标准小颗粒积木底板，板上有 50×50 孔，支持浅灰、深灰、绿、浅绿、苹果绿、粉红、红、白、黄、蓝、宝蓝共 11 种颜色可选。

2.基本单元模块

HiGO 电路实验平台的基本单元模块主要包括电阻、电容、电感、二极管、分立元件、可变电阻、数字电压表头、数字电流表头和 20 mA 直流电流源共 9 类模块，对电路基础实验的各个实验内容提供支持。

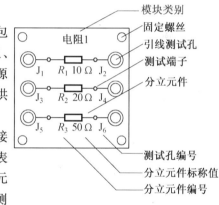

如图 3.174 所示为一个基本单元模块的连接接口示意图，模块上方标注了模块类别为"电阻 1"，表示本模块为电阻，$R_1 \sim R_3$ 为分立元件编号，对应元件标称值则在元件编号右边。同时，模块对引线测试孔、测试端子均进行了编号，方便学生记录实验数据。下面将对各个模块进行详细介绍。

图 3.174　模块连接接口示意图

（1）电阻。

电阻模块提供在电路基础实验中常用的电阻，分成 5 个分模块，如图 3.175 所示，电阻模块 1 的阻值包括 10 Ω、20 Ω 和 50 Ω，电阻模块 2 的阻值包括 100 Ω、200 Ω 和 330 Ω，电阻模块 3 的阻值包括 470 Ω、510 Ω 和 820 Ω，电阻模块 4 的阻值包括 1 kΩ、2 kΩ 和 5.1 Ω，电阻模块 5 的阻值包括 10 kΩ、20 kΩ 和 51 kΩ。其中，电阻模块 1 中 3 个类型电阻的功率为 2 W；电阻 2 ～ 5 的功率均为 0.25 W。图 3.176 所示为电阻模块实物图。

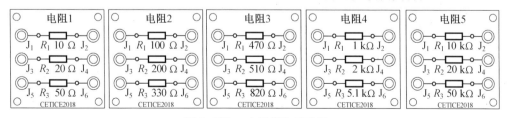

图 3.175　电阻模块示意图

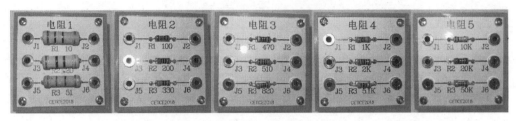

图 3.176　电阻模块实物图

考虑到实验过程中由于操作失误可能使电阻两端所加载的功率超过其额定值(往往这种情况经常发生,尤其是刚参与电路基础实验的大二学生,由于经验不足,可能在电阻两端加载过高电压),电阻模块中补充了多个大功率电阻模块,如图 3.177 所示,电阻模块 6 的阻值包括 100 Ω、200 Ω 和 330 Ω,电阻模块 7 的阻值包括 470 Ω、510 Ω 和 820 Ω,电阻模块 8 的阻值包括 1 kΩ、2 kΩ 和 5.1 Ω,均由 5 W 无感水泥电阻构成。无感水泥电阻器特点主要包括:无感电阻芯在高频瓷壳中填充而成,经高温烘烤,绝缘性良好;杂音低,使用电路板绝缘度好;耐短时间过负载,阻值长时间无变化;耐热性优,电阻温度系数成直线变化。图 3.178 给出了 5 W 大功率电阻模块实物图。

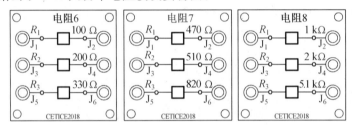

图 3.177　5 W 大功率电阻模块示意图

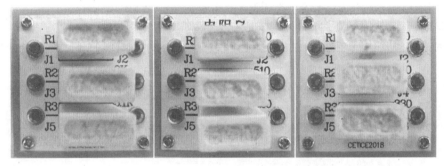

图 3.178　5 W 大功率电阻模块实物图

(2)电容。

电容模块提供在电路基础实验中常用的电容,分成 3 个分模块,如图 3.179 所示,电容模块 1 的容值包括 1 000 pF、2 200 pF 和 3 300 pF,电容模块 2 的容值包括 4 700 pF、6 800 pF 和 0.01 μF,电容模块 3 的容值包括 0.1 μF、1 μF 和 10 μF。图 3.180 所示为电容模块的实物图。

表 3.18 给出了电容模块中各个电容的参数简介,可以根据厂家和型号到官网上搜索其数据手册(Datasheet)查询相关技术指标,这里就电容的电压额定值、容差和工作稳定范围进行了介绍。由表 3.18 可知,电容模块中提供的所有电容的电压额定值均为

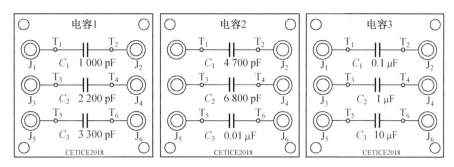

图 3.179 电容模块示意图

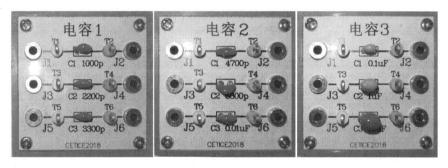

图 3.180 电容模块实物图

DC 50 V,容差除 10 μF 为 10% 外,其余均为 5%。

表 3.18 电容模块所使用的电容参数简介

容值	厂家	型号	电压额定值	容差/%	工作温度范围/℃
1 000 pF	TDK	FG18C0G1H102JNT00	DC 50 V	5	−55 ～+125
2 200 pF	TDK	FG18C0G1H222JNT06	DC 50 V	5	−55 ～+125
3 300 pF	TDK	FG18C0G1H332JNT00	DC 50 V	5	−55 ～+125
4 700 pF	TDK	FG18C0G1H472JNT06	DC 50 V	5	−55 ～+125
6 800 pF	TDK	FG18C0G1H682JNT06	DC 50 V	5	−55 ～+125
0.01 μF	TDK	FG18C0G1H103JNT06	DC 50 V	5	−55 ～+125
0.1 μF	KEMET	C320C104J5R5TA7301	DC 50 V	5	−55 ～+125
1 μF	TDK	FG18X7R1E105KRT0	DC 50 V	5	−55 ～+125
10 μF	TDK	FA11X7S1H106KRU00	DC 50 V	10	−55 ～+125

（3）电感。

电感模块提供在电路基础实验中常用的电感,分成 2 个分模块,如图 3.181 所示,电感模块 1 的感值包括 680 μH、1 mH 和 3.3 mH,电感模块 2 的感值包括 4.7 mH、10 mH 和 18 mH。图 3.182 所示为电感模块的实物图。

表 3.19 给出了电感模块中各个电感的参数简介,可以根据厂家和型号到官网上搜索其数据手册(Datasheet)查询相关技术指标,这里就电感的最大直流电流、容差、最大直流电阻、自谐振频率、测试频率和 Q 最小值进行了介绍。由表 3.19 可知,电感模块中提供的所有电感的容差均为 5%。图 3.183 则给出了 B82144B 系列电感的参数曲线,便于进一步

掌握电感的特性。

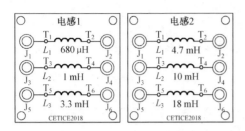

图 3.181　电感模块示意图

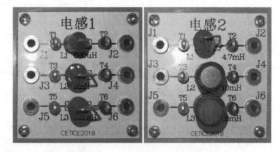

图 3.182　电感模块实物图

表 3.19　电感模块所使用的电感参数简介

感值 /mH	厂家	型号	最大直流电流 /mA	容差 /%	最大直流电阻 /Ω	自谐振频率 /MHz	测试频率 /MHz	Q 最小值
0.68	TDK	B82144A2684J000	240	5	2.8	1.3	0.796	20
1	TDK	B82144B1105J000	200	5	3.8	1.2	0.252	60
3.3	TDK	B82144B1335J000	110	5	12.0	0.6	0.252	60
4.7	TDK	B82144B1475J000	90	5	21.0	0.5	0.252	60
10	Bourns	RL187−103J−RC	40	5	40	0.4	0.079 6	100
18	ABRACON	AIUR−04−183J	40	5	60	0.3	0.079 6	40

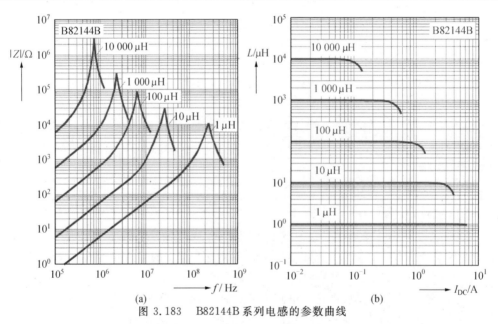

(a)　　　　　　　　　　　　　　(b)

图 3.183　B82144B 系列电感的参数曲线

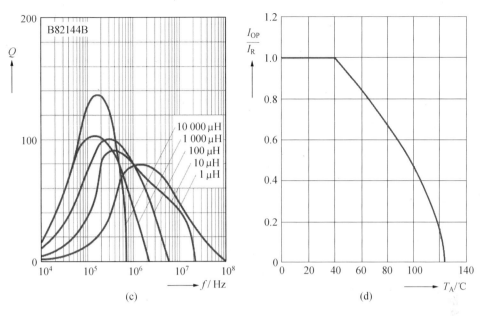

续图 3.183

（4）二极管。

如图 3.184 所示，二极管模块提供在电路基础实验中 3 种常用的二极管，分别为高速开关二极管 1N4148（Vishay 公司）、稳压二极管（齐纳二极管）1N4733（ST 公司，模块印字为 2CW51）和发光二极管（亿光公司 EVERLIGHT 的红色 3 mm 发光二极管）。图 3.185所示为二极管模块实物图。

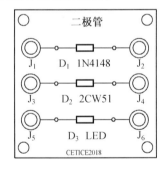

图 3.184　二极管模块示意图

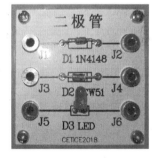

图 3.185　二极管模块实物图

其中 1N4148 是一种小型的高速开关二极管，开关比较迅速，广泛用于信号频率较高的电路进行单向导通隔离，如通信、电脑板、电视机电路及工业控制电路，其相关参数见表3.20 和表 3.21。图 3.186 则给出了其相关特性曲线。

表 3.20　1N4148 **极限使用条件**

参数		测试条件	符号	值
最高重复峰值反向电压	Repetitive peak reverse voltage		U_{RRM}	100 V
反向电压	Reverse voltage		U_R	75 V
正向浪涌峰值电流	Peak forward surge current	$t_p = 1\ \mu s$	I_{FSM}	2 A

续表3.20

参数		测试条件	符号	值
正向重复峰值电流	Repetitive peak forward current		I_{FRM}	500 mA
正向连续电流	Forward continuous current		I_F	300 mA
平均正向电流	Average forward current	$U_R = 0$	$I_{F(AV)}$	150 mA

表 3.21　1N4148 电气参数(环境温度 $T_{amb} = 25\ ℃$)

参数		测试条件	符号	最小值	典型值	最大值	单位
Forward voltage	正向电压	$I_F = 10$ mA	U_F			1	V
Reverse current	反向电流	$U_R = 20$ V	I_R			25	nA
		$U_R = 20$ V, $T_j = 150\ ℃$	I_R			50	μA
		$U_R = 75$ V	I_R			5	μA
Breakdown voltage	击穿电压	$I_R = 100\ \mu$A, $t_p/T = 0.01$, $t_p = 0.3$ ms	$U_{(BR)}$	100			V
Diode capacitance	二极管电容	$U_R = 0$ V, $f = 1$ MHz, $V_{HF} = 50$ mV	C_D			4	pF
Rectification efficiency	整流效率	$U_{HF} = 2$ V, $f = 100$ MHz	η_r	45			%
Reverse recovery time	反向恢复时间	$I_F = 10$ mA, $i_R = 1$ mA	t_{rr}			8	ns
		$I_F = 10$ mA, $U_R = 6$ V, $i_R = 0.1 \times I_R$, $R_L = 100\ \Omega$	t_{rr}			4	ns

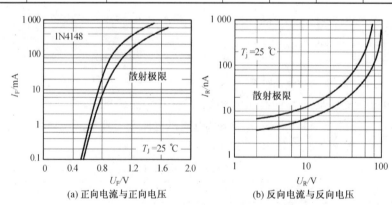

(a) 正向电流与正向电压　　　(b) 反向电流与反向电压

图 3.186　1N4148 特性曲线

　　稳压二极管 1N4733 的标称稳压值为 5.1 V,其相关参数见表 3.22。红色发光二极管(型号:1254 — 10SURD/S530 — A3)的极限参数和光电参数分别见表 3.23 和表 3.24。

表 3.22　稳压二极管 1N4733 参数

器件	稳压值 $U_Z@I_Z/V$			稳定电流 I_Z/mA	阻抗 $Z_Z@I_Z/\Omega$	漏电流		最大稳定电流 I_{ZSM}/mA
	Min.	Typ.	Max.			$I_R/\mu A$	U_R/V	
1N4733 A	4.845	5.1	5.355	49	7	10	1	890

表 3.23　红色发光二极管的极限工作参数

参数		符号	值
Continuous Forward Current	连续正向电流	I_F	25 mA
Peak Forward Current	峰值正向电流(占空比 1/10@1 kHz)	I_{FP}	60 mA
Reverse Voltage	反向电压	U_R	5 V
Power Dissipation	功率消耗	P_d	60 mW
Operating Temperature	工作温度	T_{opr}	$-40 \sim +85\ ℃$
Storage Temperature	存储温度	T_{stg}	$-40 \sim +100\ ℃$

表 3.24　红色发光二极管的光电参数

参数		条件	符号	最小值	典型值	最大值	单位
Luminous Intensity	流明密度	$I_F = 20\ mA$	lv	250	400		mcd
Viewing Angle	视角	$I_F = 20\ mA$	$2\theta_{1/2}$		30		deg
Peak Wavelength	峰值波长	$I_F = 20\ mA$	λ_p		632		nm
Dominant Wavelength	主波长	$I_F = 20\ mA$	λ_d		624		nm
Spectrum Radiation Bandwidth	光谱辐射带宽	$I_F = 20\ mA$	$\Delta\lambda$		20		nm
Forward Voltage	正向电压	$I_F = 20\ mA$	U_F	1.7	2.0	2.4	V
Reverse Current	反向电流	$U_R = 5\ V$	I_R			10	μA

(5)分立元件模块。

考虑到电路实验的通用性,不可能将所有元器件均提前设计好模块,因此,为了便于开展实验,提供分立元件模块,供学生自由灵活的选择电阻、电容、电感等分立元件接入实验电路中。图 3.187 和图 3.188 所示分别是分立元件模块示意图和实物图。

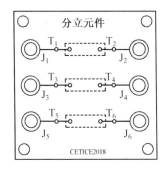

图 3.187　分立元件模块示意图

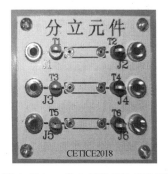

图 3.188　分立元件模块实物图

（6）变阻器模块。

如图 3.189 所示，HiGO 通用电路实验平台提供 1 kΩ 和 10 kΩ 两种型号变阻器，均采用 BOURNS 的 3590 型精密电位器构成，其阻值偏差为 ±5%，独立线性度为 ±0.25%，有效电行程为 3 600°±10°，绝对最小电阻值为 1 Ω 或 0.1% 最大电阻值（取两者最大值），绝缘电阻（500 VDC）≥ 1 000 MΩ，额定功率为 2 W。图 3.190 所示为变阻器模块实物图。

图 3.189　变阻器模块示意图　　　　图 3.190　变阻器模块实物图

（7）电源输入模块。

考虑到实验室直流稳压源的接口和实验单元模块的测试孔接口不统一，为了方便使用，同时避免出现电源正负反接的情况，并且减少直流稳压源的开关次数，设计了电源输入模块。如图 3.191 所示，电源输入模块中的电源输入 P_1 连接器采用 DC 5.5 mm 接口，配合专用的 DC 5.5 mm 插头，可以将直流稳压源的输出方便地连接到电源输入模块上，并且通过电源开关 K_1 实现输出电压的控制，当电压输出时，发光二极管 D_1 将会点亮（当输出电压达到发光二极管的正向压降时）。图 3.192 所示为电源输入模块实物图。

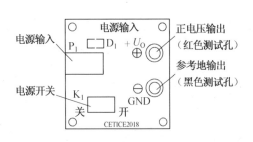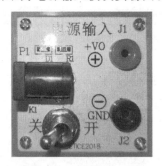

图 3.191　电源输入模块示意图　　　图 3.192　电源输入模块实物图

（8）信号源输入模块。

如图 3.193 所示，考虑到任意波形／函数发生器的接口和实验单元模块的测试孔接口不统一，为了方便使用，设计了信号源输入模块。如图 3.193 所示，信号源输入模块中的输入 P_1 和 P_2 采用测试端子的形式，便于直接使用任意波形／函数发生器的输出电缆的鳄鱼夹直接夹住。同时对应的正负信号中放置了测试端子 T_{11}、T_{12}、T_{21} 和 T_{22}，方便使用示波器实时观察信号源信号。图 3.194 所示为信号源输入模块实物图。

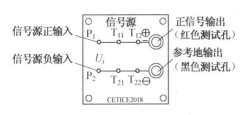

图 3.193　信号源输入模块示意图　　　图 3.194　信号源输入模块实物图

（9）数字电压表模块和数字电流表模块。

如图 3.195 所示，数字电压表模块采用东崎仪表的 DM3 系列数字电压表模块和电流表模块，该系列电表模块采用通用性表壳、体积小巧、测量准确、性能可靠、具有小数点设定功能，其具体的模块参数见表 3.25。图 3.196 所示为数字电压表模块和数字电流表模块的实物图。

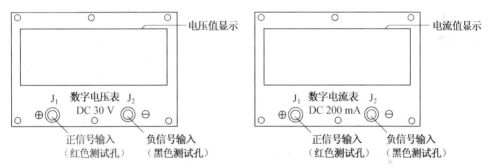

图 3.195　数字电压表和数字电流表模块示意图

表 3.25　数字电压表和数字电流表模块参数

参数	数字电压表模块	数字电流表模块
型号	toky DM3 − DV30	toky DM3 − DA0.2
输入参数	30 V	200 mA
输入阻抗	10 MΩ	1 Ω
精度	三位半：±0.5％F.S±2Digits	—
A/D 转换	双重积分	—
采样速度	约 2.5 次/秒	—
使用环境	0 ～ 50 ℃，＜ 85％RH	—
存储环境	− 20 ～ 60 ℃，35％ ～ 90％RH	—
电源	DC 5 V±10％	—
消耗功率	≤ 3 W	—
绝缘阻抗	100 MΩ DC 500 V	—
震动	扫频振动：10 ～ 50 Hz	—

图 3.196　数字电压表和数字电流表模块实物图

（10）可调恒流源模块。

可调恒流源模块的示意图与实物图如图 3.197 和图 3.198 所示，通过电流输出控制旋钮设置输出恒流大小，最大支持 20 mA 电流输出，电流输出由 3 位数码管显示，显示精度为 0.1 mA。

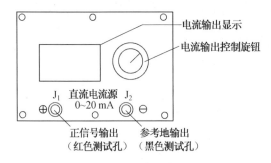

图 3.197　20 mA 可调恒流源模块示意图　　图 3.198　20 mA 可调恒流源模块实物图

3.5.3　HiGO 电路实验平台使用注意事项

由于 HiGO 电路实验平台采用模块化设计方式，与传统实验箱使用方式不一致，因此在使用前应该注意以下几点：

（1）接线前务必熟悉实验平台中各模块中元器件的功能、参数及其接线位置，特别要熟知仪器仪表、集成电路等重要模块引线的排列方式及接线位置。

（2）实验接线前，必须先断开总电源与各分电源开关，严禁带电接线。

（3）对于接线完毕的仪器仪表，检查无误后，才可通电。

（4）实验始终，实验平台务必保持整洁，不可随意放置杂物，特别是导电的工具和多余的导线等，以免发生短路等故障。

（5）本实验平台上的电源模块设计时仅考虑实验使用，一般不外接其他负载电路，如作他用，则要注意使用的负载不能超出本电源及信号的使用范围。

（6）实验完毕，应及时关闭各电源开关，并及时清理实验板面，整理好接导线并放置规定的位置。

第 4 章

测量误差与实验数据处理

电路基础实验中要测量一系列的物理量,如频率、周期、幅度、峰－峰值等,在一定的实验条件下,这些被测量的真实值称为真值,硬件实验测量的目的就是为了获得尽可能接近真值的测量结果。但是,受测量工具准确度的限制、测量方法的不完善、测量条件的不稳定及测试人员经验不足等因素影响,测量值与真值之间不可避免地存在差异,这种差异称为测量误差。测量误差是客观存在的,只能使其减小,不能完全消除。

因此,为了获得符合要求的测量结果,需要学习测量误差和实验数据处理方面的相关知识,分析各类误差产生的原因、性质和规律,以便在硬件实验中选择正确的测量方法、合理地选用测量仪器和测试方法,并对实验数据进行正确地分析、处理。总体来说,应在规定的测量误差范围内,以最经济的手段、最高的效率完成所要求的测量任务。

4.1 测量误差

4.1.1 测量误差的基础知识

1.测量误差的来源

(1) 仪器误差。

仪器误差是由于测试所用仪器仪表的电气或机械性能不完善所产生的误差,如使用指针式万用表时未调零引起的校准误差、容量瓶和烧杯等的刻度误差等。

(2) 使用误差。

使用误差又称为操作误差,是指在仪器使用过程中,因安装、调节、布置、使用不当而引起的误差。例如在 20 ℃ 校准的仪表在其他温度下使用,或应"平"放的仪表在测量时被"立"放了等。

(3) 人身误差。

人身误差是由于测量人员的感觉器官不完善或不正确的测量习惯所造成的误差。例如读取指针式万用表时未正视指针等。

(4) 影响误差。

影响误差又称为环境误差,它是指由于受到温度、湿度、大气压、电磁场、机械振动、声音、光照、放射性等影响所造成的附加误差。例如热敏电阻的电阻值会随环境温度的变化而变化,故在测试其电阻值时,应该在标准测试的环境温度下进行。

（5）方法误差。

方法误差又称为理论误差，是由测量时所使用的测量方法不完善、理论依据不严密、对某些经典测量方法做了不适当的修改简化所产生的，即在测量结果的表达式中没有得到反映，而实际上又起作用的因素所引起的误差。

例如，用伏安法测电阻时，若直接以电压表读数与电流表读数之比作为测量结果，而不计仪表本身内阻的影响，就会引起误差。如图 4.1(a) 所示的电流表外接法，若电压表内阻 r_V 与电阻阻值 R 接近时，电流表的读数不准确，还包含流经电压表的电流，所以存在误差，只有当电压表内阻 r_V 远大于 R 时，电流表的读数才接近 R 的真实电流。同理，对于电流表内接法，如图 4.1(b) 所示，也只有在电流表内阻 r_1 远小于 R 时，电压表读数才接近 R 两端的真实电压。

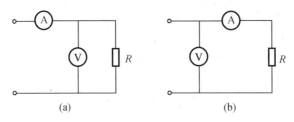

图 4.1　伏安法测电阻的实验电路

2. 测量误差的分类

（1）系统误差。

系统误差是指在同一测量条件（人员、仪器及环境条件）下，对同一被测量进行多次测量时，误差的绝对值和符号均保持或按一定规律变化，具有系统性和趋向性。产生系统误差的主要原因有：

① 测量仪器设计原理及制作上的缺陷。例如刻度的偏差、刻度盘或者指针安装偏心、使用时零点偏移及安放位置不当等。

② 测量时的实际温度、湿度及电源电压等环境条件与仪器要求条件不一致。

③ 采用近似的测量方法或近似的计算公式。

④ 测量人员估计读数时，习惯偏于某一方向或有滞后倾向等原因所引起的误差。

系统误差的特点是不服从统计规律，具有可重复性，因此有规律可循，一般可通过实验或分析方法，归纳出一个或多个相关的函数关系，因此这种误差是可以预测的，也是可以减少或消除的（例如仪器的零点没调整好，可以采取措施消除）。前面所述的仪器误差、使用误差、人身误差和方法误差均属于系统误差范围。

（2）随机误差。

随机误差又称为偶然误差，是指在同一测量条件（人员、仪器及环境条件）下，对同一被测量进行多次测量时，误差的绝对值和符号均发生变化，其绝对值时大时小，其符号时正时负，无确定的变化规律，也不能事先预估。产生随机误差的主要原因有：

① 测量仪器中零部件配合的不稳定，仪器内部产生噪声等。

② 温度及电源电压的频繁波动，电磁场干扰等。

③ 测量人员感觉器官的无规则变化，读数不稳定等原因所引起的误差。

随机误差只有在大量重复的精密测量中才能发现,它是按统计学规律分布的。通过对测量数据进行统计处理可以减小随机误差,但不能用实验的方法加以消除。在一定测量条件下,增加测量次数,使用算术平均值,可以减小测量结果的随机误差,使测量值趋于真值。

（3）过失误差。

在一定的测量条件下,测量值明显地偏离实际值所形成的误差称为过失误差,产生这种误差的原因有:

① 一般情况下,它不是仪器本身固有的,主要是在测量过程中由于测量人员疏忽大意造成的。

② 由于测量条件的突然变化,例如电源电压、机械冲击等引起仪器示数的改变,这是产生过失误差的客观原因。

含有过失误差的测量值明显偏离实际值,亦称为异常值,在数据处理过程中应予以剔除。

3.测量结果的评价

为了评价测量结果,一般使用准确度、精密度和精确度描述。

（1）准确度是指测量值与真值的接近程度,反映系统误差的影响,系统误差小则测量结果的准确度高。

（2）精密度是指测量值重复一致、相互接近的程度,即测量过程中,在相同条件下用同一方法对某一物理量进行重复测量时,所测得的数值相互之间接近的程度,数值愈接近,精密度愈高。换句话说,精密度用以表示测量值的重现性,反映随机误差的影响。

（3）测量精确度表示测量结果之间的符合程度以及与真值接近程度的综合。精确度是精密度和准确度的综合反映,精确度高,说明准确度及精密度都高,意味着系统误差及随机误差都小。

如图 4.2 所示,用射击时在靶上的弹着点分布情况来说明准确度和精密度的区别。图 4.2(a) 中弹着点分散又不集中表示精密度差、准确度差,即精密度差;图 4.2(b) 中弹着点集中说明精密度高,但偏离靶心说明准确度差;图 4.2(c) 中弹着点都集中在靶心,表示精密度、准确度都高,即精确度高。

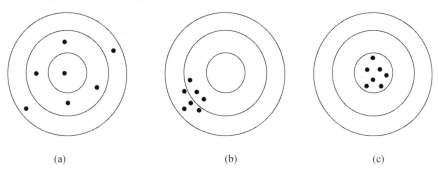

图 4.2　精密度和准确度的示意图

为了提高测量的精确度,降低误差对实验数据的影响,应采取以下措施:

(1) 避免过失误差,去掉含有过失误差的数据。

(2) 进行多次重复测量,取各次测量数据的算术平均值,以削弱偶然误差的影响。

(3) 消除系统误差。消除或尽量减小系统误差是进行准确测量的条件之一,所以在进行测量之前,必须预先估计一切产生系统误差的根源,有针对性地采取措施来消除系统误差。消除系统误差的常用方法主要有以下几种:

① 引入修正值,对误差加以修正。在测量之前,应对测量所用仪器仪表进行检定,确定它们的修正值。测量时把仪表的测量值加上修正值,即可求得被测量的实际值。

② 消除误差来源。测量之前应检查所有仪器设备的调整和安放情况。例如仪表的指针是否指零,仪器设备的安放是否合乎要求,是否便于操作和读数,是否存在干扰等。测量过程应按照规范使用仪器设备,此外,更换测试人员或使用不同测试方法对同一被测量进行测量,也有利于发现系统误差。

③ 应用测量技术消除系统误差。

a.替代法。用一个可调的标准量来替代被测量,调节标准量使测量装置的工作状态与替代前相同,假设 X 为被测量,X_0 为标准量调节后的读数,则 $X = X_0$。

例如用替代法测电阻 R_x,可采用如图 4.3 所示的电路。将开关 K 拨向 1,调节可调电阻 R_N 记下电流表的读数。再将 K 拨向 2,调节可调电阻 R_N 使电流表读数为原指示值,即可得 $R_x = R_N$。该方法可以消除和减小因测量仪表不准确、装置不妥及环境改变所引起的系统误差。

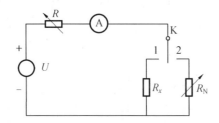

图 4.3 替代法测电阻原理图

b.正负误差相消法。采用正负误差相消法可以消除某些恒定的系统误差。在某一恒定系统中,如经分析可能出现正误差,也可能出现负误差,则可测两次,使一次为正,另一次为负,取两次测量的平均值为测量结果,即可消除此误差。

例如,受外界磁场的影响,某些指针式仪表的读数会产生附加误差,这时若把仪表转动 180°后再测量一次,则会因外磁场将对读数产生相反的影响而引起附加误差,两次结果取平均,即可抵消正负误差。

4.1.2 测量误差的表示方法

1.绝对误差

在具有相同单位的情况下,测量值 x 与被测量真值 M_0 之差称为绝对误差 Δx。

Δx 反映了测量值偏离真值的大小,可以表示为

$$\Delta x = x - M_0 \tag{4.1}$$

绝对误差是具有大小、正负和量纲的数值。

测量值 x 一般为仪器仪表的示数或量具的标称值,而真值 M_0 虽然客观存在,但是一般无法准确得到,因此在实际测量中,一般采用更高级别标准的标准仪器(一般高两级以上)测得的实际数据值 M 来代表真值,即

$$\Delta x = x - M \tag{4.2}$$

在仪器仪表使用前,测试人员可以对其进行校正。校正采用高一级标准仪器仪表,校正量一般用修正值 α 表示,高一级标准仪器的示数减去测量仪器的示数所得结果就是修正值 α,α 可以表示为

$$\alpha = -\Delta x = M - x \tag{4.3}$$

即修正值就是绝对误差,只是符号相反。利用修正值得到该仪器所测量出来的实际值为

$$M = x + \alpha \tag{4.4}$$

例如,用某一个电压表测量电压时,电压表的示数为 2.85 V,通过校正得到该电压表的修正值为 -0.02 V,则被测电压的真值为

$$M = 2.85 + (-0.02) = 2.83 \ (\text{V}) \tag{4.5}$$

修正值给出的方式可以是曲线、公式或数表。对于自动测量仪器,修正值会预先编制成有关程序,存于仪器中,测量时对误差进行自动修正,所得结果便是实际值。

2. 相对误差

绝对误差反映的是测量结果的近似程度,而不能确切地反映被测量的准确程度。例如测量两个电流 $I_1 = 10$ A,$I_2 = 100$ mA,测量的绝对误差分别为 $\Delta x_1 = 100$ mA,$\Delta x_2 = 10$ mA,虽然 Δx_1 是 Δx_2 的 10 倍,但是 Δx_1 是只占被测电流 I_1 的 1%,而 Δx_2 占被测电流 I_2 的 10%,显然后者的误差对测量结果的相对影响较大。因此,工程上常采用相对误差来比较测量结果的准确程度。相对误差又分为实际相对误差、示数相对误差和引用(或满度)相对误差。

(1) 实际相对误差。

实际相对误差是用绝对误差 Δx 与被测量的实际值 M 的比值的百分数来表示的相对误差,记为

$$\gamma_M = \frac{\Delta x}{M} \times 100\% \tag{4.6}$$

(2) 示数相对误差。

示数相对误差是用绝对误差 Δx 与测量所使用的仪器示数值 x 的比值的百分数来表示的相对误差,记为

$$\gamma_x = \frac{\Delta x}{x} \times 100\% \tag{4.7}$$

(3) 引用误差。

引用误差又称为满度相对误差,简称满度误差。引用误差是一种简化的、使用方便的相对误差,常在多挡位和连续刻度的仪器仪表中应用。这类仪表的可测范围不是一个点,

而是一个量程。这时若按实际相对误差或示数相对误差计算,由于分母的改变,计算很烦琐。为了计算和划分准确度等级的方便,通常取该仪器仪表量程中的测量上限(即满刻度值)X_m 作为分母,记为

$$\gamma_\mathrm{m} = \frac{\Delta x}{X_\mathrm{m}} \times 100\% \qquad (4.8)$$

我国电工仪表的准确度就是按仪表的最大引用误差 $|\gamma_\mathrm{m}|_{\max}$ 来划分等级的。按照国家标准 GBT 7676.2—2017,电流表和电压表按 γ_m 值共分成十个等级,见表 4.1。

表 4.1　电流表和电压表的准确度等级

准确度等级指标	0.05	0.1	0.2	0.3	0.5	1	1.5	2	2.5	3.5
基本误差 /%	± 0.05	± 0.1	± 0.2	± 0.3	± 0.5	± 1	± 1.5	± 2	± 2.5	± 3.5

若某一个仪表的等级为 S,则说明该仪器的最大引用误差不超过 $S\%$,即 $|\gamma_\mathrm{m}|_{\max} \leqslant S\%$,但不能认为它在各刻度上的示值误差都具有 $S\%$ 的准确度。如果某仪表等级为 S 级,满刻度值为 X_m,测量值为 x,则测量的绝对误差为

$$\Delta x \leqslant X_\mathrm{m} \times S\% \qquad (4.9)$$

示数相对误差可表示为

$$\gamma_x \leqslant \frac{X_\mathrm{m} \times S\%}{x} \qquad (4.10)$$

在上式中,$x \leqslant X_\mathrm{m}$,可见当仪表等级 S 选定后,x 越接近 X_m,γ_x 的上限值越小,测量越准确。因此,当使用这类仪表进行测量时,一般应使被测量的值尽可能在仪表满刻度的 1/2 或 2/3 以上。

例如,使用 1.5 级的电压表测量一个 25 V/400 Hz 的交流电压,可以选 30 V 或 300 V 的量程,如何选择合适的量程呢?

如果使用 300 V 量程,则在测量中产生的绝对误差为

$$\Delta V_1 = V_\mathrm{m} \times S\% = 300 \times (\pm 1.5\%) \ \mathrm{V} = \pm 4.5 \ \mathrm{V}$$

而采用量程为 30 V 时,在测量中产生的绝对误差为

$$\Delta V_2 = V_\mathrm{m} \times S\% = 30 \times (\pm 1.5\%) \ \mathrm{V} = \pm 0.45 \ \mathrm{V}$$

显然,用 30 V 量程测量 25 V 电压的绝对误差要降低很多。

4.1.3　测量误差的估计

一个完整的测量结果,除了有测量值外,还应包括误差的情况,否则,测量数据的可靠性就无法确定。例如,测量某电压为 95 V,若测量的相对误差为 $\pm 1\%$,那么这个测量结果是比较准确的,若其相对误差达到 $\pm 50\%$,那么这个测量结果就毫无意义了。

在日常工程测量中,一般只对测量值进行单次测量,而所用仪表的准确度比较低,对测量结果的准确与否影响很大,加上随机误差相对较小可近似忽略,所以一般考虑系统误差估计。为了使估算的误差更可靠,一般估算可能出现的最大绝对误差和最大相对误差。

1. 直接测量中的误差估计

（1）基本误差。

若在测量中用的是 S 级仪表，其量程为 X_m，则读数为 x 时，测量结果的最大绝对误差为

$$\Delta x = \pm \alpha \% \times X_m \tag{4.11}$$

最大相对误差为

$$\gamma_{x\max} = \pm \frac{X_m \times S\%}{x} \tag{4.12}$$

（2）附加误差。

仪表在非规定条件下工作时引起的附加误差也应计入测量误差中，如工作位置、温度、频率、电压、外磁场等，无论哪一个偏离了规定的条件都会使仪表产生附加误差，它们所产生的附加误差大小在国家标准中有具体规定。

例如，用量程为 30 A 的 1.5 级的电流表，在 30 ℃ 的室温下测量 $I=15$ A 的电流，试估计它的测量误差。

解：（1）基本误差

$$\gamma = \pm \frac{30 \times 1.5\%}{15} \times 100\% = \pm 3\%$$

（2）由于仪表超出规定温度 (20 ± 2) ℃ 的范围（超出 8 ℃）会产生附加误差，按规定附加误差为指示值的 $\pm 1.5\%$。

（3）故总的测量误差为前两者之和，即 $\pm 4.5\%$。

2. 间接测量中的误差估计

直接测量产生的误差必然会引起间接测量的误差，可以用误差传递公式来计算间接测量误差。

（1）被测量为多个量之和。

假设间接被测量 y 与三个直接被测量 x_1、x_2 和 x_3 之间的函数关系为

$$y = x_1 + x_2 + x_3 \tag{4.13}$$

直接测量 x_1、x_2 和 x_3 时，绝对误差分别为 Δx_1、Δx_2 和 Δx_3，则 y 的绝对误差 Δy 可以表示为

$$\Delta y = \Delta x_1 + \Delta x_2 + \Delta x_3 \tag{4.14}$$

合成相对误差 γ_y 可以表示为

$$\gamma_y = \frac{\Delta y}{y} = \frac{\Delta x_1}{y} + \frac{\Delta x_2}{y} + \frac{\Delta x_3}{y} = \frac{x_1}{y} \cdot \frac{\Delta x_1}{x_1} +$$
$$\frac{x_2}{y} \cdot \frac{\Delta x_2}{x_2} + \frac{x_3}{y} \cdot \frac{\Delta x_3}{x_3} = \frac{x_1}{y} \cdot \gamma_{x_1} + \frac{x_2}{y} \cdot \gamma_{x_2} + \frac{x_3}{y} \cdot \gamma_{x_3} \tag{4.15}$$

其中，$\gamma_{x_1} = \frac{\Delta x_1}{x_1} \times 100\%$，$\gamma_{x_2} = \frac{\Delta x_2}{x_2} \times 100\%$，$\gamma_{x_3} = \frac{\Delta x_3}{x_3} \times 100\%$ 分别为直接被测量 x_1、x_2 和 x_3 的相对误差。

可见，在所有的相加量中，数值最大的被测量的局部误差在合成误差中占主要比例。

为了减小合成误差,首先要减小这个最大被测量的局部误差。此外,合成相对误差不会大于局部相对误差的最大者。

例如,两个电阻串联,$R_1 = 1\,000\ \Omega$,$R_2 = 3\,000\ \Omega$,其相对误差均为 1%,求串联等效电阻的最大相对误差。

解:串联等效电阻为 $R = R_1 + R_2 = 1\,000 + 3\,000 = 4\,000$（$\Omega$）

绝对误差

$$\Delta R_1 = 1\,000 \times 1\% = 10\ （\Omega）$$
$$\Delta R_2 = 3\,000 \times 1\% = 30\ （\Omega）$$

最大相对误差为

$$\gamma_{Rm} = \frac{\Delta R_1 + \Delta R_2}{R} \times 100\% = \frac{10 + 30}{4\,000} \times 100\% = 1\%$$

或

$$\gamma_{Rm} = \frac{R_1}{R} \cdot \gamma_1 + \frac{R_2}{R} \cdot \gamma_2 = \frac{1\,000}{4\,000} \times 1\% + \frac{3\,000}{4\,000} \times 3\% = 0.25\% + 0.75\% = 1\%$$

若将 R_2 的相对误差更换为 2%。重新计算为

$$\gamma_{Rm} = \frac{1\,000}{4\,000} \times 1\% + \frac{3\,000}{4\,000} \times 2\% = 0.25\% + 1.5\% = 1.75\%$$

可见,相对误差不同的电阻串联后,总电阻的相对误差一般情况下与二者均不同。

（2）被测量为两个量之差

$$y = x_1 - x_2 \tag{4.16}$$

合成绝对误差为

$$\Delta y = \Delta x_1 - \Delta x_2 \tag{4.17}$$

相对误差 γ_y 为

$$\gamma_y = \frac{\Delta y}{y} = \frac{\Delta x_1}{y} - \frac{\Delta x_2}{y} = \frac{x_1}{y} \cdot \frac{\Delta x_1}{x_1} - \frac{x_2}{y} \cdot \frac{\Delta x_2}{x_2} = \frac{x_1}{y} \cdot \gamma_{x_1} - \frac{x_2}{y} \cdot \gamma_{x_2} \tag{4.18}$$

误差有正负,因此最不利情况为

$$\gamma_y = \left| \frac{x_1}{y} \cdot \gamma_{x_1} \right| + \left| \frac{x_2}{y} \cdot \gamma_{x_2} \right| \tag{4.19}$$

当所测 x_1 和 x_2 的数值接近时,被测量 y 很小,这样,即使测量 x_1 和 x_2 时的相对误差很小,合成误差仍可能很大,要尽量避免这样的间接测量。

（3）被测量为两个量的积或商

$$y = x_1^m x_2^n \tag{4.20}$$

当 $m > 0$、$n > 0$ 时,表示 y 的数据由两个直接被测量 x_1 和 x_2 相乘间接测量得到,当 $m > 0$、$n < 0$ 或 $m < 0$、$n > 0$ 时,表示 y 的数据由两个直接被测量 x_1 和 x_2 相除间接测量得到。

两边取对数得到

$$\ln y = m \ln x_1 + n \ln x_2 \tag{4.21}$$

微分后

$$\frac{\mathrm{d}y}{y} = m \frac{\mathrm{d}x_1}{x_1} + n \frac{\mathrm{d}x_2}{x_2} \tag{4.22}$$

$$\frac{\Delta y}{y} = m\frac{\Delta x_1}{x_1} + n\frac{\Delta x_2}{x_2} \tag{4.23}$$

显然,当用两个直接被测量相乘来间接测量第三个量时,所用测量工具的误差符号最好相反;当用两个直接被测量相除来间接测量第三个量时,所用测量工具的误差符号最好相同。最不利情况为

$$\gamma_y = |m\gamma_{x_1}| + |n\gamma_{x_2}| \tag{4.24}$$

可见,各局部相对误差一样时,指数较大的被测量对合成相对误差的影响也比较大。

通过本节的讨论可知,为了保证间接测量结果的准确性,应注意以下几点:

(1) 尽可能不采用两个直接被测量结果相减的办法去间接测量第三个量。如果无法避免此种情况,则两个直接被测量的差别应比较大,并提高相减两个量的测量准确度。

(2) 当用两个直接被测量相乘来间接测量第三个量时,所用测量工具的误差符号最好相反;当用两个直接被测量相除来间接测量第三个量时,所用测量工具的误差符号最好相同。

(3) 若某间接被测量决定于某直接被测量的 m 次幂,则该直接被测量的测量准确度要尽可能高。

4.2　实验数据的处理

实验测量结果通常用数字或图形两种形式来表示,对于用数字表示的测量结果,在进行数据处理时,除了应注意有效数字的正确取舍外,还应制订出合理的数据处理方法,以减小测量过程中随机误差的影响;对于以图形表示的测量结果,应考虑坐标的选择和正确的作图方法,以及对所作图形的评定等。

4.2.1　测量读数的处理

1.有效数字的概念

在做实验原始数据记录和数据计算时,必须注意有效数字的正确取舍,不能认为一个数据中小数点后面数越多,这个数据就越准确;也不能认为计算测量结果中保留的位数越多,准确度就越高。由于测量时存在各种误差,故测量数据总是近似值,这些近似值通常都用有效数字的形式来表示。

有效数字是指从左边第一个非零的数字开始,直到右边最后一个数字为止的所有数字。例如,测得的电阻两端电压为 0.051 4 V,它是由 5、1、4 三个有效数字表示的电压值,而左边的两个 0 不是有效数字,因此它可以通过单位变换写成 51.4 mV。其中,末位数字 4 通常是在测量时估计出来的,称为欠准数字,它左边的各有效数字均是可靠数字。有效数字常由可靠数字和欠准数字两部分组成,测量时通常只应保留一位欠准数字。一个近似数中的可靠数字和欠准数字都是有效数字。例如某电压表测得电压为 7.56 V,这是个近似数,7.5 是可靠数字,而末位 6 为欠准数字,即 7.56 为 3 位有效数字。

为了正确表示有效数字,应注意以下几点:

(1) 用有效数字来表示测量结果时,可以从有效数字的位数估计测量的误差:一般规

定误差不超过有效数字末位单位数字的一半。例如,测量结果记为 5.000 A,小数点后第三位为末位有效数字,其单位数字为 0.001 A,单位数字的一半即 0.000 5 A,测量误差可能为正或负,所以 5.000 A 这一记法表示测量误差为 ±0.000 5 A。由此可见,记录测量的结果有严格的要求,不要少记有效数字,少记会带来附加误差;也不要多记有效数字位数,多记则夸大了测量精度。

(2) 只有在数字之间或在数字之后的“0”,才是有效数字,在数字之前则不是有效数字,测量精度达不到,不能在数字右面随意加“0”,如电流测试值记为 1 000 mA 或 1.000 A,说明测量误差达到 ±0.000 5 A,若测量误差是 ±0.005 A,那就只能记为1.00 A。

(3) 当近似数的形式为右边带有若干个零,通常把这个数写 $a \times 10^n$ 的形式,a 的取值范围是 $1 \leqslant a < 10$,应用这种写法,a 的有效数字就是该数的有效数字,如 1.6×10^3 为 2 位有效数字,3.20×10^3 是 3 位有效数字,4.120×10^4 是 4 位有效数字;$5.001 1 \times 10^4$ 为 5 位有效数字。计算式中,如涉及常数 π、e 等,可认为无限制,即根据需要取位。

(4) 有效数字的位数与小数点无关,小数点的位数只与所用单位有关。 例如 2 534 mA 或 2.534 A 都是 4 位有效数字。如果有一测量结果为 5 V,它只有 1 位有效数字,若需要以 mV 为单位,不能记为 5 000 mV,这是 4 位有效数字,这样夸大了测量精度,应记为 5×10^3 mV,仍是 1 位有效数字。

2. 数据舍入规则

在对测量数据进行计算时,为使计算结果准确反映测量误差,必须对计算过程所用数字和计算结果保留几位有效数字的问题加以注意。若需保留 n 位有效数字,那么多于 n 位的数字应根据舍入原则进行处理。在一般数值计算中采用四舍五入的原则,但在测量中由于数据要反映测量误差,使正、负舍入误差出现的机会大致相等,现已广泛采用“小于 5 舍,大于 5 入,等于 5 时取偶数”的舍入规则。即:

(1) 若保留 n 位有效数字,当后面的数值小于第 n 位的 0.5 单位就舍去。

(2) 若保留 n 位有效数字,当后面的数值大于第 n 位的 0.5 单位就在第 n 位数字上加 1。

(3) 若保留 n 位有效数字,当后面的数值恰为第 n 位的 0.5 单位,则当第 n 位数字为偶数(0、2、4、6、8)时应舍去后面的数字(即末位不变),当第 n 位数字为奇数(1、3、5、7、9)时,第 n 位数字应加1(即将末位凑成为偶数)。这样,由于舍入概率相同,当舍入次数足够多时,舍入的误差就会抵消。同时,这种舍入规则使有效数字的尾数为偶数的机会增多,能被除尽的机会比奇数多,有利于准确计算。

例如,表 4.2 为按照 3 位有效数字对数据进行修正。

表 4.2　按照 3 位有效数字对数据进行修正

拟修正值	修正值
21.341 5	21.3(0.415 < 0.5)
487.501	488(0.501 > 0.5)

续表4.2

拟修正值	修正值
521.500	522(0.500＝0.5,末位为奇数1)
1.605 0	1.60(0.500＝0.5,末位为偶数0)

3. 有效数字的运算规则

（1）加减运算。

各参加运算的实验数据中,应以其中小数点后位数少的数据的位数为准,其余各数修约后均保留比它多一位小数。运算后所得的最后结果,应与小数点后位数少的数据的小数位数相同。

例如 $-12.6+0.085\ 1+1.465+15.16$

可写为 $-12.6+0.09+1.46+15.16=4.1$。

（2）乘除运算。

在各参加运算的实验数据中,应以小数点后位数少的实验数据的位数为准,其余各数或乘积（或商）修约到比它多一位数。运算后所得的最后结果,应与位数量少的数据的位数相同。

例如 $0.051\ 2\times36.42\times3.057\ 71$

可写成 $0.051\ 2\times36.42\times3.058=5.70$。

值得指出的是,运用计算器计算时也应按修约后的算式进行,最后结果也应以参加运算数据中小数点后最少的位数为准。

（3）乘方及开方运算。

进行乘方或开方运算时,其运算结果应比原数据多保留一位数字,例如$(5.3)^2=28.09,(2.5)^{0.5}=1.58$。

（4）对数运算。

对数运算时,前后的有效数字位数相等,例如:$\ln 88=4.5,\lg 6.732=0.828\ 1$。

4.2.2　实验数据的处理方法

实验中对所测量的量进行记录,得到相应的实验数据,再通过对实验数据的整理、分析和计算,从中总结出结论,并由结论分析出电路的一般规律。因此,通过硬件实验获得一些测量数据还远未达到实验目的,还必须对其进行数据处理。电路基础实验中的实验数据处理通常采用两种方法:列表法和曲线法。

1. 列表法

列表法是指将直接和间接测量得到的原始实验数据、计算过程中的数据进行一定的形式及顺序整理分类后填入特制的表格中,以便于比较分析,容易发现问题和找出各个数据之间的相互关系和变化规律。

使用列表法能否达到上述目的,绘制表格是关键。数据表格没有统一的格式,但是应该从准确反映实验数据之间的关系出发进行设计。因此制表时要注意以下问题:

（1）表格序号、名称及数据条件说明。

表格序号便于在实验报告中进行前后文交叉引用，表格名称应该简明扼要，使得通过阅读名称即可对表格数据一目了然。同时，对于数据复杂的情况，应该在表头或表格下方附加说明，注明实验数据条件，甚至配套电路图等。需要注意的是，只有实验电路、实验条件、实验数据做到一一对应，最后的实验数据才有意义。

（2）项目齐全。

原始数据、中间数据、最终结果，以及理论值、误差分析等不可缺项。项目名称简练易懂，可采用字母或文字，但务必符合专业规范。有量纲的要给出单位，间接量要给出计算公式；若公式不易在表中给出，可在表后用加注的方法给出。测试条件明确，大多数测试都是在特定条件下进行的，因此只有当给出测试条件时，测量结果才有意义。当测试条件不变时，可以把测试条件放在表格里，也可以放在格外明显的地方，如右上角。

（3）数值的写法。

数值的书写应注意整齐统一，如每列数值的小数点应上下对齐，数值空缺处记为斜杠"/"，过大或过小的数值应以幂的乘积形式来表示，等。

（4）有效数字的位数。

表中填写的数据既可以是测量值，也可以是计算值，均须按有效数字表示，有效数字的位数应适当取舍。自变量一般假定无误，故可以用20、50来替代20.0、50.00；因变量的位数取决于数值本身的精确度，凡值由理论计算得出的，可认为有效数字位数无限制；若是实验测得的数据，则取决于仪器仪表的精确度。

2. 作图法

作图法是指将测量数据用曲线或其他图形表示的方法。在研究几个物理量之间的关系时，用图形来表示它们之间的关系，往往比用数字、公式和文字表示更直观。作图法常用在标准坐标纸上绘制曲线来反映测量结果。绘制曲线要注意以下几点：

（1）建立坐标系。

常用的坐标系包括直角坐标、半对数坐标、对数坐标、极坐标等，不同的坐标系应该使用各自专用的坐标纸来绘图。在电路基础实验中，用的居多的是直角坐标和半对数坐标，当实验数据自变量变化的范围不大时，可采用直角坐标，一般以函数 $y = f(x)$ 的自变量 x 作为横坐标即可；当自变量变化范围较大时，为了观察曲线的全貌，可以采用半对数坐标，这时则以自变量 x 的常用对数 $\lg x$ 作为横坐标。

（2）正确标注坐标轴。

坐标轴的方向、原点、刻度、函数及单位要一应俱全。横轴和纵轴上若没有给出标值表明其增值方向，应分别在横、纵轴线上加上箭头。一般以两坐标轴的交点为坐标原点，若所有数据点都远离坐标原点，则允许平移坐标轴，但绘图域必须覆盖所有数值。坐标轴上标记的分度比例要大小合适，两个坐标轴的外侧应标出该坐标轴所代表的物理量及其单位。

（3）坐标轴分度。

坐标轴的分度及比例的选择对正确反映和分析测量结果至关重要。原则上坐标轴的最小分度恰好能反映有效数字的精度，即标记所用的有效数字位数应与原始数据有效数字位数相同。横、纵坐标轴的分度可以不同,应视具体情况确定,原则是使所绘曲线图形的大小能明显反映出变化规律。除特殊要求外,一般按得到正方形或 1∶1.5 的矩形图来选定各坐标的分度单位。

（4）取数描点。

测量时要将被测量的最大值、最小值等所有的特殊点(如零点、极值点等)取到。在曲线变化陡峭或拐点部分要多取几个测试点,在曲线变化平缓部分则可以少取测试点。取到足够数量的数据后,则可以对数据在坐标系中进行描点,在坐标纸中标出测试点的位置。测试点的记号可以用点"·"、圆圈"。"、叉"×"、三角"△"等表示,或使用不同颜色区分不同数据,但同一组数据必须采用相同的符号或颜色。

（5）拟合曲线。

拟合曲线要光滑,粗细一致。由于测量数据不可避免地存在误差,所以在一般情况下不可以直接将各数据点连成一条折线,也不要作出一条弯曲很多的曲线硬性通过所有的数据点。正确的拟合方法是绘制一条光滑的、拐点尽可能少的曲线,使所有坐标点到该曲线的最短距离之和为最小。对于曲线拟合的严密处理,要借助于最小二乘法、回归分析等复杂的数学工具。拟合曲线方法如图 4.4 所示。

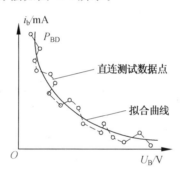

图 4.4　　拟合曲线方法

第 5 章

实验电路的调试技术
及故障分析处理

对于刚刚接触专业基础实验的学生来说,由于缺乏相关硬件电路调试经验,在实验过程中所搭建的电路发生故障在所难免。另一方面,即使按照设计好的电路参数进行组装,往往也难以实现预期的电路功能。究其原因,主要是多种复杂的客观因素,例如所用元件的精度、器件参数、外界干扰、仪器设备的精度等,导致理论计算、软件仿真与实际电路存在着较大的差异。为了达到预期的电路功能和技术指标,在电路安装后需要进行必要的电路调试,而在电路调试过程中遇到问题也并非坏事,关键是通过对电路故障进行分析处理来积累调试经验,增强分析和解决实际工作问题的能力。因此,掌握实验电路的调试技能,对于每个从事电子技术及其相关领域工作的人来说都是至关重要的。

5.1　电路的调试技术

如前所述,多种复杂客观因素的存在可能会导致理论计算和软件仿真结果与硬件电路实测结果存在着较大的差异,电路的调试工作就是对实验电路进行一系列的测试、分析、调整、再测试、再分析、再调整,以便在预定的工作条件下达到实验电路的技术指标。

5.1.1　调试前的状态检查

按照要求搭建好实验电路后,不管实验人员是否经验丰富,首先都需要对所搭建的电路进行状态检查,不得直接通电测试,以免电路接法错误造成元件、仪器的损坏。电路调试前,要做好以下状态检查工作:

1.实验电路合理布局和布线检查

电路基础实验所涉及的电路包含被测电路和数字示波器、函数信号发生器、直流稳压电源、数字万用表等电子仪器设备。由于实验室提供的实验电路为模块化元件,所以在实验底板上搭建实验电路前,需要对实验电路进行合理布局,各个模块的摆放位置、方向均需要按照信号流向,以连线简洁、调节顺手、观察与读数方便等原则进行设计。电路安装时,要注意元器件布置不要过密。除设计要求的反馈电路外,尽量避免后级信号回流到靠近前级的位置。

布线的原则以直观、便于检查为宜。例如,电源的正极、负极和地可以采用不同颜色的导线加以区分,一般电源正极用红色、负极用蓝色、地用黑色。电路基础实验属于低频电路实验,所以元器件之间的接线要尽量短,以免电路产生自激振荡,当进行通信电子线路实验等高频电路实验时,尤其需要注意布局布线的合理性,不合理的布局布线将引入相应的分布参数,影响电路的性能。

2. 电路接线情况检查

电路接线情况检查包括错线(连接一端正确,另一端错误)、少线(安装时完全漏掉的线)、多线(连线的两端在电路图上都是不存在的)和导通检查(虽然已连线,但是由于导线内部断开,有可能并未接通)几个方面。执行电路接线情况检查有两种基本方法,一种是根据实验电路原理图,按照一定顺序对已经搭建的电路进行检查;另一种是按照实际电路连线对照原理图查线,按照硬件电路中的元器件引脚去向进行清查,查找每个去处在电路图上是否存在,从而找出问题。

进行接线导通检查时,可以采用万用表的电阻挡或蜂鸣器挡(短路测试挡),对照实验电路原理图,逐点进行导通测试,判断要求接通的点是否存在断路现象、要求断开的点之间是否存在短路现象、有电阻存在的两点是否存在电阻、阻值是否正确等。

3. 元器件的安装情况检查

元器件的安装情况检查要求检查元器件是否安装到位、各引脚连接是否正确,引脚之间有无短路,连接处有无接触不良,二极管、三极管、集成器件和电解电容等极性是否连接有误,直流电源是否可靠接入到实验电路,电源的正、负极有无接反,电路的电源端对地有无短路情况等。

按照上述的步骤进行电路状态检查后,未发现问题并确认无误后,可以转入电路通电调试阶段。

5.1.2　电路调试方法与注意事项

电路的调试包括测试和调整两个方面,测试是在安装后对工作状态进行测量,用来判断电路是否正常工作;调整是指在测试的基础上对电路的结构和元器件参数等进行必要的调整,以使电路的各项技术指标达到设计要求。测试与调整一般需要反复、交叉地进行,所以电路的调试是“测试、分析、调整、再测试”反复实验的过程。

调试方法按照电路的难易程度分成两类,对于较简单的电路或系统,一步到位先把所有电路连接好后再进行联调,这种方法可以快速搭建电路,调试效率高,但是仅仅适合于简单的电路或系统,对于复杂的电路或系统,一旦出现故障,排查故障工作量巨大,效率大大降低;对于较复杂的电路或系统,一般采用先分调再联调的方式进行调试,任何复杂的电路或系统都可以拆分出功能独立的若干个单元电路,按照信号流程或功能模块对各个单元电路进行逐级分调,使其满足设计要求,然后再对已经分调好的各个单元电路进行联调,逐渐扩大调试范围,最后完成整个电路或系统的调试。在联调过程中,重点解决各单元电路连接后相互影响的问题。

进入调试阶段后,主要按照通电检查、静态调试和动态调试的顺序进行。

1. 通电检查

对实验电路通电前,需要先将电源与电路间的连线断开,使用数字万用表检查直流稳压电源的输出是否与预期相符,然后可以设定直流稳压电源的输出上限电流,做到对电路的保护。最后再次确认电源电压以及电源的正、负极性正确后才能对实验电路通电。

对实验电路通电后,需要细心观察电路有无异常现象,例如电源是否短路、有无冒烟、声响、打火、异味,手摸元器件是否发烫、鼓包等,如出现异常情况,应立即切断电源,重新检查,以排除故障所在。

只有排除故障后才能再次通电,通电检查无误,方可进入后续的调试过程。

2. 静态调试

除最基本的验证型电路外,一般电路中均为交流和直流并存,一般来说,直流是基础,交流是核心,例如在数字逻辑电路中,直流为各种集成电路供电,而时钟信号则实现了集成电路的功能。因此,对电路的调试有静态调试和动态调试之分。静态调试一般是指在无外加信号的条件下所进行的直流测试和调整过程。例如在模拟电子技术实验中,主要是测量与调整各极的直流工作点(如三极管各极间电压和各极电流,集成电路有关引脚的直流电位等)。而对于数字逻辑电路与系统实验,一般是在各输入端施加符合要求的数字电平,测量电路中各点的电位,以判断各输出端的高、低电平及逻辑关系是否正确等。

通过静态调试可以及时发现已经损坏的元器件,判断电路工作情况,并可及时调整电路参数,使电路工作状态符合设计要求。

3. 动态调试

完成静态调试后即可进行动态调试。动态调试是指在输入端施加幅度、频率、种类均符合要求的交流信号,并按信号的流向逐级检测有关各点的信号波形指标,包括形状、幅度、相位、周期、放大倍数、最大不失真输出等,据此估算电路的性能指标、逻辑关系和时序关系。如果输出波形不正常或性能指标未满足设计要求,则需调整电路参数,直至满足技术要求为止。如果发现故障现象,应分析原因,排除故障,然后再重新进行调试。

在完成了静态和动态调试后,即可检查整机电路的各项指标是否满足设计要求。如有必要,可进一步对电路参数提出合理的修正。

5.1.3 电路调试的注意事项

为了提高调试效率,保证调试效果,在进行电路调试时需要注意以下事项:

(1)为了避免盲目调试,在进行调试前,应通过理论计算或软件仿真,列出主要测试点的直流电位值、波形图和主要技术指标,作为调试过程中分析、判断的基本依据。

(2)调试前须熟悉所用测量仪器的使用方法,在仪器使用前须仔细检查仪器附件,避免由于仪器使用不当或仪器及附件的故障而做出错误判断。

(3)测量仪器的地线和被测实验电路的地线应可靠地连接在一起,俗称"共地"。只有使仪器和实验电路之间建立一个公共参考点,测量的结果才是正确的。否则引入的干扰不仅会使实验电路的工作状态发生变化,测量结果也不准确。

(4)应该根据测试需求选择合适的测量仪器,例如进行电压测量时,要求万用表或示波器的输入阻抗必须远大于被测实验电路两端的等效输入阻抗。否则,由于测量仪器等效阻抗的并联效应,即分流作用,将影响电路原工作状态,造成测量误差。

（5）测量仪器的带宽必须大于被测电路信号的带宽,否则测试结果不能正确反映被测电路的真实情况。

（6）调试过程中,发现元器件或接线有问题需要更换或修改时,应关断电源,更换完毕并认真检查后才能重新通电。

（7）测量方法要方便可行。需要测量某电路的电流时,一般尽可能测电压而不测电流,因为测电压不必改变被测实验电路,测量方便。若要知道某一支路的电流值,可以通过测取该支路上电阻两端的电压后经过换算而得到。

（8）调试过程中,不但要认真观察和测量,还要善于记录。记录内容包括实验条件,观察的现象,测量的数据、波形和相位关系等,必要时在记录中还要附加说明,尤其是那些和初始设计不符合的现象更是记录的重点。依据大量而可靠的实验记录并与理论结果加以定量比较,才能发现电路设计上的问题,以进一步完善设计方案。

（9）调试时出现故障是正常的,此时要保持冷静,不要着急。要把分析产生故障的原因、排除故障的过程看成是理论联系实际、提高自身分析问题和解决问题能力的一个好机会。要认真观察实验现象,仔细查找故障源,切不可一遇故障解决不了就拆掉线路重新搭建实验电路。因为没有找到原因,即使重新搭建也未必就能解决问题,还可能出现新的问题。如果是电路设计方案上的问题,重新搭建也无济于事,反而浪费了宝贵的实验时间。

5.2　　电路的故障分析与处理

在实验过程中难免会出现各种各样的故障,准确、迅速地找到故障原因、定位故障点并及时加以排除,是实验技能和动手能力的体现,是培养学生综合分析问题能力的重要方面,学生只有掌握了较深的理论基础、丰富的实践经验以及熟练的操作技能,才能对故障原因做出准确的分析和判断。排除故障是一个不断学习、总结和提高的过程,学生通过排除故障,可以进一步巩固理论基础,积累实验技能及实践经验。

5.2.1　　故障原因分析

电路基础实验原理简单,所涉及的仪器仪表和元器件较少,因此故障原因相对简单。实验过程中遇到故障,应保护好现场,切勿随意拆除或改动电路,再从故障现象出发,进行分析、判断、测试,找出产生故障的原因、性质、定位,并及时排除。常见故障归纳起来有以下几个方面:

1. 仪器设备故障

（1）仪器自身工作状态不稳定、功能不正常或已经损坏。如设备长时间工作导致的信号源输出信号频率发生漂移,或仪器内部软件程序运行失误导致按键不灵等。

（2）输入信号太小,或者超出了仪器的正常工作范围。

（3）仪器配套的测量线、测试电缆、测试探头接触不良、断路或损坏。

（4）仪器旋钮松动、未处于正常位置,或者仪器设置不正确。

在上述仪器设备故障情况中,测量线损坏或接触不良发生的最多,而仪器工作不稳定或损坏在实验过程中出现的概率要小得多。当然,如果当对仪器的使用方法不熟悉或者粗心大意时,也可能会出现仪器设备使用不正常的现象。

2. 电路接法错误

(1) 电路元器件质量引起的故障,如电阻、电容、半导体晶体管、集成电路等型号选用错误、损坏或性能不良,参数不符合要求;实验模块内部出现短路、开路等。

(2) 连线出错(包括错接、漏接、多接、断线等)、元器件安装错误(包括电解电容正、负极性接反,半导体二极管正反方向接反,三极管的引脚接错,等)、元器件连接点的接触不良、电路中焊点虚焊或漏焊、接插件连接点不可靠、电位器滑动端接触不可靠等,都将导致原电路的拓扑结构发生改变。

(3) 在一个测量系统中有多点接地或接地不统一。对于使用多个仪器的系统,电源、信号源、测试仪器仪表与被测电路的公共参考点连接错误或断开引起的接地不统一容易引起电路故障。例如在 RLC 串联谐振电路中,信号源输出端采用二芯红、黑鳄鱼夹输出电缆,其中红色为输出正极,黑色为输出负极,当使用示波器监测该信号时,示波器探头正极应该与红色鳄鱼夹相接、探头负极应该与黑色鳄鱼夹相接,只有红、黑鳄鱼夹都接上后,示波器的显示波形才是正确的波形。

3. 错误操作

当仪器设备正常、电路连接准确无误,而测量结果却与理论值不符合或出现了不应有的误差时,往往问题出在错误的操作上。错误的操作一般有如下情况:

(1) 未严格按照操作规程使用仪器。如读取数据前未先检查零点或零基线是否准确,读数的姿势、表针的位置、量程不正确等。

(2) 片面理解问题,盲目地改变了电路结构,未考虑电路结构的改变对测量结果带来的影响和后果。

(3) 使用不正确的测量方法,选用了不该选用的仪器。

(4) 无根据地盲目操作。

4. 各种干扰引起的故障

所谓干扰是指来自设备或系统外的电磁信号对有用信号产生的扰动,从而造成电路的工作不正常。干扰的形式很多,常见的有直流电源滤波不佳、纹波电压幅度过大、分布式电容或电感等途径窜扰到电路或测试设备中,以及接地不当引起的干扰等。

(1) 直流电源滤波不佳。

常用电子设备一般都由 50 Hz 交流电压经过整流、滤波及稳压得到直流电压源。因此,这种直流电压源含有 50 Hz 的纹波电压,如果纹波电压幅度过大,必然会给电路引入干扰。这种干扰是有规律性的,要减小这种干扰,必须采用纹波电压幅值小的稳压电源或引入电源滤波网络。

(2) 感应干扰。

干扰源通过分布电容耦合到实验电路,则形成电场耦合干扰;干扰源通过电感耦合到实验电路,则形成磁场耦合干扰。这些干扰均属于感应干扰,它将导致电子电路产生寄生振荡。排除和避免这类干扰的方法有:一是采取屏蔽措施,屏壳要接地;二是引入补偿网络,抑制由于干扰引起的寄生振荡。具体做法是在电路的适当位置接入阻容网络或单一电容网络,实际参数大小可通过实验调试来确定。

(3) 接地不当引起的干扰。

共地是抑制噪声和干扰的重要手段,所谓共地是指将电路中所有接地的元器件都要接在电源的地电位参考点上。在正极性源供电电路中,电源的负极是电位参考点;在负极性单电源供电电路中,电正极是电位参考点;而在正负双电源供电电路中,以两个电源的正负极串接点为电位参考点。如果没有正确接地或接地线的电阻太大时,电路各部分电压经过接地线会产生一个干扰信号,进而影响电路的正常工作。

5.2.2　故障排除的通用方法

为了尽快定位故障点,需要熟悉实验电路的结构和原理、元器件的外特性,掌握仪器设备的实验方法,了解电路中各测试点测量值的正常范围,既要有扎实的理论基础和分析问题的能力,又要有丰富的实践经验。检查故障的一般顺序是先断电查,再通电查;先查装配,再查电路参数;先查电源和信号源,再查仪器仪表;先查直流参数,再查交流参数。具体说明如下:

(1) 先查装配,再查电路参数。

首先检查测试仪表有无故障,挡位是否合适,输入、输出电缆是否完好。再查开关、元件以及连接导线是否完好,实验电路的连接有无错误,各器件的连接端口接触是否良好,电源、信号源、测试仪器仪表与被测电路的公共参考点连接是否"共地"。

(2) 先查电源与信号源,再查仪器仪表。

依次检查电源进线、开关至电路输入端口,包括电源输出的电压值及接入电路的极性是否正确,各部分有无电,电压是否合适,信号源有无输出,输出的电压值、频率大小及接入电路的红色鳄鱼夹或测试钩、黑色鳄鱼是否正确,仪器仪表的电源开关是否按下,测试电缆接线是否正确,等。

(3) 先查直流参数,再查交流参数。

电路的直流参数可以使用万用表或数字电压表模块、数字电流表模块测量,交流参数一般使用示波器测量,而直流偏置是电路正常工作的基础,直流参数不正常,交流参数不可能正常。所以从仪器的便利性和电路的基本工作条件出发,均按照先查直流参数再查交流参数的顺序进行。

按照上述检查故障的步骤,结合现象分析可能的原因,并用排除故障的通用方法验证自己的预测,直到故障排除,务必在故障排除后再恢复供电。排除故障的通用方法主要有以下几种:

1.直接观察法

直接观察法是指不使用任何仪器,单纯利用人的感观来发现问题、定位故障点的方法,主要包括不通电检查和通电检查两种。不通电检查主要包括检查仪器的选用、设置或使用是否正确,电源电压的等级和极性是否符合要求,元器件的极性、引脚是否错接、漏接、短接,电路布线是否合理,印刷电路板有无断线等情况;通电检查则观察是否有异常现象,如有无冒烟、异常气味,手摸元器件是否发烫、是否鼓包等,如出现异常反应,应马上切断电源,检查故障。直接观察法仅适用于初步检查,如果故障较复杂,则未必有效。

2.仪器仪表逐点(级)检测法

仪器仪表逐点(级)检测法是检查电路故障的重要方法。对于较简单的电路,可以使用万用表的电阻挡或蜂鸣器挡检查电路元器件阻值或线路的通断情况,如根据电路原理图,实验电路中某两点应该导通而断开或应该开路但短路的,则此处即为故障点。对于较复杂电路,则可以在输入端接入合适的信号(例如基尔霍夫定律测试电路可以接入一定幅值的直流电压信号,而 RLC 串联谐振电路则接入一定频率的正弦波信号),然后用万用表测量各个节点电压,或用示波器测量各级的输出波形,如果发现某个节点或某一级的输出电平或信号波形有异常,则该节点或该级电路有故障。

3.对比法

当对某一电路的工作状态产生怀疑时,可以将此电路的参数与工作状态和其他实验组相同的正常电路的参数(或理论分析的电流、电压、波形等)进行一一对比,从中找出不正确的参数,进行分析,从中判断出故障点所在。

4.部件替换法

当故障比较隐蔽,使用常规方法无法准确判断故障点时,可以使用功能正常的电路模块、单元电路、元器件、接插件、仪器设备替换被怀疑有问题的模块电路或元器件,如果故障现象不再复现,说明故障出现在被替换的电路或元器件中,原先的判断是正确的,从而可以缩小故障范围,利于进一步查找故障原因。

实际调试时,寻找故障原因的方法很多,上面 4 种是最常用的方法。这些方法的应用可根据设备条件、故障情况灵活掌握,对于简单的故障用一种方法即可定位故障点,但对于相对复杂的故障则需采取多种方法互补、配合,才能快速定位故障点。一般情况下,定位故障点的常规做法是:

(1)先用观察法,排除明显故障。

(2)使用仪器仪表逐点(级)检测法检查电路各个节点或各级电路的信号参数。

(3)将上述信号参数与正常工作电路的信号参数进行对比,找出不同。

(4)最后用替换法进行元件或仪器替换。

在实验过程中遇到故障在所难免,要准确而快速地定位故障点并加以排除,需要有扎实的理论基础和分析问题的能力,同时需要积累丰富的实践经验。

实践经验的积累不可能一蹴而就,与平时的努力、善于观察、勤于思考、多动手分不开。因此,日常实验要养成良好的习惯,不轻易放过任何实验现象,善于发现、观察、捕捉实验异常,自觉地锻炼独立分析问题和解决问题的能力。不要一出现问题,就寻求别人帮助或找指导老师,更不应回避问题,先自己分析解决,解决过程中所积累的实践经验是宝贵的知识。

第6章

硬件电路基础实验

6.1　元件伏安特性测试实验

6.1.1　实验目的

1.掌握线性和非线性电阻元件伏安特性的逐点测试法,并绘制其特性曲线。

2.掌握运用伏安法判定电阻元件类型的方法。

3.学习直流稳压电源和万用表的使用方法,掌握电压、电流、电阻的测量方法。

6.1.2　实验预习与思考

1.阅读教材中关于直流稳压电源、数字万用表和电路基础实验平台相关的内容,结合实验原理部分给出的知识点,加强对实验内容的理解,并且掌握仪器的基本使用方法。

2.按照实验内容与步骤,提前使用 Multisim 或 TINA-TI 软件,对所选择进行硬件实验的电路进行仿真,测量出各个回路和节点的电流与电压,以便于在硬件实验过程中进行理论值和实际值的对比。将仿真实验电路和实验结果填入到预习报告中。

3.按要求认真撰写预习报告。

4.预习思考题。

(1)为什么需要进行元器件的伏安特性测试? 该实验有什么作用?

(2)线性电阻与非线性电阻的伏安特性有何区别? 其电阻值与通过的电流有无关系?

(3)请举例说明哪些元件是线性电阻,哪些元件是非线性电阻,它们的伏安特性曲线是什么形状?

(4)设某电阻元件的伏安特性函数式为 $I = f(U)$,如何用逐点测试法绘制出伏安特性曲线。

6.1.3　实验原理

1.元件的伏安特性曲线

任何一个二端元件的特性都可用该元件上的两端电压 U 与通过该元件的电流 I 之间的函数关系 $I = f(U)$ 或 $U = f(I)$ 来表示,这种函数关系称为该元件的伏安特性,有时也称为外部特性。通常这些伏安特性用 $U-I$ 或 $I-U$ 平面上的一条曲线来表示,这条曲线就为该元件的伏安特性曲线或外特性曲线。

(1)线性电阻元件。

线性电阻元件的伏安特性满足欧姆定律,可表示为 $U=IR$,其中 R 为常量,它不随其两端电压或电流改变而改变。线性电阻元件的伏安特性曲线是一条经过坐标原点的直线,并且对称于坐标原点,具有双向性。如图 6.1(a) 所示,该特征曲线上各点斜率与施加在元件上的电压、电流的大小和方向无关,其斜率等于该电阻元件的电导值。

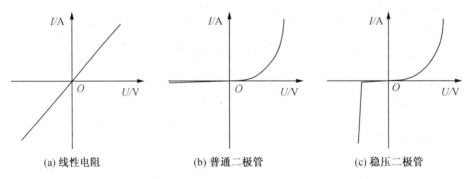

(a)线性电阻　　　　　(b)普通二极管　　　　　(c)稳压二极管

图 6.1　二端电阻元件伏安特性曲线

(2)半导体二极管。

半导体二极管属于非线性电阻元件,其特性曲线如图 6.1(b) 所示。正向压降很小(一般锗管为 $0.2\sim0.3$ V,硅管为 $0.5\sim0.7$ V),正向电流随正向压降的升高而急骤上升;其反向电流随电压增加变得很小,粗略可视为零。可见,普通半导体二极管的正向电阻很小而反向电阻很大,这种特性为二极管单向导电性。需注意的是,若反向电压加载过高,超过极限值,会导致二极管击穿损坏。

(3)稳压二极管。

稳压二极管属于特殊的半导体二极管,其正向特性与普通二极管类似,但反向特性与普通二极管不同,如图 6.1(c) 所示。在反向电压开始增加时,其反向电流几乎为零,但当反向电压增加到某一数值时(称为稳压二极管的稳压值,存在具有不同稳压值的稳压二极管),电流将突然增加,且端电压维持恒定,不再随外加的反向电压升高而增大。稳压二极管的这种特性在电子设备中有着广泛的应用。

2.元件伏安特性的测量方法

元件的伏安特性可用实验的方法来测定,通过在待测元件上施加电压,测量元件中的电流来获得,如图 6.2 所示。由于电压表与电流表均有一定的内阻,应学会分析电压表或者电流表内阻对测量数据的影响。

在图 6.2(a) 中,电流表内接法得到的 $R_x=\dfrac{u}{i}-R_A=R'_x-R_A$,其中,$u$、$i$ 分别为电压表和电流表的读数;R_A 为电流表内阻;R'_x 为测量得到的电阻值;R_x 为电阻真值。因此可以得到电流表内接法的方法误差为 $\gamma_A=\dfrac{R'_x-R_x}{R_x}=\dfrac{R_A}{R_x}\cdot100\%$。显然,当电流表内阻 R_A

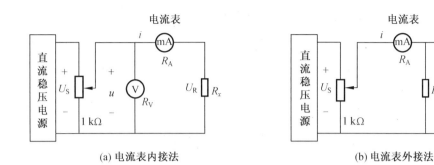

图 6.2   电阻元件的伏安特性测量方法示意图

满足 $R_A \ll R_x$ 时,误差 γ_A 才能足够小。因此,电流表内接法比较适合测量电阻值较大元件的伏安特性。

同理,对于电流表外接法,其方法误差为 $\gamma_V = \dfrac{R'_x - R_x}{R_x} = \dfrac{1}{1 + \dfrac{R_V}{R_x}} \cdot 100\%$,其中,$R_V$ 为

电压表内阻。当电压表内阻 R_V 满足 $R_V \gg R_x$ 时,误差 γ_V 才能足够小。因此,电流表外接法比较适合测量较小电阻的伏安特性。一般来说,电压表的内阻在数十 MΩ 级别,电流表内阻一般在 mΩ 级别,正确选择电流表和电压表接法,对获得准确的测量数据至关重要。

图 6.3 所示为半导体二极管的伏安特性测试电路图,由于二极管的正向压降较小,为了保护半导体二极管,或者说为了限制电路中的电流,需要增加保护电阻 R_1。

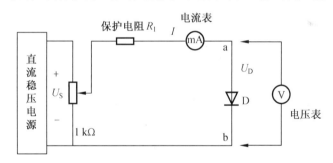

图 6.3   半导体二极管的伏安特性测量方法示意图

3. 关于电阻阻值、电压、电流、功率之间的关系分析

元件伏安特性测试实验属于自主设计实验,由学生根据实验要求自主选择电阻阻值进行实验,本实验中提供了 5 W、1 W 和 1/4 W 的三种电阻,故在实验时,需要慎重选择不同功率的阻值,并且在阻值、电压、电流和功率之间做好其关系分析,以免在电阻元件上加载过大的电压和电流,使其功率超过了额定功率,最终造成元件损毁。以下用电路实际说明此分析的重要性。

如图 6.4 所示,对 1 个 100 Ω、1/4 W 的电阻进行伏安特性分析,电流表采用外接法,实验中直流电源计划输出电压范围为 0 ~ 10 V,试分析该电路的可行性。

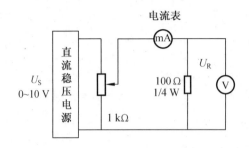

图 6.4   100 Ω,1/4 W 电阻的元件伏安特性分析电路

在图 6.4 中,主要考虑在 $U_S=10$ V 时,是否会对 100 Ω,1/4 W 电阻造成损坏。根据功率公式,$P=U^2/R=10^2/100=1$ (W),所以显然,如果在 100 Ω,1/4 W 电阻上加载 10 V 电压,由于超过了电阻的额定功率(1/4 W),将会烧毁电阻。那么,100 Ω,1/4 W 电阻两端最大能承受的电压是多少呢?根据公式,$U_{max}=(PR)^{1/2}=(1/4\times100)^{1/2}=5$ (V),即 U_S 的电压不超过 5 V 时,才能保证该电阻不会烧毁,5 V 时的电流 $I_{max}=5/100=50$ (mA)。

同理,对于二极管元件伏安特性测试电路中限流电阻的选择也应该遵循上述注意事项。

6.1.4   实验仪器与设备

1. 电路原理基础实验平台　　　　　　1 套
2. 数字万用表　　　　　　　　　　　1 台
3. 直流稳压电源　　　　　　　　　　1 台

6.1.5   实验内容与步骤

1. 测定线性电阻元件的伏安特性

(1) 自主选择某电阻 R_X,参考图 6.2,并且按照图 6.5 所示接线。

(2) 调节直流稳压电源的输出电压,使得电阻两端的电压值从 0 V 开始缓慢地增加,最大不得超过 $\sqrt{P\cdot R}$,或者电流不超过 $\sqrt{P/R}$,其中 P 为电阻额定功率,一般为 0.25 W,R 为电阻标称阻值。记下相应的电压表和电流表的读数,数据记入表 6.1。测试完成断开电源。

表 6.1   电阻元件伏安特性测试原始实验数据($R_x=$ _____)

电路电流 I/mA						
R_X 两端电压 U_R/V						$\sqrt{P\cdot R}$
测量的数值 $R=\dfrac{U_R}{I}$/Ω						

(3) 选做:从实验模块中选择其他 1 种电阻完成以上相同测试,并记录实验数据。

(4) 根据实验所测得的数据,在坐标平面上绘制出 R_x 电阻的伏安特性曲线。

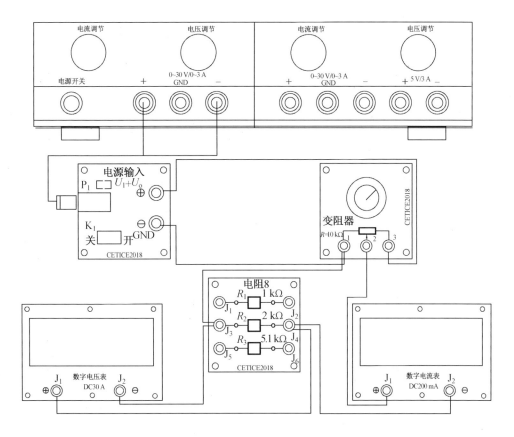

图 6.5　测定线性电阻元件的伏安特性实验电路接线图

2. 测定半导体二极管的伏安特性

参考图 6.3,并按图 6.6 接线,保护电阻(限流电阻)$R_1 = 100 + 100 = 200$ (Ω)(即两个 0.25 W、100 Ω 电阻串联即可得到 0.5 W 电阻,主要受电阻功率限制),二极管 D 的型号为 1N4148。测二极管 D 的正向特性时,其正向电流不得超过 35 mA,二极管 D 的正向压降 U_{D+} 可在 0 ~ 0.75 V 之间取值,特别 0.5 ~ 0.75 V 之间更应多取几个测量点以便于画图。测反向特性时,只需将图 6.3 中的二极管反接(即 a、b 点互调),且其反向电压可加至 24 V。数据分别记入表 6.2 和表 6.3。

表 6.2　测定半导体二极管的正向特性实验数据

U_D/V	0	0.20	0.40	0.45	0.50	0.55	0.60	0.65	0.70	0.75
I/mA										

注:$U_D = 0.75$ V 不一定测得到,实验中应以实际能测到的电压最大值为准。

表 6.3　测定半导体二极管的反向特性实验数据

U_D/V	0	-5	-10	-15	-20	-24
I/mA						

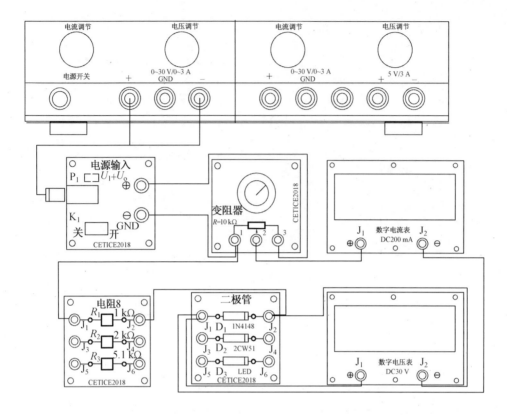

图 6.6　测定半导体二极管的伏安特性实验电路接线图

3. 测定稳压二极管的伏安特性

（1）正向特性实验。

将图6.6中的二极管1N4148换成稳压二极管1N4733（模块中标注为2CW51，稳压值为5.1 V），重复实验内容2中的正向测量。U_{z+} 为1N4733的正向施压，数据记入表6.4。

表 6.4　测定稳压二极管的正向特性实验数据

U_z/V	0	0.20	0.30	0.40	0.45	0.50	0.55	0.60	0.65	0.70	0.75
I/mA											

注：$U_z = 0.75$ V 不一定测得到，实验中应以实际能测到的电压最大值为准。

（2）反向特性实验。

将图6.3中的稳压二极管1N4733反接，测量1N4733的反向特性。稳压电源的输出电压U从0～20 V缓慢地增加，测量1N4733两端的反向施压U_{z-}及电流I，由U_{z-}可看出其稳压特性。数据记入表6.5。

表 6.5　测定稳压二极管的反向特性实验数据

U/V	0	1	2	3	4	5	8	10	12	18	20
U_{z-}/V											
I/mA											

6.1.6　实验注意事项

1. 仔细阅读相关章节的基础知识,对实验对象和实验设备有一定了解。

2. 实验时,电流表应串联在电路中,电压表应并联在被测元件上,极性勿接错。

3. 测量时,可调直流稳压电源的输出电压由 0 V 缓慢逐渐增加,应时刻注意电压表和电流表,不能超过规定值。

4. 测二极管特性时,必须串接限流电阻,且稳压电源输出应由 0 V 缓慢逐渐增加。输出端切勿碰线短路。

5. 测量中,随时注意电流表读数,及时更换电流表量程,勿使仪表超量程,注意仪表的正负极性。

6.1.7　实验报告要求

1. 根据各实验数据结果,分别在坐标纸上绘制出光滑的伏安特性曲线,其中二极管和稳压管的正、反向特性要求画在同一坐标中,正、反向电压可取不同比例尺。注意,画图时一定要在坐标中描点画图。

2. 根据线性电阻的伏安特性曲线,计算其电阻值,并与实际电阻值比较。

3. 对实验数据进行必要的误差分析。

4. 给出实验总结及体会。

6.2　基尔霍夫定律的研究

6.2.1　实验目的

1. 验证基尔霍夫定律的正确性,加深对基尔霍夫定律的理解。

2. 加深对电压、电流参考方向的理解。

3. 进一步掌握仪器仪表的使用方法。

6.2.2　实验预习与思考

1. 阅读教材中与本次实验相关的内容,结合实验原理部分给出的知识点,加强对基尔霍夫定律的理解。

2. 按照实验内容与步骤,提前使用 Multisim 或 TINA-TI 软件,对所选择进行硬件实验的电路进行仿真,测量出各个回路和节点的电流与电压,以便于实验过程中进行理论值和实际值的对比。将仿真实验电路和实验结果填入到预习报告中。

3. 按要求认真撰写预习报告。

4. 预习思考题。

(1) 是否可以用万用表的电流挡测电压? 会带来什么问题?

(2) 非线性电路中基尔霍夫定律是否成立? 说明理由。

(3) 用数字万用表测电压时,红黑表笔如何放置? 用数字万用表测电流时,红黑表笔如何放置?

(4) 实验过程中没有考虑直流稳压源的内阻,这么做是否可以? 说明理由。

6.2.3 实验原理

1.实际电压和电流方向、关联参考方向之间的关系

在电路理论中,参考方向是一个重要的概念。实验前,我们往往不知道电路中某个元件两端电压的真实极性或流过其电流的真实流向,只有预先假设一个方向,这方向就是参考方向。在测量或计算中,如果得出某一元件两端电压的极性或电流流向与参考方向相同,则把该电压值或电流值取为正,否则把该电压值或电流值取为负,以表示电压的极性或电流流向与参考方向相反。

(1) 实际电压、电流的方向。

电路工作时,电流从电源的正极(高电位)流出,经过负载回到电源的负极(低电位)。电流流经负载两端时,流入端为高电位,流出端为低电位。如果电源被作为负载充电时,电流从电源正极流入,从负极流出。

(2) 电压与电流的关联参考方向。

一般情况下,电流和电压的参考方向可以独立地任意指定。如图 6.7(a) 所示,假设电流的参考方向是从电压参考方向的正极指向负极,即满足两者的参考方向一致条件时,称电流和电压的参考方向为关联参考方向;否则称两者为非关联参考方向,如图 6.7(b) 所示。

(a) 关联参考方向   (b) 非关联参考方向

图 6.7　关联与非关联参考方向

(3) 电压表、电流表的正、负显示。

直流电压表并联在被测负载两端,若电压表显示正值(或未显示正、负符号,缺省),说明电表正端(红)接负载的高电位,电压表负端(黑)接负载的低电位。当直流电流表串联到被测负载线路中,若电流表显示正号(或未显示正、负符号),说明电流从电流表正端(红)流入,从电流表负端(黑)流出。

2.基尔霍夫定律

(1) 基尔霍夫电流定律(简称 KCL)。

在任一时刻,流入到电路任一节点的电流总和等于从该节点流出的电流总和,即在任一时刻,流入到电路任一节点的电流的代数和为零。如图 6.8 所示,电路中某一节点 N,共有五条支路与它相连,五个电流的参考方向如图所示,根据基尔霍夫定律就可写出

$$I_1 + I_2 + I_3 = I_4 + I_5 \tag{6.1}$$

如果把基尔霍夫定律写成一般形式就是 $\sum I = 0$。显然基尔霍夫电流定律与各支路上的元件无关,与线性或非线性电路无关,它是普遍适用的。

（2）基尔霍夫电压定律（简称 KVL）。

在任一时刻，沿闭合回路电压降的代数和为零。即 $\sum U = 0$。如图 6.9 所示，闭合回路中，电阻两端的电压参考极性如箭头所示，如果从节点 a 出发，顺时针方向绕行一周又回到 a 点，便可写出

$$U_1 + U_2 + U_3 - U_4 - U_5 = 0 \tag{6.2}$$

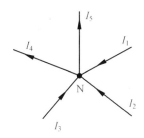
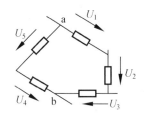

图 6.8　基尔霍夫电流定律示意图　　　图 6.9　基尔霍夫电压定律示意图

显然，基尔霍夫电压定律也和沿闭合回路上元件性质无关，与线性或非线性电路无关，它是普遍适用的。

3. 根据元件和仪器仪表的性能指标合理设计测试电路

在设计测试电路时，除了需要考虑电路需求外，还应该根据元件和仪器仪表的性能指标，合理设计电路。如图 6.10 所示，该电路是一个典型的基尔霍夫验证电路，按照其电路仿真后，会发现 $I_1 = 0$ A，即支路 DEFA 没有电流通过，这样的电路十分不利于基尔霍夫定律的验证，因此需要对电路进行改进，可以在符合功率条件下更换不同的电阻，得到新的电流值。

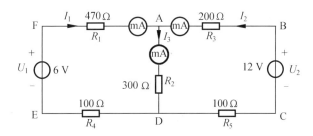

图 6.10　一个典型的基尔霍夫验证电路

另一方面需要注意的是，电流和电压的测量值应该在电流表和电压表的合理量程内，例如电流表的最小量程为 1 mA，那么电路中电流仅 1～2 mA 时，其测量误差是较大的，在分析时不利于原理的验证，应该将电路设计到电流表或电压表的中间量程中，例如可以设计为 10 mA 以上，这样电流表误差对原理分析的影响会更小。

6.2.4　实验仪器与设备

1. 电路原理基础实验平台　　　　　　　1 套

2. 数字万用表　　　　　　　　　　　　1 台

3. 直流稳压电源　　　　　　　　　　　1 台

6.2.5 实验内容与步骤

（1）自主设计基尔霍夫定律的实验电路,图6.11～6.14给出了4个参考电路,图6.11的参考接线图如图6.15所示。实验前先选定电路节点和支路,设定好各个支路的电流参考方向。

（2）将直流稳压电源分别接入电路中。

（3）将电流表分别接入支路中,记录电流值,此时注意电流表的极性应与电流的假设方向一致。

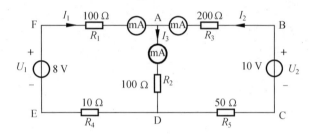

图 6.11　基尔霍夫定律实验线路 1

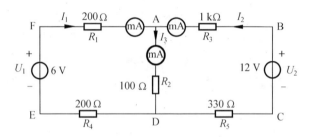

图 6.12　基尔霍夫定律实验线路 2

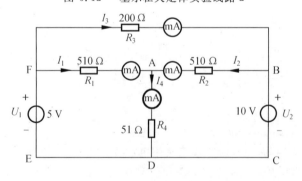

图 6.13　基尔霍夫定律实验线路 3

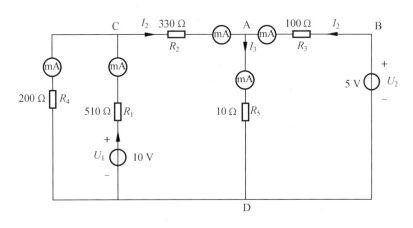

图 6.14 基尔霍夫定律实验线路 4

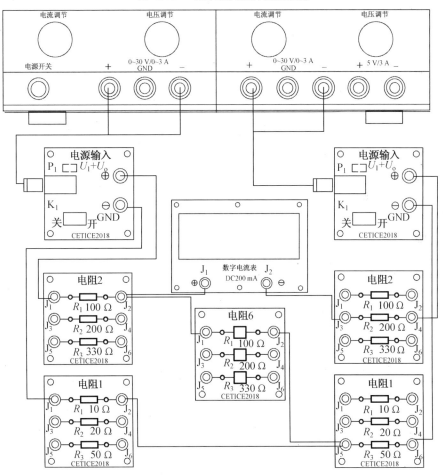

图 6.15 基尔霍夫定律实验电路 1 参考接线图

（4）用万用表分别测量两路电源及电阻元件上的电压值，并记录到表 6.6 中。

表6.6 基尔霍夫定律实验数据									mA、V
被测值									
计算值									
测量值									
相对误差									

（5）选做实验:将所设计回路中的某个电阻元件替换为二极管 1N4148,电路中其他参数不变,重复上述过程,验证 KVL 和 KCL 同样也适用于非线性电路,测量数据表格自拟。

6.2.6 实验注意事项

1.测量各支路时,应注意选定的参考方向及电流表的极性,正确记录测量结果的正、负值,注意仪表的量程转换。

2.直流稳压源在使用时注意不可短路,否则可能烧坏电源。

3.电路改接时,一定要关闭电源,不可带电操作。

4.电路中所有待测的电压值,均以万用表或数字电压表模块测量读数为准。直流稳压电源表盘指示仅仅作为显示仪表,不能作为测量仪表使用,并且其输出电压值以接负载后的测量值为准。

5.自主设计电路时,要合理选取电源电压和电阻的大小,避免出现过大和过小的电压与电流值。

6.2.7 实验报告要求

1.整理实验数据,绘制参考点不同的电位图,对照观察各对应两点间的电压情况。

2.根据实验数据,选定图 6.11～6.14 实验电路中的任一个节点,验证 KCL 的正确性。

3.根据实验数据,选定图 6.11～6.14 实验电路中任一闭合回路,验证 KVL 的正确性。

4.分析误差原因,并给出实验总结及体会。

6.3 叠加原理实验

6.3.1 实验目的

1.验证线性电路中叠加原理的正确性及其适用范围;加深对线性电路的叠加性和齐次性的认识和理解。

2.验证叠加定理不适用于非线性电路,也不适用于功率计算。

6.3.2 实验预习与思考

1.阅读教材中与本次实验相关的内容,结合实验原理部分给出的知识点,加强对叠加定理与齐次性定理的理解。

2.按照实验内容与步骤,提前使用 Multisim 或 TINA-TI 软件,对所选择进行硬件实验的电路进行仿真,测量出各个回路和节点的电流与电压,以便于实验过程中进行理论值和实际值的对比。将仿真实验电路和实验结果填入到预习报告中。

3.按要求认真撰写预习报告。

4.预习思考题。

(1)叠加原理中 U_1、U_2 分别单独作用,在实验中应如何操作? 可否直接将不作用的电源置零(短接)?

(2)实验电路中,若将一个电阻器改为二极管,试问叠加原理的叠加性与齐次性还成立吗? 为什么?

6.3.3　实验原理

线性电路最基本的性质,包括可加性和齐次性两个方面。叠加定理是可加性的反映,齐性定理是叠加定理的推广,只适用于线性系统,是分析线性电路的常用方法。

1.叠加定理

叠加定理是线性电路分析的基础。叠加定理指出:多个独立电源在某线性网络中共同作用时,它们在电路中任一支路产生的电流或在任意两点间所产生的电压降,等于这些电源分别单独作用时,在该部分所产生的电流或电压降的代数和,这一结论称为线性电路的叠加原理。

叠加的各支路中,当某独立源单独工作时,其他独立源应置零,即电压源"短路",电流源"开路"。电路中其他所有电阻不予变动,受控源则保留在各支路中。对各独立源单独作用产生的响应(电压或电流)求代数和时,若各支路电压或电流的参考方向与原电路方向一致,此项前取"+"号;若不一致,则取"−"号。如图 6.16 所示,有

$$I_1 = I_{11} + I_{12} \quad I_2 = I_{21} + I_{22} \quad I_3 = I_{31} + I_{32} \quad U_1 = U_{11} + U_{12} \tag{6.3}$$

其中,I_{21} 和 I_{12} 的实测值均是负值。

叠加定理只适用于电压或电流的叠加,功率不满足叠加性,这是因为功率是电压和电流的乘积,与激励不成线性关系。因此,计算功率时可先利用叠加定理求出总电压或总电流,然后再代入功率公式进行计算。

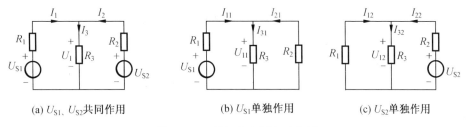

(a) U_{S1}、U_{S2} 共同作用　　　　(b) U_{S1} 单独作用　　　　(c) U_{S2} 单独作用

图 6.16　叠加定理原理示意图

2.齐次性定理

线性电路的齐次性(又称比例性)是叠加定理的推广,适用于任何线性电路。齐次定

理是指当激励信号(某独立源的值)增加或减小 K 倍时,电路的响应(即在电路其他各电阻元件上所产生的电流和电压值)也将增加或减小 K 倍。

6.3.4　实验仪器与设备

1.电路原理基础实验平台　　　　　　　　1 套
2.数字万用表　　　　　　　　　　　　　1 台
3.直流稳压电源　　　　　　　　　　　　1 台

6.3.5　实验内容与步骤

1.验证线性电路的叠加定理与齐次性

(1) 参考下列实验电路,自由选取阻值和电压值,设计并搭建叠加定理实验电路。

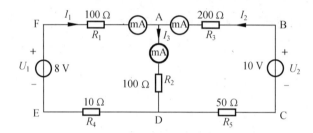

图 6.17　叠加定理实验线路 1

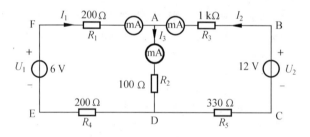

图 6.18　叠加定理实验线路 2

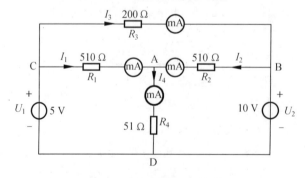

图 6.19　叠加定理实验线路 3

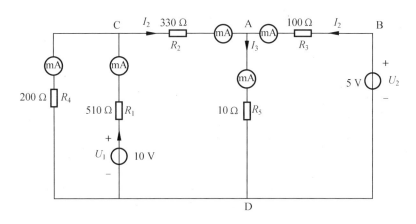

图 6.20　　叠加定理实验线路 4

（2）令电路中的 U_1 单独作用，用直流电流表和数字万用表测量各支路电流及各电阻元件两端电压，将数据记入表 6.7 中。

表 6.7　　叠加定理实验数据　　　　　　　　　　　　　　　　mA、V

被测值	U_1	U_2	I_1	I_2	I_3	U_{AB}	U_{AD}	U_{CD}	U_{DE}	U_{FA}	P_{R_1}/W
U_1 单独作用											
U_2 单独作用											
U_1+U_2 共同作用											
$0.5U_1+U_2$ 共同作用											

（3）令 U_2 单独作用，重复（2）中的测量，并记录。

（4）令 U_1 和 U_2 共同作用时，重复上述的测量并记录。

（5）取 U_1 或 U_2 为原来的 1/2，重复上述的测量并记录。

2．验证叠加定理与齐次性定理不适用于非线性电路

将所选电路中的某个电阻换成二极管 1N4148，重复上述实验内容，重新绘制表格，记录测试数据。

6.3.6　实验注意事项

1．测量各支路时，应注意选定的参考方向及电流表的极性，正确记录测量结果的正、负值，注意仪表的量程转换。

2．直流稳压源在使用时不可短路，否则可能使电源烧坏。

3．直流稳压源置零时，不得直接将其输出短路，应该断开输出后再在电路中进行短路。

4．电路改接时，一定要关闭电源，不可带电操作。

5．电路中所有待测的电压值，均以万用表或数字电压表模块测量读数为准。直流稳压电源表盘指示仅仅作为显示仪表，不能作为测量仪表使用，并且其输出电压值以接负载后的测量值为准。

6．自主设计电路时，要合理选取电源电压和电阻的大小，避免出现过大和过小的电压与电流值。

6.3.7　实验报告要求

1. 整理实验数据，验证线性电路的叠加性与齐次性。

2. 关于各电阻所消耗的功率能否用叠加定理直接计算得出，试用上述实验数据进行计算并给出结论。

3. 分析误差原因并给出实验总结及体会。

6.4　戴维南定理、诺顿定理与最大功率传输定理的研究

6.4.1　实验目的

1. 通过戴维南定理和诺顿定理的实验验证，加深对等效电路概念的理解。

2. 掌握测量有源二端网络等效参数的一般方法。

6.4.2　实验预习与思考

1. 阅读教材中与本次实验相关的内容，结合实验原理部分给出的知识点，加强对戴维南定理、诺顿定理的理解。

2. 按照实验内容与步骤，提前使用 Multisim 或 TINA-TI 软件，对所选择进行硬件实验的电路进行仿真，测量出各个回路和节点的电流与电压，以便于实验过程中进行理论值和实际值的对比。将仿真实验电路和实验结果填入到预习报告中。

3. 按要求认真撰写预习报告。

4. 预习思考题。

（1）电压源与电流源的外特性为什么呈下降变化趋势？稳压电源和恒流源的输出在任何负载下是否都保持恒定值？

（2）为什么采用外特性曲线来验证戴维南定理？能否在测量开路电压的同时测量短路电流？为什么？

（3）本实验中可否直接做负载短路实验？

（4）实际电压源内阻对端电压有何影响？

6.4.3　实验原理

1. 戴维南定理与诺顿定理

戴维南定理指出：任何一个线性含源二端口网络，总可用一个等效电压源串联一个等效电阻来代替，此电压源的电压值等于该含源单口网络的开路电压 U_{OC}，等效内阻 R_0 等于该网络中所有独立源均置零（电压源视为短路，电流源视为开路）时从端口所测得的电阻值，如图 6.21 所示。U_{OC} 和 R_0 称为含源单口网络的等效参数。

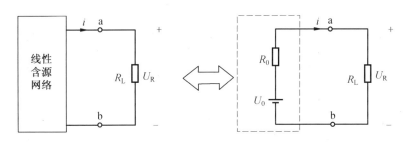

图 6.21　　线性含源网络戴维南定理等效图

诺顿定理与戴维南定理是互为对偶的定理,诺顿定理指出,任何一个线性有源二端网络的对外作用,总可以用一个电流源和一个电阻并联的等效电路来代替,如图 6.22 所示。该电源的电流等于有源线性二端网络的短路电流 I_{SC},其并联电阻等于该网络内部电源等于零时的等效内阻 R_0,其与戴维南定理的等效内阻 R_0 相同。

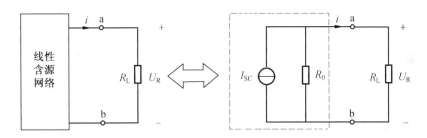

图 6.22　　线性含源网络诺顿定理等效图

戴维南定理和诺顿定理是最常用的电路简化方法。由于戴维南定理和诺顿定理是将有源二端网络等效为电源支路,因此统称为等效电源定理。所谓等效,是针对外电路而言的,即保证端口处的电压、电流不变,而对端口以内的电路并不等效。

戴维南定理和诺顿定理只适用于线性电路,也就是说,含源二端网络必须是线性电路。但是对二端网络以外的电路则没有限制,可以是线性电路,也可以是非线性电路。如果电路中含有受控源,求解含源二端网络的等效内阻时,不能将受控源当独立源看待,即其他独立源都置零时,受控源应保留在电路中。

2. 有源二端网络等效参数的测量方法

(1) 开路电压 U_{OC} 的测量。

① 电压表直接测量法。若含源线性二端网络的等效电阻远小于电压表内阻,则直接用电压表测量输出端的开路电压,或者也可选择高电阻电压表进行测量,但使用电压表直接测量往往会造成较大的误差。

② 零示法。为了消除电压表内阻的影响,可以采用零示法进行测量。零示法是用一个低电阻稳压电源与被测含源线性二端网络进行比较,如图 6.23 所示,当稳压电源的输出电压与二端网络的开路电压相等时,电压表的读数将为 0,此时断开电路,测量稳压电源的输出电压,该电压即为被测含源二端网络的开路电压。

(2) 短路电流 I_{SC} 的测量。

在含源二端口网络输出端直接串联一个电流表,即可直接测量出短路电流 I_{SC},当含源二端口网络的等效电阻值很低而短路电流很大时,则不宜直接对短路电流进行测量。

（3）等效内阻 R_0 的测量。

① 独立源置零法。独立源置零法又称为直接测量法,即将有源二端网络中所有独立源置零（电压源短路、电流源开路）,然后再用万用表欧姆挡测量二端网路的电阻即为 R_0。

② 开路电压、短路电流法。在含源线性二端网络输出端开路时,用电压表测量其开路电压

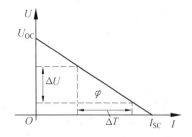

图 6.23 使用零示法测量开路电压 U_{OC}

U_{OC},然后将输出端短路,用电流表测其短路电流 I_{SC},则等效电阻 $R_0 = U_{OC}/I_{SC}$。

③ 伏安法。利用含源二端口网络外特性,用电压表、电流表测出 U_{OC} 和 I_{SC}。如图 6.21 所示,可知改变 R_L 可测得一组 U、I 数据,作出该网络外特性曲线,如图 6.24 所示,曲线纵坐标的截距就是开路电压 U_{OC},曲线横坐标的截距即短路电流 I_{SC},曲线斜率的绝对值即为等效电阻 R_0。即根据外特性曲线求出斜率 $\tan \varphi$,则等效电阻

$$R_0 = \tan \varphi = \frac{\Delta U}{\Delta I} = \frac{U_{OC}}{I_{SC}} \tag{6.4}$$

也可以先测量开路电压 U_{OC},再测量电流为额定值 I_N 时的输出端电压值 U_N,则内阻为

$$R_0 = \frac{U_{OC} - U_N}{I_N} \tag{6.5}$$

④ 半电压法。如图 6.25 所示,在二端口网络开路端接一个可变电阻 R_L,并测量其两端电压 U_L,U_L 满足以下公式:

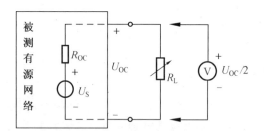

图 6.24 有源二端口网络外特性曲线　　图 6.25 半电压法测量等效参数方法

$$U_L = U_S \frac{R_L}{R_0 + R_L} \tag{6.6}$$

所以有

$$R_0 = \frac{U_S - U_L}{U_L} R_L \tag{6.7}$$

改变可变电阻 R_L 的阻值,当 $U_L = \frac{1}{2} U_{OC}$,即当负载电压为被测网络开路电压的一半时,负载电阻 R_L（由万用表测量）即为被测含源单口网络的等效电阻值。

3. 电路等效的验证方法

为了验证戴维南定理和诺顿定理的正确性,需要验证戴维南等效电路和诺顿等效电

路端口的伏安特性与被等效的含源单口网络的伏安特性关系是否完全一致。在理论分析中,这种关系可以通过求解电路,用数学分析式来表达;在硬件实验中,则需要分别测试在任意不同负载条件下的电压和电流值,所得多组数据拟合成 $U-I$ 平面上的一条曲线,这条曲线即反映了端口的伏安特性。如果等效电路所得 $U-I$ 平面上的曲线和原被测等效电路曲线是完全重合的,即说明它们的伏安特性是相同的,也就证明了它们是等效的。通过测试实验数据,得到拟合曲线,从而判断电路的性质和特点是电路分析实验中常用的方法。

4. 最大功率传输定理

一个有源线性二端网络,当所接负载不同时,该二端网络传输给负载的功率就不同。对于信号传送来讲,优先考虑的是负载如何从信号源获得最大功率,这种使负载获得最大功率的情况称为"匹配",匹配的概念广泛应用在高频、射频电路中。

根据戴维南定理,可将有源二端网络等效成理想电压源 U_{OC} 和一个电阻 R_0 串联的电路模型,如图 6.26 所示,当负载电阻 R_L 等于有源线性二端网络的等效电阻 R_0,即 $R_L=R_0$ 时,负载 R_L 可获得最大功率,最大功率为

$$P_{max}=\frac{U_{OC}^2}{4R_0} \tag{6.8}$$

此时电路的效率满足

$$\eta=\frac{P_{max}}{P}\times100\%=\frac{I^2R_L}{I^2(R_0+R_L)}\times100\%=50\% \tag{6.9}$$

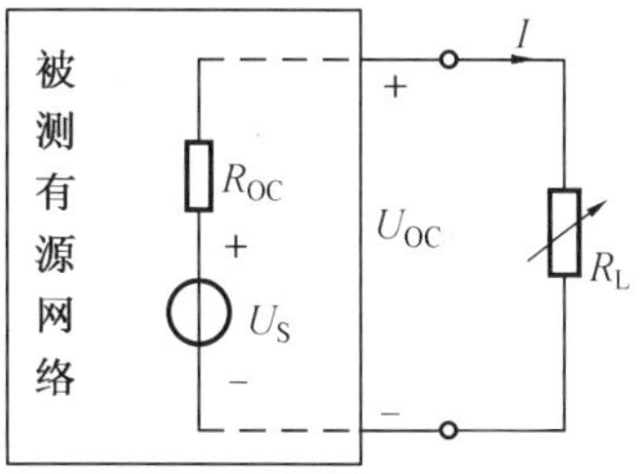

图 6.26　最大功率传输示意图

6.4.4　实验仪器与设备

1. 电路原理基础实验平台　　　　　　1 套
2. 数字万用表　　　　　　　　　　　1 台
3. 直流稳压电源　　　　　　　　　　1 台

6.4.5　实验内容与步骤

1. 测量有源二端网络的开路电压、短路电流和等效内阻

被测有源二端网络如图 6.27 所示,按图 6.27(a) 电路接入稳压电源 E_S 和恒流源 I_S,参考按线如图 6.28 所示,将测定的 U_{OC} 和 R_0 填入到表 6.8 中。

表 6.8　有源二端网络等效参数测量结果

参数	U_{OC}/V		I_{SC}/mA	R_0/Ω			
测量方法	电压表直接测量法	零示法	短路测量法	独立源置零法	开路电压、短路电流法	伏安法	半电压法
测量值							
理论值							

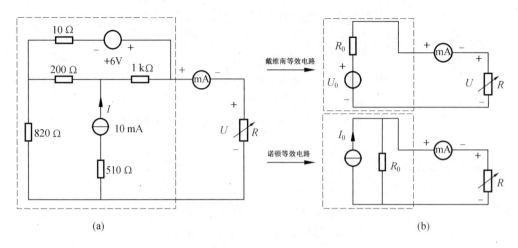

(a)　　　　　　　　　　　　　　　　(b)

图 6.27　被测有源二端网络电路原理图

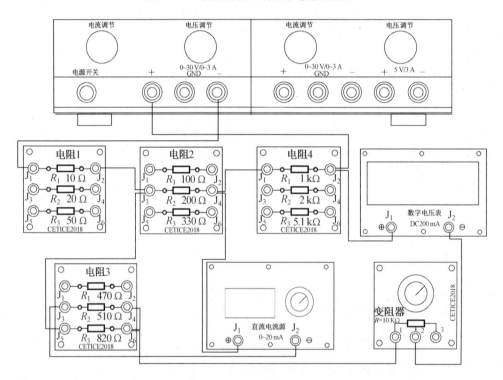

图 6.28　戴维南等效电路实验参考接线图

2.测量有源二端网络的外特性曲线

按图 6.27(a)改变 R_L 阻值,测量有源二端网络的外特性,将测试结果填入表 6.9。

表 6.9　测量有源二端网络的外特性数据

U/V	12.00	10.00	8.00	6.00	5.00	4.00	2.00
I/mA							

3. 测量戴维南等效电路的外特性曲线

按图 6.27(b) 改变 R_L 阻值,测量等效电路的外特性,将测试结果填入表 6.10。

表 6.10   测量戴维南等效电路的外特性数据

U/V	12.00	10.00	8.00	6.00	5.00	4.00	2.00
I/mA							

4. 测量诺顿等效电路的外特性曲线

按图 6.27(b) 改变 R_L 阻值,测量等效电路的外特性,将测试结果填入表 6.11。

表 6.11   测量诺顿等效电路的外特性数据

U/V	12.00	10.00	8.00	6.00	5.00	4.00	2.00
I/mA							

5. 最大功率传输定理验证实验

改变外接电阻 R_L 阻值,使得 $U_L = \frac{1}{2}U_{OC}$ 时,将此时的 $R_L = R_0$ 记入表 6.12 中 “$R_L =$” 空白处。再改变 R_L,测量出对应的 U_L 和 I 记入下列表格,并计算功率 P_L。

表 6.12   验证最大传输功率定理实验数据

R_L/Ω				$R_L =$			
测量值 I/mA							
U/V							
计算值 P_L/W							

6.4.6   实验注意事项

1. 自主设计电路时,先估计和确定设计电路等效参数的合理范围,尽量避免开路电压(短路电流)和等效电阻过大或过小的情况。

2. 电路连接完成后经检查无误才可开通电源,改接或拆线时应先断开电源。

3. 稳压电源的输出端切勿短路,恒流源两端不可开路。

4. 用万用表直接测量电路 R_0 时,网络内的独立源必须先置零,以免损坏万用表。

6.4.7   实验报告要求

1. 对各实验数据进行整理计算,分别绘制原电路和等效电路的伏安特性曲线,分析并验证戴维南定理和诺顿定理的正确性。

2. 根据实验数据和结果,在同一坐标上绘出 $I-R_L$、$U-R_L$ 等曲线,总结归纳获得最大负载功率的条件。

3.对用不同的测量方法所得含源二端口网络的数据进行比较和分析,说明各种方法的优缺点。

4.对本次实验进行归纳总结,写出实验收获和体会。

6.5 RLC 串联谐振电路的研究

6.5.1 实验目的

1.观察串联电路谐振现象,加深对其谐振条件和特点的理解。

2.掌握谐振电路谐振频率、带宽即电路品质因数 Q 的测量方法。

3.学会测试 RLC 串联谐振电路的幅频特性曲线,分析电路参数对电路谐振特性的影响。

4.掌握数字存储示波器和任意波形 / 函数发生器的使用方法。

6.5.2 实验预习与思考

1.阅读教材中与本次实验相关的内容,结合实验原理部分给出的知识点,加深对 RLC 串联谐振电路的理解。

2.掌握任意波形 / 函数发生器与数字存储示波器的基本使用方法。

3.按照实验内容与步骤,提前使用 Multisim 或 TINA-TI 软件,对所选择进行硬件实验的电路进行仿真,测量出谐振频率点,并绘制幅频特性曲线,以便于实验过程中进行理论值和实际值的对比。将仿真实验电路和实验结果填入到预习报告中。

4.按要求认真撰写预习报告。

5.预习思考题。

(1)在图 6.29 所示实验电路中,当发生谐振时,是否有 $U_R = U_i$,$U_C = U_L$? 若关系不成立,试分析原因。

(2)如何改变电路的参数以提高电路的品质因数?

(3)电路发生串联谐振时,为什么输入电压不能太大?

(4)电路中的 R 的数值是否影响谐振频率的值?

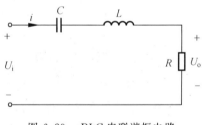

图 6.29　RLC 串联谐振电路

6.5.3 实验原理

一个含有电感 L 和电容 C 的一端口网络,当它的端口电压 u 和电流 i 同相时,称为电路达到了谐振状态。RLC 串联谐振电路即指该电路由 R、L 和 C 串联组成。

1. RLC 串联谐振电路的谐振特性

在图 6.29 所示的 RLC 串联电路中,当正弦交流信号的频率 f 改变时,电路中的感抗、容抗随之而变,电路中的电流也随 f 而变。取电阻两端电压 U_o 作为响应,则该电路的输出电压 U_o 与输入电压 U_i 之比为

$$\frac{\dot{U}_o}{\dot{U}_i} = \frac{R}{R + \mathrm{j}\left(\omega L - \dfrac{1}{\omega C}\right)} \tag{6.10}$$

$$\begin{cases} \dfrac{U_o}{U_i} = \dfrac{R}{\sqrt{R^2 + \left(\omega L - \dfrac{1}{\omega C}\right)^2}} \\[4mm] \varphi(\omega) = \arctan\dfrac{\omega L - \dfrac{1}{\omega C}}{R} \end{cases} \tag{6.11}$$

当输入电压 U_i 维持不变时,在不同信号频率 f 的激励下,测出电阻 R 两端电压 U_o 之值,然后以 f 为横坐标,以 U_o/U_i 为纵坐标(因 U_i 保持不变,故也可以直接以 U_o 为纵坐标),绘制出光滑的曲线,此即为幅频特性,亦称电压谐振曲线,如图 6.30(a) 所示。电路输出电压与输入电压的相位随 ω 变化的性质,即信号源与电阻 R 两端电压的相位差 $\varphi(\omega)$,称为该网络的相频特性,如图 6.30(b) 所示。

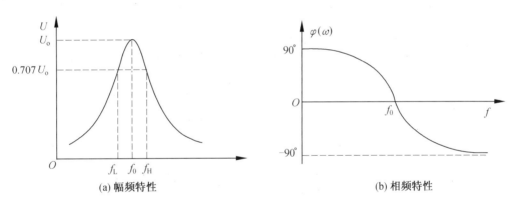

图 6.30　RLC 串联谐振电路的频率特性

2. 寻找谐振频率

在 $f = f_0 = 1/(2\pi\sqrt{LC})$ 处 $(X_L = X_C)$,即幅频特性曲线尖峰所在的频率点,称该频率为谐振频率,此时电路呈纯阻性,电路阻抗的模为最小,在输入电压 U_i 为定值时,电路中的电流 I 达到最大值,且与输入电压 U_i 同相位,从理论上讲,此时 $U_i = U_{R0} = U_o$,$U_{L0} = U_{C0} = QU_i$(式中的 Q 称为电路的品质因数)。

3. 电路品质因数 Q 值的两种测试方法

电路品质因数 Q 值的测试方法有两种:一是根据公式 $Q = U_{L0}/U_i = U_{C0}/U_i$ 测定,其中 U_{C0} 与 U_{L0} 分别为谐振时电容器 C 和电感线圈 L 上的电压。

方法二是通过测量谐振曲线的通频带宽度 $\mathrm{BW} = \Delta f = f_h - f_L$,再根据 $Q = f_0/(f_h -$

f_L）求出 Q 值，式中，f_0 为谐振频率；f_h 和 f_L 是失谐时幅度下降到最大值的 $1/\sqrt{2}$（≈ 0.707）倍时的上、下频率点。

Q 值越大，曲线越尖锐，通频带越窄，电路的选择性越好，在恒压源供电时，电路的品质因数、选择性与通频带只决定于电路本身的参数，而与信号源无关。

6.5.4 实验仪器与设备

1. 电路原理基础实验平台   1 套
2. 双踪示波器   1 台
3. 信号源 / 函数信号发生器   1 台

6.5.5 实验内容与步骤

（1）按图 6.31 和图 6.32 所示电路图接线，取 $R = 200\ \Omega$，调节信号源输出电压为 $U_{PP} = 1\ V$ 的正弦信号并在整个实验过程中保持不变（用示波器校准）。

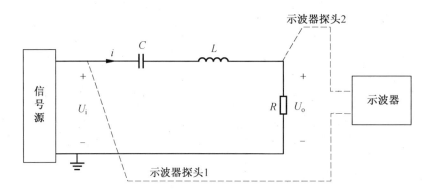

图 6.31   RLC 串联谐振实验电路图

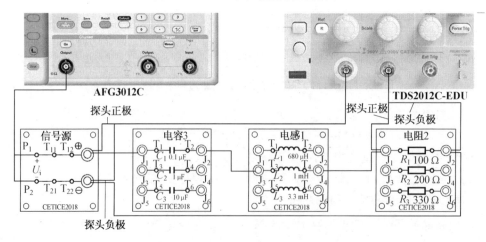

图 6.32   RLC 串联谐振实验电路参考接线图

（2）找出电路的谐振频率 f_0，其方法是将示波器跨接在电阻 R 两端，令信号源的频率由小逐渐变大,当 U_o 的读数为最大时,信号源上显示的频率值即为电路的谐振频率 f_0,测量 U_o 并记入表 6.13 中。

（3）测量谐振发生时的 U_{L0} 与 U_{C0} 之值,考虑到示波器和信号源共地问题,此时需要将被测量的元件（电感 L 或电容 C）与电阻 R 互换位置,如图 6.33 所示,将被测元件的一端与信号源、示波器三者共地,示波器测试端连接被测元件另一端,才可以实现 U_{L0} 与 U_{C0} 的测试,按照此方法测量 U_{L0} 与 U_{C0},记入表 6.13 中。

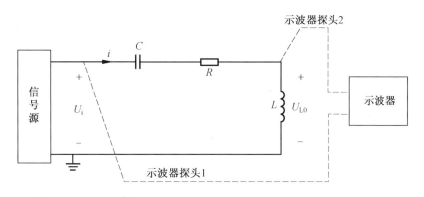

图 6.33　谐振发生时的 U_{L0} 测试电路图

表 6.13　RLC 串联谐振电路谐振频率点数据

R/Ω	f_0/kHz	U_o/V	U_{L0}/V	U_{C0}/V	$I_o(=U_o/R)/\mathrm{mA}$	$Q=U_{C0}/U_o$

（4）在谐振点两侧,选择不同的电阻值,先测出下限频率 f_L 和上限频率 f_h 及相对应的 U_o 值,然后再逐点测出不同频率下的 U_o 值,记入表 6.14 中。

表 6.14　RLC 串联谐振电路谐振曲线测试数据

R/Ω			f_L		f_0		f_H	
	f/kHz							
	U_o/V							
	f/kHz							
	U_o/V							

6.5.6　实验注意事项

1. 信号源的输出端不能短路。

2. 信号源的输出电压大小可能随频率改变而变化,因此在变换频率测试前,应调整信号输出幅度（用示波器监视输出幅度）,使其维持不变。

3. 电感线圈具有电阻,电路中的 R 包含了线圈的电阻。

4. 信号源的接地端和示波器的接地端必须连在一起（俗称共地）,以防外界干扰而影响测量数据的准确性,也防止信号被短路。被测量器件一端必须接地。

5.用示波器观察电感电压 U_L 或电容电压 U_C 时,应该将被测元件 L 或 C 与电阻 R 调换位置并接地,再做观测。或者也可以观测 U_i 和 $U_L + U_R$ 后,用示波器中两个波形相减 $\{U_i - (U_L + U_R) = U_C\}$ 的功能,得到第三个波形 U_C,如图 6.34 所示,注意此时总电压 U_i 与电容电压 U_C 之间的相位关系,观察电感电压 U_L 也可以用此方法。

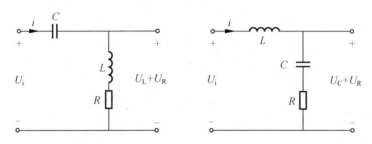

图 6.34　谐振发生时用示波器观察总电压与电感或电容的波形

6.5.7　实验报告要求

1.根据测量数据,分别绘出不同 Q 值时三条幅频特性曲线和相频特性曲线。

2.计算出通频带 BW 与品质因数 Q 值,说明不同 R 值对电路通频带与品质因数的影响。

3.对两种不同的测 Q 值的方法进行比较,分析误差原因。

4.谐振时,比较输出电压 U_o 与输入电压 U_i 是否相等,试分析原因。

5.根据本次实验,总结、归纳串联谐振电路的特性。

6.6　RC 一阶电路响应实验

6.6.1　实验目的

1.测定 RC 一阶电路的零输入响应、零状态响应及完全响应。

2.学习并掌握电路时间常数 τ 的测定方法,了解电路参数对时间常数的影响。

3.掌握有关微分电路和积分电路的概念,以及电路时间常数的选择方法。

4.进一步掌握数字存储示波器观测波形的方法。

6.6.2　实验预习与思考

1.阅读教材中与本次实验相关的内容,结合实验原理部分给出的知识点,加强对 RC 一阶电路的理解。

2.进一步掌握任意波形／函数发生器与数字存储示波器的基本使用方法。

3.按照实验内容与步骤,提前使用 Multisim 或 TINA-TI 软件,对所选择进行硬件实验的电路进行仿真,测量出时间常数 τ,以便于实验过程中进行理论值和实际值的对比。将仿真实验电路和实验结果填入到预习报告中。

4.结合理论知识,试举例说明 RC 一阶电路在实际工程中的应用。

5.按要求认真撰写预习报告。

6.预习思考题。

(1) 什么样的电信号可以作为 RC 一阶电路的零输入响应、零状态响应和全响应的激励信号?

(2) 已知 RC 一阶电路中 $R=10\ \text{k}\Omega$,$C=0.1\ \mu\text{F}$,试计算时间常数 τ,并根据 τ 值的物理意义,拟定测量 τ 值的可行方案。

(3) 什么是积分电路和微分电路? 它们必须具备什么条件? 它们在方波脉冲的激励下,输出信号波形的变化规律如何? 这两种电路有什么作用?

(4) 把方波信号转换成尖脉冲信号,可通过什么电路来完成? 对电路参数有什么要求? 把方波信号转换成三角波信号,可通过什么电路来完成? 对电路参数有什么要求?

(5) 为什么微分电路中不论 τ 怎么变化,其输出波形的峰—峰值总是输入波形峰—峰值的 2 倍?

6.6.3　实验原理

1.RC 电路暂态响应的观察

在如图 6.35 所示的 RC 电路中,开关 S 在位置"2"时电路已稳定,$U_C=0$。$t=0$ 时,开关 S 接至位置"1",电容开始充电,U_C 从 0(零状态)上升至 $U_C=E$ 时,暂态过程完毕。此阶段电容电压响应为零状态响应,电压波形如图 6.36 中曲线 ① 所示,其解析式为

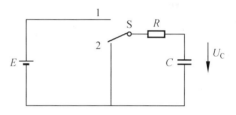

图 6.35　RC 电路暂态响应的观察

$$U_C(t) = E(1 - \mathrm{e}^{-\frac{t}{\tau}}) \tag{6.12}$$

式中,$\tau=RC$ 是电路的时间常数。

当开关 S 在位置"1"处电路处于稳定时,$U_C=E$。下一过程开关 S 接至"2",此时为零输入,电容开始放电,电容电压从 $U_C=E$ 下降至 $U_C=0$,暂态过程结束。此阶段电容电压的响应称零输入响应。电压波形如图 6.36 中曲线 ② 所示,其解析式为

$$U_C(t) = E\mathrm{e}^{-\frac{t}{\tau}} \tag{6.13}$$

利用周期方波电压(图 6.37(a)) 作为图 6.38 所示 RC 电路的激励电压 U_i,只要方波的周期足够长,使得在方波作用期间或在方波间歇期间内,电路的暂态过程基本结束(实际只需 $T/2 > 5\tau$ 即可满足此要求),就可实现对 RC 电路的零输入与零状态响应的观察,如图 6.37(b) 所示。因为在方波作用期间($0 \sim T/2$,$T \sim 3T/2$ 等)$U_i=E$,相当于图 6.35 中开关 S 接通"1",电容电压响应为零状态响应;在方波间歇期间($T/2 \sim T$,$3T/2 \sim 2T$ 等)$U_i=0$,相当于图 6.35 中开关 S 接通"2",电容电压响应为零输入响应。

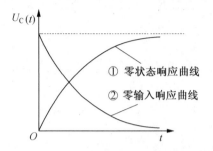

图 6.36   零状态响应及零输入响应曲线

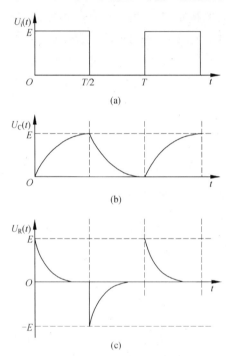

图 6.37   方波激励下 $U_C(t)$ 和 $U_R(t)$ 波形

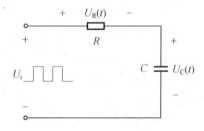

图 6.38   周期方波激励 RC 电路

2. 电路时间常数 τ 的测量

用示波器测得零输入响应的波形如图 6.39(a) 所示。根据一阶微分方程求解得

$$U_C(t) = Ee^{-\frac{t}{RC}} = Ee^{-\frac{t}{\tau}} \tag{6.14}$$

当 $t=\tau$ 时，$U_C(t)=0.368E$，即此时所对应的时间 t 就等于 τ。当然，τ 亦可以用零状态响应波形增长到 $0.632E$ 所对应的时间测得，如图 6.39(b) 所示。

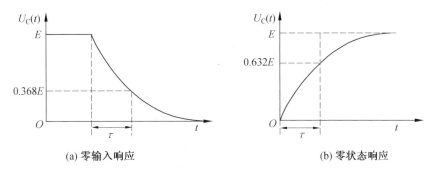

(a) 零输入响应　　　　　　　　　　　　(b) 零状态响应

图 6.39　零输入响应与零状态响应的波形

3. 微分电路与积分电路

微分电路与积分电路是电容充、放电现象的一种应用，其对电路元件参数的周期有特定要求。如图 6.40(a) 所示，一个简单的 RC 串联电路在方波序列脉冲 $U_i(t)$ 复激励下，当满足 $\tau=RC \ll t_p$（t_p 为方波脉冲的脉冲宽度），且由 R 两端的电压 $U_R(t)$ 作为响应输出时，$U_R(t) \approx RC\dfrac{\mathrm{d}U_R(t)}{\mathrm{d}t}$，可见，输出信号电压与输入信号电压的微分成正比，该电路称为 RC 微分电路。RC 微分电路必须满足的两个条件为：一是 $\tau=RC \ll t_p$（一般 $\tau < 0.2t_p$）；二是信号从电阻两端输出。此时，如果输入波形为方波，则输出波形为尖脉冲。对应于输入信号的正跳变，输出正的尖脉冲；对应于输入信号的负跳变，输出负的尖脉冲。脉冲的宽度取决于时间常数，脉冲的幅度与输入信号的幅度保持一致。

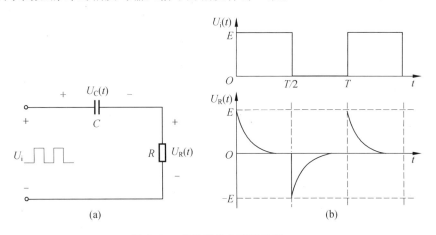

图 6.40　RC 微分电路及波形

将上图中的 R 与 C 位置调换一下，如图 6.41(a) 所示，以 C 两端的电压 $U_C(t)$ 作为响应输出，且当电路参数满足 $\tau=RC \gg t_p$，则该 RC 电路称为积分电路，此电路的输出电压与输入电压的积分成正比。利用积分电路可将方波转变成三角波，如图 6.41(b) 所示。时间常数 τ 越大，充、放电过程越缓慢，所得到的锯齿波电压的线性度越好。

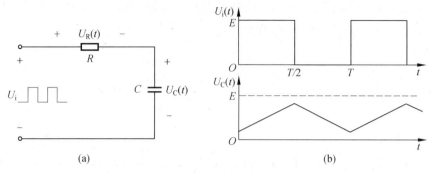

图 6.41　RC 积分电路及波形

6.6.4　实验仪器与设备

1. 电路原理基础实验平台　　　　　　　　1 套
2. 数字存储示波器　　　　　　　　　　　1 台
3. 任意波形 / 函数发生器　　　　　　　　1 台

6.6.5　实验内容及步骤

1. 观察 RC 电路的零输入响应和零状态响应

（1）从电阻和电容模块中自主选择 R、C 元件组成如图 6.42 所示的 RC 充放电电路，例如，$R = 10$ kΩ，$C = 6\ 800$ pF，$U_i(t)$ 为函数信号发生器输出，取 $U_{pp} = 1$ V、$f = 1$ kHz 的方波电压信号。通过示波器探头将激励源 $U_i(t)$ 和响应 $U_C(t)$ 的信号分别连至示波器的两个输入口 Ch1 和 Ch2，如图 6.43 所示，这时可在示波器的屏幕上观察到激励与响应的变化规律，请测出时间常数 τ，并用坐标纸按 1∶1 比例描绘 $U_i(t)$ 及 $U_C(t)$ 波形并记录时间、幅值，填入表 6.15 中。

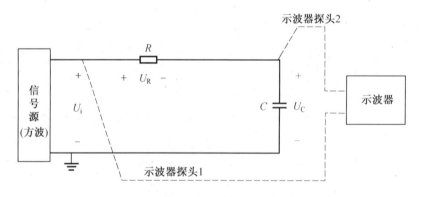

图 6.42　RC 一阶电路响应实验观察

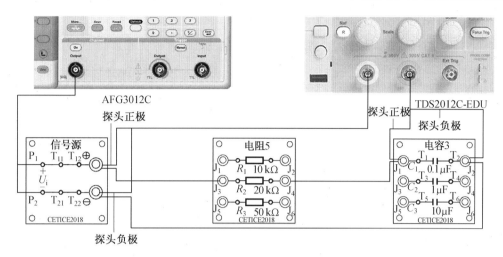

图 6.43　　RC 一阶电路响应实验参考接线图

表 6.15　观察 $U_C(t)$ 波形及测量时间常数 τ

R	C	τ 理论值	τ 实测值	$U_C(t)$ 波形

（2）通过改变电容值 C 或电阻值 R，定性观察时间常数 τ 对电路暂态过程的影响，然后记录观察的现象。

2.微分电路与积分电路

（1）积分电路。

从电阻和电容模块中自主选择 R、C 元件组成如图 6.42 所示的 RC 充放电电路，例如 $R=10$ kΩ，$C=0.1$ μF，用示波器观察激励源 $U_i(t)$ 及电路响应 $U_C(t)$ 的变化规律，并记入表 6.16。

（2）微分电路。

将实验电路中的 R、C 对调，从电阻和电容模块中自主选择 R、C 元件，例如 $R=100$ Ω，$C=0.01$ μF，用示波器观察激励源 $U_i(t)$ 及电路响应 $U_C(t)$ 的变化规律，并记入表 6.16。

表 6.16　观察积分电路波形及微分电路波形

电路类型	R	C	$U_C(t)$ 波形
积分电路			
微分电路			

6.6.6　实验注意事项

1.认真阅读电路原理与说明，熟悉 RC 一阶电路响应的有关概念。

2.信号源的接地端与示波器的接地端需连在一起，以防外界干扰而影响测量结果的正确性。

3.调节电子仪器各旋钮时,动作不要过快、过猛。实验前,需熟读本教程中有关数字存储示波器的使用说明,了解示波器的按键、旋钮的功能和操作方式。

4.选择任意波形／函数发生器的不同占空比对输出波形有影响。

5.做完实验后,要先断开信号源后才能拆除其他接线端,不可在通电情况下拆除 RC 电路。

6.6.7 实验报告要求

1.根据实验观测结果,绘出 RC 一阶电路充放电时 $U_c(t)$ 的变化曲线,由曲线测得 τ 值,并与参数值的计算结果做比较,分析产生误差的原因。

2.根据实验结果,绘出积分电路和微分电路的曲线,并归纳、总结积分电路和微分电路形成的条件,阐明波形变换的特征。

3.给出实验总结及体会。

第 7 章

Multisim 软件概述

Multisim 是美国国家仪器(National Instruments,NI) 推出的以 Windows 为基础的专门用于电子电路仿真与设计的 EDA 工具软件,适用于板级的模拟 / 数字电路的设计工作。它包含了电路原理图的图形输入、电路硬件描述语言输入方式,具有丰富的仿真分析能力。

Multisim 计算机仿真与虚拟仪器技术可以很好地解决理论教学与实际动手实验相脱节的问题,学生可以很方便地把刚刚学到的理论知识用计算机仿真真实地再现出来,并且可以用虚拟仪器技术创造出真正属于自己的仪表,NI Multisim 软件是电路教学的首选软件工具。

工程师们可以使用 Multisim 交互式地搭建电路原理图,并对电路进行仿真。Multisim 提炼了 SPICE 仿真的复杂内容,这样工程师无须懂得深入的 SPICE 技术就可以很快地进行捕获、仿真和分析新的设计,这也使其更适合电路教育。通过 Multisim 和虚拟仪器技术,PCB 设计工程师和电子学教育工作者可以完成从理论到原理图捕获与仿真,再到原型设计和测试这样一个完整的综合设计流程。

Multisim 前身是加拿大图像交互技术公司 Interactive Image Technology(IIT 公司)推出的 EWB(Electrical Wordbench) 仿真软件,经历了 EWB 4.0、EWB 5.0 和 EWB 6.0,其后 IIT 公司在 EWB 6.0 的基础上进行了较大改动,升级为 Multisim,即 Multisim 2001,随后又有 Multisim 7.0、Multisim 8.0。2005 年,NI 公司收购了 IIT,Multisim 经过改版后,功能更加强大,不仅拥有大容量的元器件库、强大的仿真分析能力、多用途的虚拟仪器仪表,还与虚拟仪器软件完美结合,提高了模拟及测试性能。目前 Multisim 的最新版本为 Multisim 14.1,具有如下特点:

1. 直观的图形界面

整个操作界面就像一个电子实验工作台,绘制电路所需的元器件和仿真所需的测试仪器均可直接拖放到屏幕上,轻点鼠标可用导线将它们连接起来,软件仪器的控制面板和操作方式都与实物相似,测量数据、波形和特性曲线如同在真实仪器上看到的。

2. 丰富的元器件

Multisim 软件提供了世界主流元器件提供商的超过 17 000 多种元器件,同时能方便地对元件各种参数进行编辑修改,能利用模型生成器以及代码模式创建模型等功能,创建自己的个性化元器件。

3. 强大的仿真能力

以 SPICE 和 Xspice 的内核作为仿真的引擎,通过 Electronic Workbench 带有的增强设计功能将数字和混合模式的仿真性能进行优化,包括 SPICE 仿真、RF 仿真、MCU 仿真、VHDL 仿真、电路向导等功能。

4. 丰富的测试仪器

提供了 22 种虚拟仪器进行电路参数的测量,这些仪器的设置和使用与真实的仪器一样,动态交互显示。除了 Multisim 提供的默认仪器外,还可以创建 LabVIEW 的自定义仪器,使得图形环境中可以灵活地升级为测试、测量及控制应用程序的仪器。

5. 完备的分析手段

Multisim 提供了许多分析功能,它们利用仿真产生的数据执行分析,分析范围很广,从基本的到极端的再到不常见的都有,并可以将一个分析作为另一个分析的一部分自动执行。集成 LabVIEW 和 Signal express 快速进行原型开发和测试设计,具有符合行业标准的交互式测量和分析功能。

6. 独特的射频(RF) 模块

提供基本射频电路的设计、分析和仿真。射频模块由 RF — specific(射频特殊元件,包括自定义的 RF SPICE 模型)、用于创建用户自定义的 RF 模型的模型生成器、两个 RF —specific 仪器(Spectrum Analyzer 频谱分析仪和 Network Analyzer 网络分析仪)、一些 RF — specific 分析(电路特性、匹配网络单元、噪声系数) 等组成。

7. 强大的 MCU 模块

支持多种类型的单片机芯片,支持对外部 RAM、外部 ROM、键盘和 LCD 等外围设备的仿真,分别对多种类型芯片提供汇编和编译支持;所建项目支持 C 代码、汇编代码以及 16 进制代码,并兼容第三方工具源代码。包含设置断点、单步运行、查看和编辑内部 RAM、特殊功能寄存器等高级调试功能。

8. 完善的后处理

对分析结果进行的数学运算操作类型包括算术运算、三角运算、指数运算、对数运算、复合运算、向量运算和逻辑运算等。

9. 详细的报告

能够输出材料清单、元器件详细报告、网络报表、原理图统计报告、多余门电路报告、模型数据报告、交叉报表 7 种报告。

10. 兼容性好的信息转换

提供了转换原理图和仿真数据到其他程序的方法,可以输出原理图到 PCB 布线(如 Ultiboard、OrCAD、PADS Layout2005、P — CAD 和 Protel);输出仿真结果到 Math CAD、Excel 或 LabVIEW;输出网络表文件;提供 Internet Design Sharing(互联网共享文件)。

7.1 主界面与菜单

Multisim 最突出特点之一是用户界面友好,它可以使电路设计者方便、快捷地使用元器件和仪器、仪表进行电路设计和仿真。在该环境中可以精确地进行电路分析,深入理解电子电路的原理,同时还可以大胆地设计电路,而不必担心损坏实验设备。

启动 NI Multisim 14.1,打开如图 7.1 所示 Multisim 14.1 初始化界面,完成初始化后,便可进入主窗口,如图 7.2 所示。

图 7.1　Multisim 14.1 初始化界面

Multisim 14.1 的主窗口类似于 Windows 的界面风格,主要包括标题栏、菜单栏、工具栏、工作区域、电子表格视图(信息窗口)、状态栏及项目管理器 7 个部分。下面简单介绍该编辑环境的主要组成部分。

(1)标题栏。显示当前打开软件的名称及当前文件的路径、名称。

(2)菜单栏。与标准 Windows 应用软件一样,Multisim 采用的是标准的下拉式菜单。

(3)工具栏。在工具栏中收集了一些常用功能,并将它们图标化以方便用户操作使用。

(4)项目管理器。在工作区域左侧显示的窗口统称为"项目管理器",此窗口只显示"设计工具箱",可根据需要打开和关闭,显示工程项目的层次结构。

(5)工作区域。用于原理图绘制、编辑的区域。

(6)信息窗口。在工作区域下方显示的窗口,也可称为"电子表格视图",在该窗口中可实时显示文件运行阶段消息。

(7)状态栏。在进行各种操作时状态栏都会实时显示一些相关的信息,所以在设计过程中应及时查看状态栏。

在上述图形界面中,除标题栏和菜单栏外,其余各部分可根据需要进行打开或关闭。

标题栏　工作区域　菜单栏　工具栏

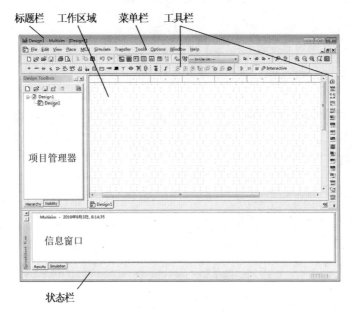

图 7.2　Multisim 14.1 主窗口

7.1.1　菜单栏 Menu Toolbar

Multisim 14.1 的菜单栏包含 12 个主菜单,分类如图 7.3 所示,每个主菜单下都有一系列功能命令,用户可以根据需要在相应的菜单下寻找所需功能命令。下面我们对各菜单项功能进行简单介绍,Multisim 软件的所有功能命令均能在菜单栏中找到。

图 7.3　Multisim 14.1 的 12 个主菜单

1. 文件(File) 菜单

文件(File)菜单主要用于管理 Multisim 软件所创建的电路文件,如对文件进行打开、保存、关闭和打印、预览等操作,如图 7.4 所示。文件菜单中的主要命令及功能如下:

• New:新建一个文件。该选项支持 3 种新建文件方式,Blank and recent、Installed templates 和 My templates,其中 Installed templates 包括 NI 9683 GPIC、NI ELVIS Ⅱ＋、NI myDAQ、NI myRIO Dual MXP、NI myRIO Single MXP、NI sbRIO－9505－9506、NI sbRIO－9623－9626 等 7 种模板。

• Open:打开设计文件。如图 7.5 所示,Multisim 14.1 所支持的文件包括 ＊.ms14、＊.xml、＊.oecl 等格式文件。

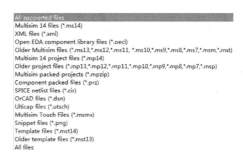

图 7.4　文件(File)菜单选项　　　图 7.5　Multisim 14.1 所支持的文件格式

• Open samples：打开 Multisim 14.1 软件自带的电路设计实例。

• Close：关闭当前电路工作区内的文件。

• Close all：关闭电路工作区内的所有文件。

• Save：将当前电路工作区的文件以 *.ms14 的格式保存。

• Save as：将当前电路工作区的文件以 *.ms14 的格式另存。

• Save all：保存电路工作区内的所有文件。

• Export template：将当前文件作为模板保存。选择该选项后将出现如图 7.6 所示对话框，可以根据需要的模板附加文件 Hierarchical blocks、MCU projects and associated files 和 Ultiboard file。输出保存的模板在后续新建文件时，可以通过菜单栏 New 选项的 My templates 新建文件方式导入到新设计中。

• Snippets：对设计文件中的部分或全部电路存储为.png 图片格式文件，方便进行论坛、邮件分享。该选项包括 4 个子选项，如图 7.6 所示，Save selection as snippet，Save active design as snippet，Paste snippet 和 Open snippet file，分别为将所选部分电路保存为片断、将当前设计保存为片断、粘贴片断和打开片断文件。

Snippets 功能所存储的.png 文件中包括电路图中的符号、模型、封装和网络等信息。当使用画图等图形编辑软件打开 Multisim Snippets.png 文件时，在图形上方将显示两种不同的标签，用于表示不同的电路类型。使用 Snippets 功能时需注意，如果用图形编辑软件去处理 Snippets.png 文件，其文件中包含的电路信息将丢失，无法再导入到 Multisim 中进行操作。

图 7.6　Export template 选项对话框和 Snippets 菜单子选项

表 7.1　Multisim14.1 **存储文件区别**

标签	功能
 14.1	Multisim Snippets 文件，14.1 表示 Multisim 版本号，该标签表示该 Snippets 文件为一个完整的 Multisim 设计文件
14.1	Multisim Snippets 文件，14.1 表示 Multisim 版本号，该标签表示该 Snippets 文件为部分 Multisim 设计文件

• Projects and packing：工程项目相关操作命令，该选项包括 8 个子选项，如图 7.7 所示，New project、Open project、Save project 和 Close project 命令分别为对工程项目文件进行创建、打开、保存和关闭，Pack project、Unpack project 和 Upgrade project 命令分别表示对工程项目文件进行打包、解包和更新，Version control 用于控制工程的版本。一个完整的工程包括原理图、PCB 文件、仿真文件、工程文件和报告文件几部分。

• Print：打印当前电路原理图。

• Print options：打印选项内包括 2 个子选项，其中 Print Sheet Setup 为打印电路设置选项，Print Instruments 打印当前工作区内仪表波形图选项。

• Recent files：最近打开的电路文件。

• Recent projects：最近打开的工程文件。

• Exit：退出软件。

图 7.7　Projects and packing 菜单子选项

2.编辑(Edit) 菜单

编辑(Edit)菜单主要用于电路绘制过程中对电路和元器件进行编辑操作。如图 7.8 所示，编辑菜单中的剪切、粘贴等常用操作与常用软件基本相同，故不再赘述。以下主要介绍编辑菜单中 Multisim 特有的菜单选项。

• Undo：取消最近一次操作。

• Redo：恢复最近一次操作。

• Cut：剪切所选择的电路或元器件。

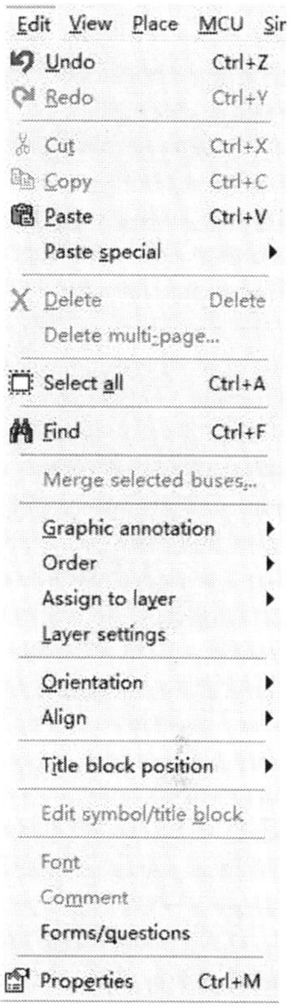

• Copy：复制所选择的电路或元器件。

• Paste：将剪贴板中的电路或元器件粘贴到指定的位置。

• Paste special：对剪贴板中的电路进行选择性粘贴，该选项包括 2 个子选项，Paste as Subcircuit 表示将剪贴板中的已选电路粘贴成子电路形式；Paste without renaming on-page connectors 用于对子电路进行层次化编辑，完成对子电路的嵌套。

• Delete：删除所选择的电路或元器件。

• Delete multi-page：从多页电路文件中删除指定页，注意本操作无法撤销。

• Select all：选择当前电路图中所有电路，包括元器件、导线和仪器仪表等。

• Find：搜索当前工作区内的元件，选择该项后可弹出如图 7.9 所示对话框，其中包括要寻找元件的名称、类型以及寻找的范围等。

• Merge selected buses：对电路中选定的总线进行合并。

• Graphic annotation：图形注释选项，包括填充颜色、样式，画笔颜色、样式和箭头类型等。

图 7.8　编辑（Edit）菜单选项

• Order：已选图形的叠放层次，包括置于顶层（Bring to front）和置于底层（Send to back）2 个子选项。

• Assign to layer：将已选的项目（如 ERC 错误标志、静态探针、注释和文本、图形）设置到注释层。

• Layer setting：设置可显示层级的对话框，Multisim 14.1 支持 15 个不同的层，其对话框形式如图 7.10 所示。

• Orientation：设置元器件和仪器仪表的旋转方向，包括 Flip vertically（上下旋转）、Flip horizontally（左右旋转）、Rotate 90° clockwise（顺时针旋转 90°）和 Rotate 90° counter clockwise（逆时针旋转 90°）4 个子选项。

• Align：设置元器件的对齐方式，包括左对齐（Align left）、右对齐（Align right）、垂直中心对齐（Align centers vertically）、下对齐（Align bottom）、上对齐（Align top）、水平中心对齐（Align centers horizontally）6 个子选项。

• Title block position：设置标题框的位置，包括底部右边（Bottom right）、底部左边（Bottom left）、顶部右边（Top right）、顶部左边（Top left）4 个子选项。

• Edit symbol/title block：对已选元件的图形符号或工作区内的标题框进行编辑。在工作区内选择一个元件，选择该项命令，编辑元件符号，则弹出图 7.11 所示的"元件编辑"窗口，在这个窗口中可对元件各引脚端的线型、线长等参数进行编辑，还可自行添加文字和线条等；选择工作区内的标题框，选择该项命令，则弹出"标题框编辑"窗口，可对选中的文字、边框或位图等进行编辑。

图 7.9　Find 选项对话框　　　　图 7.10　可显示层级设置对话框

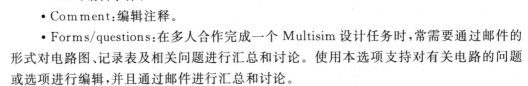

• Font:编辑字体。

• Comment:编辑注释。

• Forms/questions:在多人合作完成一个 Multisim 设计任务时,常需要通过邮件的形式对电路图、记录表及相关问题进行汇总和讨论。使用本选项支持对有关电路的问题或选项进行编辑,并且通过邮件进行汇总和讨论。

• Properties:电路元件或页面属性设置选项。当选中电路中的一个元件后,此选项可对该元件的参数值、标识符等信息进行编辑。当未选中任何电路元件时,此选项可对电路图页面属性进行编辑,包括电路图视图、颜色、工作区、布线、字体、PCB、显示层次等信息进行编辑,相关对话框如图 7.12 所示。

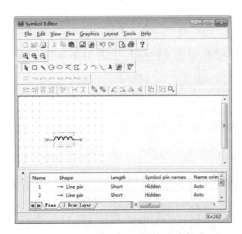

图 7.11　电感元件图形符号编辑窗口

图 7.12　电路图页面属性设置对话框

3. 视图(View) 菜单

视图(View) 菜单提供了对电路窗口的显示控制,同时提供了对整个 Multisim 界面各个工具栏的显示控制。如图 7.13 所示。用户可以通过 Toolbar 对主界面中的各种工具栏进行定制,其主要命令和功能介绍如下:

- Full screen:将电路图全屏显示。
- Parent sheet:切换到总电路,本选项主要针对用户正在编辑多个子电路或分层模块时需要快速切换到总电路的情况。
- Zoom in:原理图放大。
- Zoom out:原理图缩小。
- Zoom area:对所选区域放大。
- Zoom sheet:显示完整原理图页面。
- Zoom to magnification:按指定比例放大,该选项内支持 50％、75％、100％ 和 200％ 固定比例放大和用户自己设置放大比例两种。
- Zoom selection:对所选电路放大。
- Grid:显示 / 隐藏栅格。
- Border:显示 / 隐藏电路边框。
- Print page bounds:显示 / 隐藏图纸边框。
- Ruler bars:显示 / 隐藏标尺。
- Status bar:显示 / 隐藏状态栏。
- Design Toolbox:显示 / 隐藏设计工具箱。
- Spreadsheet View:显示 / 隐藏电子表格视窗。
- SPICE Netlist Viewer:显示 / 隐藏 SPICE 网表查看器。
- LabVIEW Co-simulation Terminals:显示 / 隐藏 LabVIEW 协同仿真终端。
- Circuit Parameters:显示 / 隐藏电路参数表。
- Description Box:显示 / 隐藏电路描述框。
- Toolbars:定制工具栏。本选项包括 26 个子菜单,如图 7.14 所示,定制工具栏涵盖了几乎所有界面快捷工具,用户可以根据需要定制常用快捷工具界面。

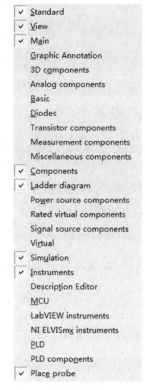

图 7.13　视图(View)菜单选项　　　　图 7.14　定制工具栏子菜单

• Show comment/probe：显示／隐藏注释或探针。

• Grapher：显示／隐藏仪器图形显示器。打开仪器图形显示的界面如图 7.15 所示，该功能将电路图中所有仪器的测试界面均显示出来，例如图中分别显示了 Design1 电路图中所包含的示波器 XSC1 和四通道示波器 XSC2 的测试波形。在此图形显示器中可以进行一系列参数测量工作。

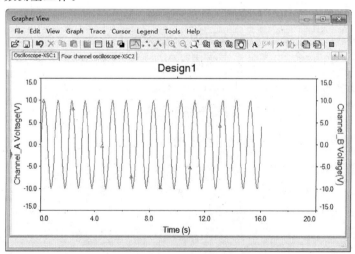

图 7.15　Grapher 仪器图形显示器界面

4. 放置(Place) 菜单

放置(Place) 菜单是 Multisim 软件中的重要菜单,用于在电路工作窗口放置元器件、连接点、总线和子电路等,如图 7.16 所示,该菜单的主要命令和功能包括:

• Component:放置元器件。本选项是放置(Place) 菜单的核心选项,提供放置电路图所需元器件功能,本选项的对话框如图 7.17 所示,涵盖 Multisim 软件所有支持的元器件。

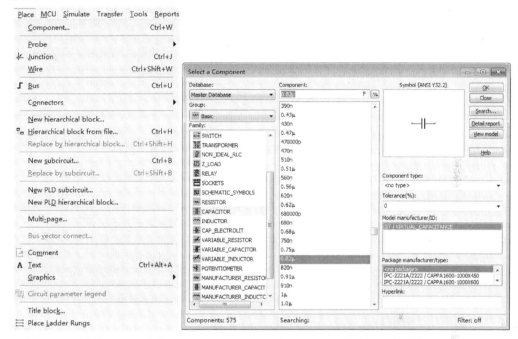

图 7.16　放置(Place) 菜单　　　　　图 7.17　　放置元器件对话框

• Probe:放置探针。本选项支持 7 种探针类型:电压(Voltage)、电流(Current)、功率(Power)、差分电压(Differential voltage)、电压和电流(Voltage and Current)、电压参考(Voltage reference) 和数字(Digital),如图 7.18 所示。

• Junction:放置节点。

• Wire:放置导线。

• Bus:放置总线。

• Connectors:放置输入 / 输出端口连接器。如图 7.19 所示,本选项支持 9 种不同类型的接口连接器:页面连接器(On-page connector)、全局连接器(Global connector)、层次电路或子电路连接器(Hierarchical connector)、输入连接器(Input connector)、输出连接器(Output connector)、总线层电路连接器(Bus hierarchical connector)、平行页连接器(Off-page connector)、总线平行页连接器(Bus off-page connector) 和 LabVIEW 协同仿真终端(LabVIEW co-simulation terminals),其中 LabVIEW 协同仿真终端选项包括电压输入、输出终端和电流输入终端三类。

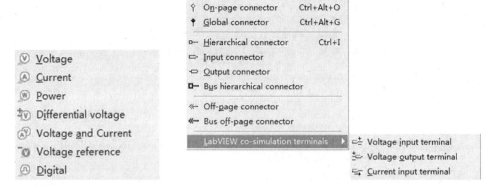

图 7.18　探针(Probe) 类型选项　　　　图 7.19　Connectors 类型选项

• New hierarchical block:放置层次模块,该选项支持导入 *.ms14 的电路图文件作为单独模块放置到新电路图中。

• Hierarchical block from file:从文件中获取层次模块,该选项支持导入 *.ms14 以及低版本 Multisim 设计文件作为单独模块放置到新电路图中。

• Replace by hierarchical block:将已选电路用一个层次模块替换。

• New subcircuit:创建新的子电路。

• Replace by subcircuit:将已选电路用一个子电路替换。

• New PLD subcircuit:新建可编程逻辑器件子电路。

• New PLD hierarchical block:新建可编程逻辑器件层次模块。

• Multi-page:生成多层电路。

• Bus vector connect:总线矢量连接。

• Comment:放置注释。

• Text:放置文字。

• Graphics:放置图形。

• Circuit parameter legend:放置电路参数图例。

• Title block:放置工程标题栏,可以从软件自带的标题模板中选择一种进行修改使用。

5.微控制器(MCU) 菜单

MCU 菜单用于包含微处理器的电路设计,提供 MCU 编译和程序调试等功能。软件支持8051、8052 和 PIC 型单片机,以及常用的 RAM 和 ROM 处理器。本菜单的编译和程序调试等功能与 Keil 等编译调试软件功能类似,在此不再赘述。MCU 菜单选项如图 7.20 所示。

6.仿真(Simulate) 菜单

仿真(Simulate) 菜单除提供对仿真过程的控制命令外,还提供进行电路仿真所必需的仿真参数设置、仪器仪表选择、仿真分析方法选择等重要的功能,如图 7.21 所示。主要命令及功能如下:

• Run:开始仿真。

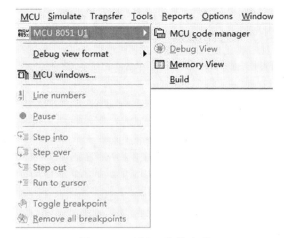

图 7.20 MCU 菜单选项

图 7.21 仿真(Simulate)菜单

· Pause:暂停仿真。

· Stop:停止仿真。

· Analyses and simulation:分析与仿真功能。本选项的对话框如图7.22所示,支持 20 种类型的分析与仿真功能。

· Instruments:选择仿真用仪器仪表。如图 7.23 所示,本选项下包括 21 种仪器仪表,几乎涵盖所有电学仪器仪表,同时支持 LabVIEW instruments 的 7 种仪表。

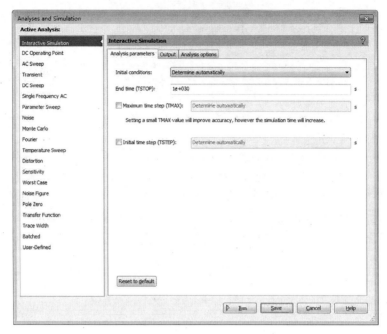

图 7.22　Analyses and simulation 对话框

图 7.23　Multisim 所提供的虚拟仪器仪表

• Mixed-mode Simulation Settings：混合模式仿真设置，本选项内有两个子选项，理想模型（Ideal pin models）和真实模型（Real pin models），其中理想模型仿真速度快，而真实模型仿真更准确。

• Probe Settings：探针设置。本选项的对话框将对探针的参数（Parameters）、外观（appearance）和图形（Grapher）进行设置。

• Reverse probe direction：逆转探针方向。

• Locate reference probe：定位参考探针。

• NI ELVIS II simulation settings：NI ELVIS II 仿真设置。

● Postprocessor：启动后处理器。

● Simulation error log/audit trail：仿真误差记录／查询索引，选择本选项后可以查询仿真过程的所有误差记录和仿真过程等信息。

● XSPICE command line interface：XSPICE 命令行界面。

● Load simulation settings：导入仿真设置。

● Save simulation settings：保存仿真设置。

● Automatic fault option：自动错误设置。

● Clear instrument data：清除仪器数据。

● Use tolerances：使用公差。

7. 转换(Transfer) 菜单

转换(Transfer) 菜单用于将所搭建的电路和分析结果传输给其他应用程序，例如PCB、SPICE 网表等，各子菜单如图 7.24 所示。主要命令及功能如下：

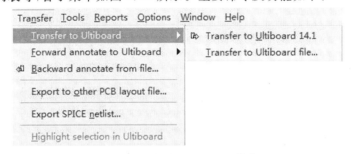

图 7.24　转换(Transfer) 菜单

● Transfer to Ultiboard：将电路图传输给 Ultiboard。该选项下包括两个子选项，其中 Transfer to Ultiboard 14.1 表示将电路图传送给 Ultiboard 14.1，Transfer to Ultiboard file 表示将电路图传送给低版本的 Ultiboard。

● Forward annotate to Ultiboard：创建 Ultiboard 注释文件。该选项下包括两个子选项，其中 Forward annotate to Ultiboard 14.1 表示创建 Ultiboard 14.1 注释文件，Forward annotate to Ultiboard file 表示创建低版本的 Ultiboard 注释文件。

● Backward annotate from file：修改注释文件。

● Export to other PCB layout file：输出到其他第三方 PCB 设计软件的布线文件。输出时支持 4 种格式文件，PADS layout 2005 的 ＊.asc 文件、Protel 的 ＊.net 文件、P－CAD 的 ＊.net 文件和 OrCAD 的 ＊.asc 文件。

● Export SPICE netlist：输出 SPICE 网格表。

● Highlight selection in Ultiboard：加亮所选择的 Ultiboard。

8. 工具(Tools) 菜单栏

工具(Tools) 菜单栏用于创建、编辑、复制、删除元器件，可以管理和更新元器件库等。如图 7.25 所示。其主要命令和功能为：

● Component wizard：新元件创建向导。本选项的对话框如图 7.26 所示，支持 4 种类型元件：仿真和布线元件(Simulation and layout)、仅仿真元件(Simulation only)、仅布线元件(Layout only)、仿真和可编程器件输出(Simulation and PLD export)。

● Database：数据库菜单。本选项包括 4 个子选项，其中 Database Manager 允许用户进行增加元件族、编辑元件等操作，Save component to database 将已选元件的改变保存到数据库中，Merge database 进行数据库合并，Convert database 将公共或用户数据库中的元件转成 Multisim 格式。

- Variant manager：变量管理器。
- Set active variant：设置动态变量。
- Circuit wizards：电路设计向导。本选项下包括 4 个子选项，分别为 555 定时器电路设计向导（555 timer wizard）、滤波器电路设计向导（Filter wizard）、运算放大器电路设计向导（Opamp wizard）和共发射极双极结型晶体管放大器电路设计向导（CE BJT amplifier wizard），用户根据本向导可以方便地设计所需电路。
- SPICE netlist viewer：查看 SPICE 网络表。
- Advanced RefDes configuration：高级标识符号配置，本选项可以实现对元器件名称或编号的统一修改。
- Replace components：替换元器件。
- Update components：更新元器件。

图 7.25　工具（Tools）菜单栏

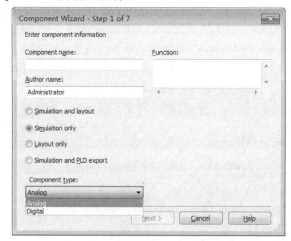

图 7.26　新元件创建向导对话框

- Electrical rules check：电气规则检查。
- Clear ERC markers：清除 ERC 标记。
- Toggle NC marker：设置 NC（No Connection）标记。
- Symbol Editor：符号编辑器。
- Title Block Editor：标题栏编辑器。

- Description Box Editor：电路描述对话框。
- Capture screen area：捕捉屏幕上的特定区域，可将捕捉到的图形保存到剪切板中。
- View Breadboard：用 3D 视图查看面包板电路。
- Online design resources：在线设计资源。本选项主要访问贸泽电子网站（www.mouser.com）获取电路样例库（Sample Circuit Library）、最新产品（Newest Products from Mouser）、应用与技术（Applications and Technologies）等。
- Education website：访问 NI 教育网页。

9. 报表（Reports）菜单

报表（Reports）菜单用于输出电路的各种统计报告，其下拉菜单如图 7.27 所示，其中主要的命令与功能如下：

- Bill of Materials：材料清单。
- Component detail report：元器件详细报告。
- Netlist report：网表报告，提供每个元件的电路连通性信息。
- Cross reference report：元件的对照报告。
- Schematic statistics：原理图统计报告。
- Spare gates report：空闲门报告。

10. 选项（Options）菜单

选项（Options）菜单可以对程序的运行和界面进行设置，其中主要的命令与功能如下：

图 7.27　报表（Reports）菜单　　　图 7.28　选项（Options）菜单

- Global options：全局参数设置。
- Sheet properties：页面属性设置。
- Global restrictions：全局约束设置。
- Circuit restrictions：电路约束设置。
- Simplified version：简化版本。
- Lock toolbars：锁定工具条。
- Customize interface：自定义用户界面。

11. 窗口(Window) 菜单

窗口(Window) 菜单主要提供各个设计窗口之间的切换功能,主要有 9 个窗口操作命令,同时支持各个设计窗口之间的切换。如图 7.29 所示,当前打开的有 Design1 和 Design2 两个设计文件,主要命令与功能如下:

* New window:建立新窗口。
* Close:关闭窗口。
* Close all:关闭所有窗口。
* Cascade:将所有设计窗口前后层叠显示。
* Tile horizontally:将所有设计窗口水平竖向平铺显示。
* Tile vertically:将所有设计窗口左右横向平铺显示。
* Next window:下一窗口,在设计文件中按照顺序进行窗口切换。
* Previous window:上一窗口,在设计文件中按照顺序进行窗口切换。

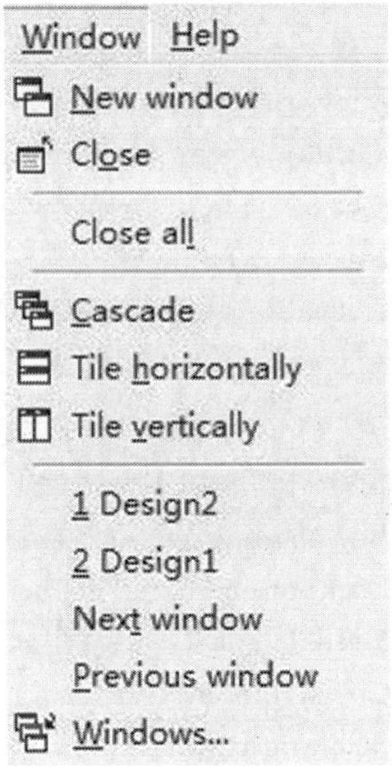

图 7.29　窗口(Windows) 菜单

* Windows...:窗口选择,选择本选项后,软件将所有设计窗口平铺到软件界面中,方便用户选择。

12. 帮助(Help) 菜单

帮助(Help) 菜单为用户提供本地和在线技术服务和使用指南,其下拉菜单如图 7.30 所示,各个选项功能如下:

* Multisim Help:Multisim 的帮助菜单目录。
* NI ELVISmx help:NI ELVISmx 的帮助菜单目录。
* Getting Started:Multisim 入门指南。
* New Features and Improvements:Multisim 新版本的特点和改进介绍。
* Patents:NI 公司专利权。
* Find examples:查找 Multisim 设计实例。
* About Multisim:Multisim 的相关信息。

7.1.2　常用工具栏

为了便于用户操作软件和设计电路,Multisim 在用户界面中提供了大量的快捷工具栏。根据功能不同,可以将它们分为标准工具栏、主要工具栏、视图工具栏、元器件工具栏、仿真工具栏、探针工具栏、梯形图工具栏和仪器库工具栏等,如图 7.31 ～ 7.34 所示。

图 7.30　帮助（Help）菜单

图 7.31　标准工具栏（Standard toolbar）　　图 7.32　视图工具栏（View toolbar）

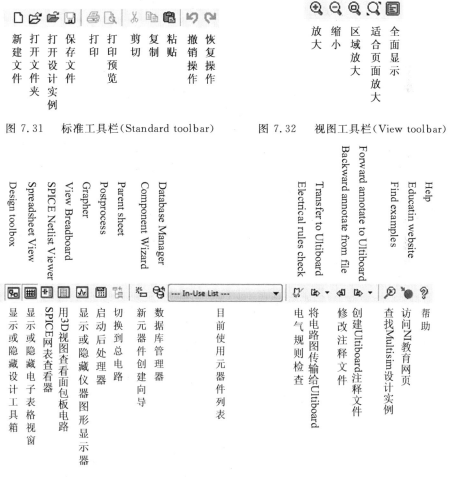

图 7.33　主要工具栏（Main toolbar）

元件工具栏各符号及其名称（从左到右）：

电源库　基本元器件库　二极管库　晶体管库　模拟元器件库　TTL元器件库　CMOS元器件库　集成数字芯片元器件库　数模混合元器件库　指示器元器件库　电源元器件库　混合元器件库　高级外设元器件库　射频元器件库　机电类元器件库　NI元器件元器件库　接口元器件库　微处理器元器件库　从文件中获取层次模块　放置总线

图 7.34　元器件工具栏(Component toolbar)

7.2　元件库概述

Multisim 14.1 软件提供了18类、17 000多种元器件,18类元器件库分别为电源／信号源库(Source Group)、基本元器件库(Basic Group)、二极管库(Diode Group)、晶体管库(Transistors Group) 、模拟元器件库(Analog Group)、TTL 元器件库(TTL Group)、CMOS 元器件库(CMOS Group)、微处理器元器件库(MCU Group)、高级外设元器件库(Advanced Peripherals Group)、集成数字芯片元器件库(Misc Digital Group)、数模混合元器件库(Mixed Group)、指示器元器件库(Indicators Group)、电源元器件库(Power Group)、混合元器件库(Misc Group)、射频元器件库(RF Group)、机电类元器件库(Electro Mechanical Group)、接口元器件库(Connectors Group)、NI 元器件库(NI Component Group)。由于电路基础实验所用到的主要是前面3种,故此处只对电源／信号源库(Source Group)、基本元器件库(Basic Group)、二极管库(Diode Group)做简单介绍,其余元器件库在后续学习中再进行了解。

1.电源／信号源库(Source Group)

电源／信号源库包含电路所需的接地端、直流电压源、正弦交流电压源、方波(时钟)电压源等多种电源与信号源。所有电源类型如图7.35所示。

2.基本元器件库(Basic Group)

Multisim 14.1的基本元器件库包含虚拟元器件箱3个,实际元器件箱20个,如图7.36所示。电路设计过程中选择元器件时,应尽量在实际元器件箱中选取。使用实际元器件的仿真结果更接近于实际电路情况。基本元器件库中的元器件可通过双击打开属性对话框对其参数进行设置。

3.二极管库(Diode Group)

Multisim 14.1的二极管元器件库中包含15个元器件箱和1个虚拟元器件箱,如图7.37所示。应该根据需求选择相应类型的二极管。

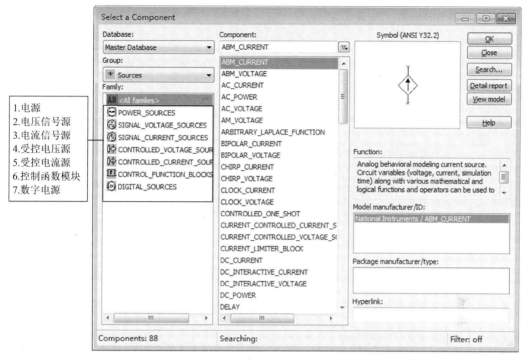

1. 电源
2. 电压信号源
3. 电流信号源
4. 受控电压源
5. 受控电流源
6. 控制函数模块
7. 数字电源

图 7.35　电源 / 信号源库(Source Group) 以及所有电源类型

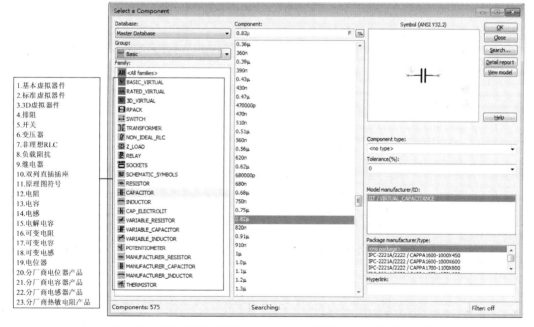

1. 基本虚拟器件
2. 标准虚拟器件
3. 3D虚拟器件
4. 排阻
5. 开关
6. 变压器
7. 非理想RLC
8. 负载阻抗
9. 继电器
10. 双列直插插座
11. 原理图符号
12. 电阻
13. 电容
14. 电感
15. 电解电容
16. 可变电阻
17. 可变电容
18. 可变电感
19. 电位器
20. 分厂商电位器产品
21. 分厂商电容器产品
22. 分厂商电感器产品
23. 分厂商热敏电阻产品

图 7.36　基本元器件库(Basic Group) 以及所有基本元器件类型

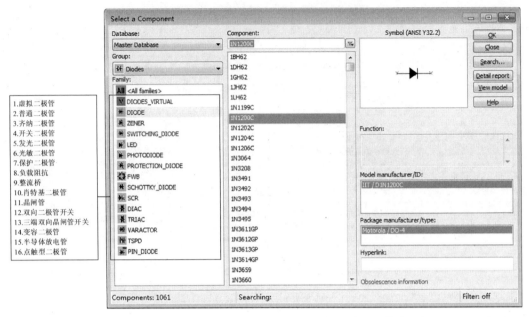

图 7.37   二极管库(Diode Group)以及所有基本元器件类型

7.3   指 示 器

使用 Multisim 软件进行电路仿真分析时,需要通过各种虚拟仪器来测量和显示仿真电路中的各种电参数和电性能,以便用户了解电路的运行状态和仿真结果。Multisim 14.1 软件提供了丰富的指示器及虚拟仪器用于进行有关电物理量的测量与显示。

指示器(Indicators)是 Multisim 软件提供的对电压、电流信号进行简单测量与指示的元器件,可以通过鼠标单击主菜单上的 Place(放置) → Component(元器件) → Indicators Group(指示器)命令,或用直接在元器件工具栏(Component toolbar)中选择 Place Indicator 命令选择不同的指示器。Multisim 14.1 的指示器元器件库(Indicators Group)包含了各种电压表(Voltmeter)、电流表(Ammeter)、指示灯(Probe)、蜂鸣器(Buzzer)、灯泡(Lamp)、十六进制显示器(HEX_Display)等指示仪器。与前文类似,受电路实验的应用范围限制,此处只介绍电压表(Voltmeter)和电流表(Ammeter)两种在电路实验中最常用的指示器。

电压表和电流表是电路仿真与设计时最常用的测量仪表。电压表是测量电压的仪表,将电压表与被测电路的任意两点并联后,即可测量出该任意两点间的电压值。电流表则是测量电流的仪表,将电流表串联进电路的某一条支路中,即可得到流经该支路的电流。

表 7.2 给出了电压表和电流表在指示器库中的 4 种不同类型,为了便于电路连接和增加电路可读性,电压表和电流表均支持 4 种连接方向。

表 7.2　电压表与电流表指示器类型示意图

电压表指示器	指示器类型	电流表指示器	指示器类型	类型定义
U1 0.000 DC 10MOhm	VOLTMETER_H	U5 0.000 DC 1e-009Ohm	AMMETER_H	水平方向,左正右负
U2 0.000 DC 10MOhm	VOLTMETER_HR	U6 0.000 DC 1e-009Ohm	AMMETER_HR	水平方向,左负右正
0.000 U3 10MOhm DC	VOLTMETER_V	0.000 U7 DC 1e-009Ohm	AMMETER_V	垂直方向,上正下负
0.000 U4 10MOhm DC	VOLTMETER_VR	0.000 U8 DC 1e-009Ohm	AMMETER_VR	垂直方向,上负下正

　　针对不同的应用,需要设置电压表或电流表的模式和内阻等参数。双击电压表或电流表电路符号,即可打开属性设置对话框,如图 7.38 所示。

(a) 电压表　　　　　　　　　　(b) 电流表

图 7.38　电压表与电流表属性设置对话框

　　(1) 模式选项(mode) 支持直流(DC) 和交流(AC) 两种选择,在直流电路中测量电压或电流时,采用直流电压表或直流电流表,其读数为被测电压 / 电流值;测量交流电路的电压或电流时,采用交流电压或电流表,其读数为被测电压或电流值的有效值(RMS)。如果被测电路既有直流又有交流信号,若使用直流挡测量,则电压表或电流表读数为去除交流信号成分后的直流分量值;若使用交流挡测量,其读数为去除直流信号成分后的交流分量值。因此,需要准确设置运行模式才能获得正确的读数。

　　(2) 阻抗设置(Resistor) 根据使用方式的不同,需考虑电压表与电流表内阻对被测电路的影响。电压表的内阻理论上应该无穷大,以保证并联进被测电路时不会影响原电路的正常工作,相反,电流表的内阻理论上应该无穷小,以确保串联进被测电路时不会影响原电路的正常工作。在 Multisim 14.1 软件中,电压表的默认内阻为 10 MΩ,电流表的内阻为 10^{-9} Ω,如图 7.39 所示。当被测电路的电阻值很大或接近电压表内阻时,则需要提高电压表内阻以获得更精确的测量结果。另一方面,当被测电路的电阻值很小或接近电流表内阻时,则需要减小电流表内阻以获得更精确的测量结果。当然,一般电路仿真情况下选择默认内阻即可。如果需要与实际硬件电路测试结果进行对比,则可以通过属性对话框手动修改电压表或电流表内阻为实际电表内阻,这样的仿真结果才能更接近硬件实验测试数据。

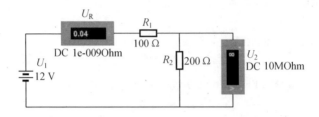

图 7.39　电压表与电流表的应用参考电路

另一方面,可以通过设置电压表与电流表属性设置对话框中的显示模式,选择隐藏电压表和电流表的部分参数,如图 7.40 所示,该操作可以简化放置了多个电压表和电流表的电路显示,如图 7.41 所示为得到的改进型参考电路。

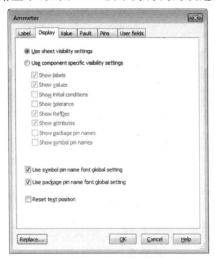
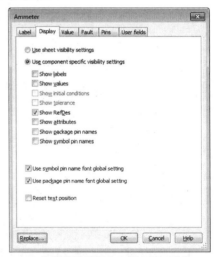

(a) 电流表显示默认设置　　　　　(b) 选择性隐藏部分电流表显示参数

图 7.40　设置电流表的显示模式

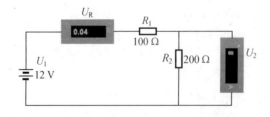

图 7.41　简化了电压表和电流表显示后的电路

7.4　虚拟仪器

指示器元器件库(Indicators Group)中的指示器件只能实现对电压、电流信号的简单测量与指示,为了适应更复杂的测量需求,Multisim 14.1 还提供了测量仪器工具栏,如图7.42 所示,测量仪器工具栏主要包括数字万用表、函数信号发生器、功率表、示波器、波特仪、字信号发生器、逻辑分析仪、逻辑转换仪、失真分析仪、网络分析仪等实际中常用仪器仪表。与前文类似,受电路实验的应用范围限制,此处只介绍数字万用表、函数信号发生器、示波器、波特仪、伏安特性测试仪、安捷伦示波器、泰克示波器等 8 种在电路实验中常用到的虚拟仪器。

若图 7.42 的虚拟仪器工具栏未显示出来,则可用鼠标单击主菜单上的View(视图)→Toolbars(工具)→ Instruments(仪器)命令,或用鼠标单击主菜单Simulate(仿真)→ Instruments(仪器)命令,即能在工具栏中加入虚拟仪器工具栏。

图 7.42　Multisim 14.1 软件提供的虚拟仪器

Multisim 软件中的虚拟仪器在选择、放置、参数设置、显示等不同的阶段呈现不同的外观图形,每种虚拟仪器都有仪器图标、仪器电路符号和仪器控制面板三种外观图,如图7.43 所示。

(1)仪器图标(Icon)。在虚拟仪器工具栏中,使用仪器图标表示不同种类的虚拟仪器,不同虚拟仪器采用不同的仪器图标,如图 7.43 所示。

(2)仪器电路符号(Symbol)。在仿真电路图中,采用仪器电路符号表示不同的虚拟仪器,仪器电路符号由仪器标识和接线端子(Terminals)两部分组成,其中仪器标识代表仪器的类型与编号,如图中的"XFG"表示函数信号发生器,编号"1"表示该仪器在仿真电路中是第 1 个函数信号发生器,若该仿真电路还会使用第 2 个函数信号发生器,则新的仪器标识即为"XFG2"。仪器电路符号中的接线端子等价于传统真实仪器的测试接口,需要按照仪器的使用方法与仿真电路的元器件连接。

(3)仪器面板(Panel)。在电路编辑或仿真状态下双击仪器电路符号,则可以打开对应虚拟仪器的仪器面板。仪器面板是用户与仪器的交互界面,用于设置仪器参数和显示相关测量数据,不同的仪器有不同的仪器面板。

通过工具栏选用虚拟仪器时,移动鼠标到测量仪器工具栏上的相应仪器图标位置悬停,将会提示有关该虚拟仪器的名称。鼠标左键单击该虚拟仪器,再移动鼠标到电路设计窗口的相应位置上后再次单击鼠标左键,即可实现对该虚拟仪器的选用。将仪器电路符号上的连接端

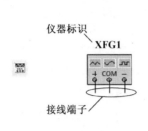

仪器图标　　　　仪器电路符号　　　　　　　仪器面板

图 7.43　　以函数信号发生器为例展现虚拟仪器的三种外观图

子(接线柱)与电路的相应点相连接,按照仪器仪表使用规范接入电路。双击电路中的仪器电路符号即可打开该虚拟仪器的设置面板或属性设置对话框。可以用鼠标操作虚拟仪器设置面板上的相应按钮,或在属性设置对话框中进行有关参数的设置。在仿真测量或观测过程中,也可以根据测量或观测结果需要及时调整仪器仪表的相关参数。

7.4.1　数字万用表

数字万用表(Multimeter)是一种可以用来测量交直流电压、交直流电流、电阻及电路中两点之间的分贝损耗,自动调整量程的数字显示多用表。数字万用表的电路符号和面板如图 7.44 所示。数字万用表在使用过程中,需要设置好测量类型和信号模式,并且按照相应类型电表的使用方法正确接入到电路中,才能获得正确的仿真测量结果。单击万用表面板上的"Set"按钮将弹出如图 7.45 所示的万用表属性设置对话框,通过该对话框可进行电流表内阻、电压表内阻、欧姆表电流和 dB 相关值所对应电压值的电特性设置,也可进行电流表、电压表和欧姆表显示范围的设置。一般情况下,采用默认设置即可,与电压表或电流表指示器类似,如果需要与实际硬件电路测试结果进行对比,则可以通过属性对话框手动修改电压表或电流表内阻为实际电表内阻,这样的仿真结果才能更接近硬件实验测试数据。

图 7.44　　数字万用表的电路符号和面板

1. 电流测量

在数字万用表面板中选择"A"按钮表示进行电流测量,再单击"～"按钮则表示测量交流电流,反之,单击"—"按钮则表示测量直流电流。

将数字万用表设置成电流表时,需要将万用表串联到电路中,其操作和使用方法与实际电流表是一致的。同时,由于其内阻很小,默认为 $10~\mu\Omega$,务必确保不能将电流表并联

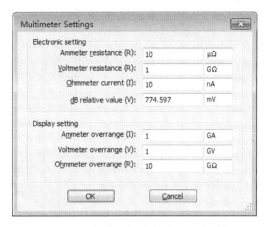

图 7.45   数字万用表属性设置对话框

到电路中,虽然在仿真条件下不会造成电表损坏,但是由于被测电路并联了一个内阻极小的电表,会造成原有电路拓扑结构改变,影响电路的最终仿真结果。图 7.46 给出了数字万用表测量电流的应用参考电路。将设置成电流挡的万用表串联进电路中,可以得到正确的电流值,但如果将其设置成电压挡,则只能得到 U_1 的电压,即 12 V。

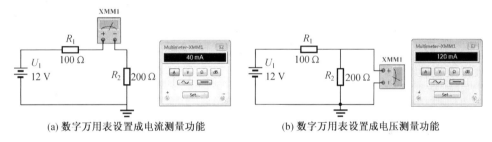

(a) 数字万用表设置成电流测量功能   (b) 数字万用表设置成电压测量功能

图 7.46   数字万用表选择成电流测量挡和电压测量挡串联进电路得到的不同测量结果

2. 电压测量

在数字万用表面板中选择"V"按钮表示进行电压测量,再单击"～"按钮则表示测量交流电压,反之,单击"—"按钮则表示测量直流电压。

将数字万用表设置成电压表时,需要将万用表并联到电路中,其操作和使用方法与实际电压表是一致的。同时,由于其内阻很大,默认为 1 GΩ,务必确保不能将电压表串联到电路中,否则会造成原有电路拓扑结构改变,影响电路的最终仿真结果。图 7.47 给出了数字万用表测量电压的应用参考电路。

3. 电阻测量

在数字万用表面板中选择"Ω"按钮表示进行电阻测量,测量时需要将万用表并联在被测电阻两端。使用万用表测量电阻时,受仿真软件限制,同时结合实际使用情况,为了得到准确的测量值,仿真电路设置必须满足以下几点:

(1)仿真电路中不能存在电源。这一点与现实生活中使用万用表电阻挡测电阻要求一致,因为测电阻时从万用表正极输出一个电流,流经被测电阻后回到负极,如果外部电路存在其他电源,将导致被测电阻两端的电压不单单由万用表输出电流产生,因此造成测

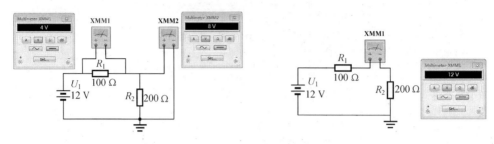

图 7.47　数字万用表测量电压的应用参考电路

量误差。如图 7.48 所示,当存在电源时,测量电阻值与实际值相差很大。

（2）被测电阻需要接地。这是 Multisim 仿真软件的限制,要求仿真电路必须有参考零点,否则编译时将会报错。

（3）被测电阻未与其他电路并联。因为万用表测量时就是与被测电阻并联,如果再有外界其他并联电阻,万用表所测量出来的阻值是被测电阻和其他电路的并联阻值,非被测电阻值。

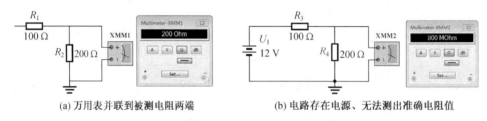

(a) 万用表并联到被测电阻两端　　　　　(b) 电路存在电源、无法测出准确电阻值

图 7.48　数字万用表测量电阻的应用参考电路

4. 分贝（dB）测量

在数字万用表面板中选择"dB"按钮表示进行分贝测量。dB 是工程上的计量单位,无量纲。一般电压表以 600 Ω 电阻功耗为 1 mW 时的端电压(有效值)774.597 mV 为参考(此电压对应万用表属性设置对话框中 dB relative value 的 774.597 mV)。分贝衰减计算公式为

$$\mathrm{dB} = 20 \times \lg\ (U_\mathrm{o}/U_\mathrm{i}) \tag{7.1}$$

其中,U_o 为电路中被测量点的电压,对应到万用表正负极之间的电压差;U_i 为参考点电压,即上述属性对话框中的 774.597 mV,故分贝测量值 $u(\mathrm{dB}) = 20\log(u/0.774\,597)$。图 7.49 给出了使用万用表进行分贝测量时的应用参考电路,如直流电压分别为 0.774 597 V 和 15.491 94 V(=7.745 97 V×2),其对应的分贝值分别为 0 dB 和 20 dB。

dBm 表示功率的绝对值,定义为 Decibel－milliwatt,0 dBm＝1 mW。计算公式为 1 dBm＝10lg P(功率值 /1mW)。1mW 的意义是在 600 Ω 负载上产生 1 mW 功率(或 774.597 mV 电压)为 0 dBm。在电子工程领域使用 dB、dBm 的好处在于,可以降低数值大小(例如 10 000 倍的放大器可称为增益为 80 dB),读写、运算方便。例如对于一个前后两级放大器电路,前级 100 倍(40 dBm),后级 20 倍(13 dBm),在描述其放大倍数的时候,若采用倍率做单位,级联的总功率是各级相乘,则 100×20＝2 000 倍,而采用 dBm 做单位时,总增益相加,即 40 dBm＋13 dBm＝53 dBm,降低了运算复杂度。

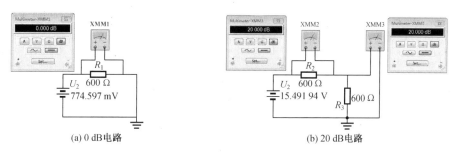

(a) 0 dB电路　　　　　　　　　　　(b) 20 dB电路

图 7.49　使用万用表进行分贝测量时的应用参考电路

值得注意的是,万用表设置成电压表或电流表时,选择直流挡和交流挡所得到的测量结果是有区别的。直流挡时,只测量电路中的直流分量而忽略交流分量,交流挡时则刚好相反,在正弦稳态电路中用于测量交流电压或交流电流信号的有效值,非正弦电路中用于测量所有非直流信号所产生的非正弦电压或电流信号的均方根(RMS)值。

如果某电路同时存在直流信号和交流信号,则在测量电压或电流时,使用不同的仪表得到的读数含义也不同。以测量某支路的电压为例,假设其电压表达式为

$$u(t) = U_0 + \sqrt{2}U_1\sin(\omega_1 t + \varphi_1) + \sqrt{2}U_2\sin(\omega_2 t + \varphi_2) + \cdots + \sqrt{2}U_n\sin(\omega_n t + \varphi_n) + \cdots$$

$$(7.2)$$

则直流电压表的读数将为

$$U_{DC} = U_0 \tag{7.3}$$

交流电压表的读数为

$$U_{AC} = \sqrt{U_1^2 + U_2^2 + \cdots + U_n^2 + \cdots} \tag{7.4}$$

该支路电压的均方根(RMS)值计算公式为

$$RMS = \sqrt{U_{DC}^2 + U_{AC}^2} \tag{7.5}$$

如图 7.50 所示电路,信号源产生的一个正弦波,峰值为 10 V,直流偏置为 5 V,万用表直流电压挡测试结果为 5 V,交流电压挡测试结果为 7.07 V。

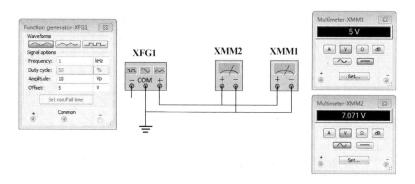

图 7.50　直流挡和交流挡测试结果的不同

7.4.2　函数信号发生器

函数信号发生器(Function Generator)是用来产生正弦波、三角波和方波的仪器,作为电压

信号源为仿真电路提供与现实中完全一样的模拟信号,而且波形、频率、幅值、占空比、直流偏置电压都可以自定义。函数信号发生器的电路符号和仪器面板如图 7.51 所示。

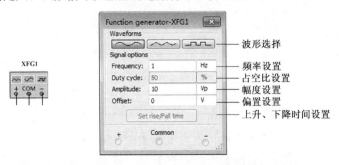

图 7.51   函数信号发生器的电路符号和仪器面板

在图 7.51 所示的函数信号发生器仪器面板中有波形选择栏和信号参数设置栏,各个选项和对话框的定义如下:

(1) 波形选择(Waveforms)用于选择输出信号的波形类型。函数信号发生器支持正弦波、三角波和方波三种周期性信号,单击相应按钮即可实现。

(2) 信号参数设置(Signal options) 对所选择的信号进行参数设置,主要有以下几个参数:

① 频率(Frequency) 设置输出信号的频率,频率单位包括 fHz、pHz、nHz、mHz、Hz、kHz、MHz、GHz、THz 共 9 种。

② 占空比(Duty cycle) 设置三角波和方波信号的占空比,本选项对正弦波无效。

③ 幅度(Amplitude) 设置输出信号的幅度,以峰值表示,其幅值单位包括 fVp、pVp、nVp、μVp、mVp、Vp、kVp、MVp、GVp、TVp 共 10 种。

④ 偏置电压(Offset) 设置输出信号的偏置电压,即把正弦波、三角波或方波叠加在一个直流电压上输出,其单位与幅值单位一致。

⑤ 设置上升与下降时间(Set rise/Fall time) 针对三角波和方波,设置其上升沿和下降沿属性,设置范围为 1 ps ～ 500 μs,默认设置 10 ns,除非特殊需求,一般采用默认设置。

需要注意的是,在电路仿真过程中通过仪器面板修改波形类型和参数,Multisim 14.1 软件是无法实时响应的,需要停止仿真,重新点击开始仿真按钮,才能获得最新的所需信号。

函数信号发生器的电路符号中有"+""COM"和"一"共三个接线端子。连接"+"和"COM"则输出正极性信号,连接"一"和"COM"则输出负极性信号。这两种接线方式输出的信号幅值相等、相位相反,如图 7.52 所示,示波器通道 A 接"+"和"COM",通道 B 接"一"和"COM",两个通道信号幅度相同、相位相反。如果将"+"和"一"接线端子接入电路中,而将公共端"COM"悬空,则输出信号幅度是前两种接线方式输出信号幅度的两倍,如图 7.53 中通道 B 所示波形。

7.4.3   双通道示波器

双通道示波器(Oscilloscope)是用来观察信号波形并测量信号幅度、频率及周期等参数的

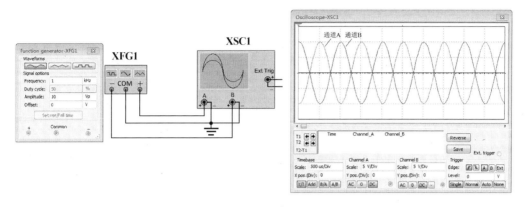

图 7.52　接线端子接法不同输出两种极性相反的信号

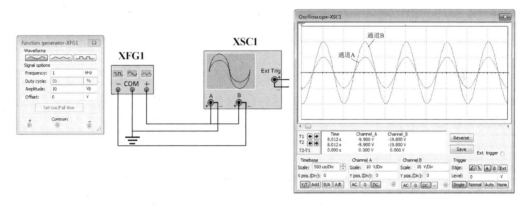

图 7.53　将"+"和"−"接线端子接入电路产生两倍幅度信号

仪器。图 7.54 为双通道示波器的电路符号和仪器面板。双通道示波器支持 A、B 两个独立通道,并且有一路外触发(Ext Trig) 输入。Multisim14.1 软件提供的双通道示波器的使用与传统示波器既有相同又有不同,最大区别就是 A、B 通道的"−"端在内部并没有像传统示波器一样连接到一起,因此可以将每个通道的"+"和"−"端接在电路中不同两点上,示波器显示的是这两个不同测量点之间的电压波形,A 通道和 B 通道可以不"共地"。

　　双通道示波器的面板主要由波形显示区、光标控制(Cursor)、数据显示区、时基控制(Timebase)、通道控制(Channel A/B) 和触发控制(Trigger) 六个区域组成,各部分功能介绍如下:

1. 波形显示区

　　波形显示区是示波器的显示窗口,A、B 通道的信号波形均可以在屏幕上显示出来。波形显示区的背景颜色默认为黑色,屏幕中间最粗的白线为幅度轴基线,屏幕上在水平轴和幅度轴上分布有辅助虚线,用于测量时的辅助参考。由于黑色显示区域背景在打印时不清晰,可通过数据显示区右边的"Reverse"按钮,将显示区背景颜色转换成白色,单击"Save"按钮则可将当前数据以示波器数据文件(Oscilloscope data files ＊. scp)、文本测量文件(Text-based measurement files ＊. lvm)、二进制测量文件(Binary measurement files ＊. tdm) 三种数据形式保存。

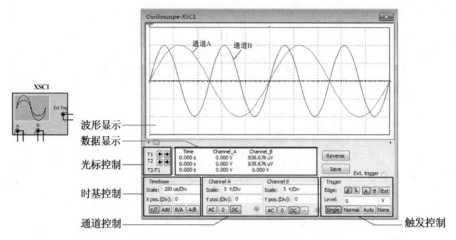

图 7.54　双通道示波器的电路符号和仪器面板

对于 A、B 通道的信号波形,系统默认都采用红线显示,与仿真电路中通道 A 和通道 B 的"＋"接线端子的电路连接线颜色一一对应。为了便于信号波形观察,可以鼠标右键单击示波器某通道的连接线,再单击"Segment Color"菜单,选择合适的颜色,或者直接鼠标双击某通道的连接线,在"Net Properties"中通过"Net color"选项选择不同颜色,最终改变 A、B 通道的信号波形在波形显示区的显示颜色,如图 7.55 所示,将 XFG2 的输出引脚的电路连接线改成蓝色,则对应到示波器上通道 B 的波形颜色也相应改成了蓝色,这样便于通道 A、B 波形的区别。

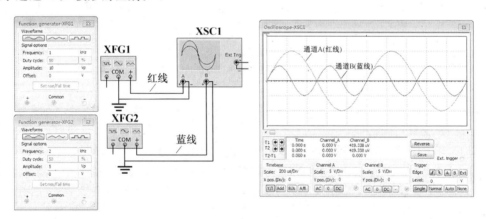

图 7.55　使用示波器测试 A、B 通道的信号波形

2.光标控制区

在波形显示区的最左边有两条垂直于幅度轴基线的光标,用于精确测量波形中任意点的参数,可使用鼠标手动拖动光标到波形中的某一位置,也可通过光标控制区的 T1、T2 对应的左右箭头来移动光标。各个光标对应的所在点波形参数显示在数据显示区上。

3. 数据显示区

数据显示区是用来显示两个光标所测得波形对应点数据的,其数据分为三行三列,三列分别为时间值、通道 A 幅值和通道 B 幅值,三行中 T1 为光标 1 所对应波形参数,T2 为光标 2 所对应波形参数,T2－T1 对应光标 2 与光标 1 的波形参数差。

4. 时基控制区

时基控制区是示波器的关键控制组件,用于控制时间轴上的显示参数。通过时基控制区可以设置扫描时基(Scale)及信号显示方式。

(1)Scale。设置时间轴每个网格所对应的时间刻度,改变其参数可将波形在水平方向(时间轴)展宽或压缩。鼠标左键单击该栏后将出现由上下箭头组成的可调按钮,单击上箭头或下箭头能够提高或降低扫描时基,可以实时观测到信号波形在 X 轴方向被压缩或拉伸的情况。设置合适的扫描时基有利于波形观测。

(2)X pos.(Div)。设置或调整 X 轴起点位置。以扫描时基为单位(对应到波形显示区上的时间轴虚线格数),当 X pos. 值为 0 时,信号从显示区的左边缘开始,正值使起始点右移,负值使起始点左移。移动范围为(－5.0～5.0)。

(3)Y/T。表示 Y 轴方向分别显示 A、B 通道的输入信号,X 轴方向显示扫描线,并按照设置的扫描时基进行扫描。该方式是示波器最为常用的方式,用于观测被测电压信号波形随时间变化的曲线。

(4)Add。表示 Y 轴方向显示的是将 A、B 两个通道输入信号求和后的结果,X 轴方向按照设置的扫描时基进行扫描。

(5)B/A。表示将 A 通道信号作为 X 轴扫描信号,将 B 通道信号作为 Y 轴扫描信号,建立关于 B/A 信号坐标系中的图像,如图 7.56 所示,其显示的图形为李萨如图形。

(6)A/B。A/B 显示刚好与 B/A 显示相反,表示将 B 通道信号作为 X 轴扫描信号,将 A 通道信号作为 Y 轴扫描信号,建立关于 A/B 信号坐标系的图像。

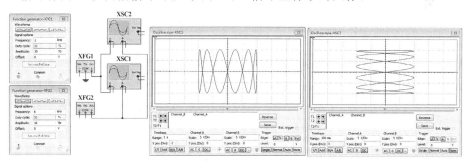

图 7.56　使用 B/A 和 A/B 显示出来的李萨如图形

5. 通道控制区

通道控制区主要用来设置 A、B 通道波形在 Y 轴(幅度轴)上的刻度、位置和耦合方式。

(1)Scale。设置通道 A 或 B 输入信号的 Y 轴每个网格所对应的幅度刻度,改变其参数可将波形在垂直方向(幅度轴)展宽或压缩。鼠标左键单击该栏后将出现由上下箭头组成的可调按钮,单击上箭头或下箭头能够增加或降低幅度刻度,可以实时观测到信号波形在Y轴方向被压缩或拉伸的情况。设置合适的Y轴刻度有利于波形观测。

(2)Y pos.(Div)。设置通道A或B输入信号的调整Y轴起点位置。以幅度刻度为单位(对应到波形显示区上的幅度轴虚线格数),当Y pos.值为0时,信号从显示区的中间开始,正值使起始点上移,负值使起始点下移。无移动范围限制。

(3)耦合方式设置。耦合方式设置与实际示波器定义一致,AC表示该通道采用交流耦合方式测量,测量待测信号中的交流分量,隔离待测中的直流分量,相当于在测量端加入了隔直电容;DC表示采用直接耦合方式测量,用以直接测量待测信号中的交、直流量;0表示此时显示对应通道被测波形的基准线,即Y pos.中设置的值。

此处注意,通道B的耦合方式设置中比通道A多了一个按钮"−",其含义是在不改变电路及仪器连接的情况下对B通道测量信号取反。若按下按钮"−"且"Add"模式同时启用时,则可以实现(A−B)的效果,如图7.57所示。

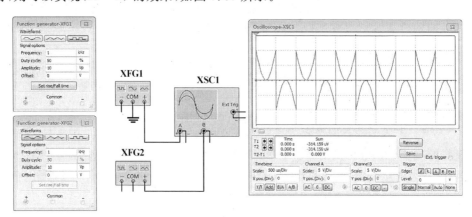

图7.57　设置示波器实现A−B功能

6.触发控制区

触发控制是示波器的重要功能,用于设置示波器的触发方式。

(1)Edge。用于设置边沿触发方式,可以选择通道A/B、外触发信号的上升沿或下降沿。

(2)Level。用于设置触发电平的阈值电压,电压值支持按钮选择和手动输入两种方式。

(3)Single。单次扫描方式按钮,按下该按钮后示波器处于单次扫描等待状态,触发信号来到后开始一次扫描。

(4)Normal。常态扫描方式按钮。触发信号时才产生扫描,在没有信号和非同步状态下,则没有扫描线。

(5)Auto。Auto表示计算机自动提供触发脉冲触发示波器,而无须触发信号。示波器通常采用这种方式。

(6)None。表示取消设置触发。

7.4.4　四通道示波器

四通道示波器(Four Channel Oscilloscope)与双通道示波器在使用方法和参数调整

方式上基本一样,只是由于受到仪器面板大小限制,通道控制区从双通道的直接显示控制换成了通过控制旋钮控制,当旋钮拨到某个通道位置时,才能对该通道进行一系列设置和调整。四通道示波器仪器电路符号和面板如图 7.58 所示。

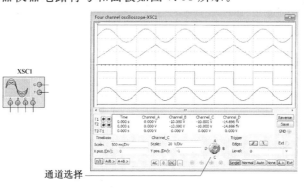

图 7.58　四通道示波器仪器电路符号和面板图

四通道示波器的波形显示区、光标控制(Cursor)、数据显示区与双通道示波器一致,时基控制(Timebase)、通道控制(Channel A/B)和触发控制(Trigger)中大部分功能也相同,此处不再赘述。现就一些特有功能加以介绍:

(1)A/B＞。时基控制区 A/B 功能与双通道示波器也相同,只是由于通道示波器中,存在四通道信号组合问题,所以当用鼠标右键单击"A/B"按钮时,系统弹出 12 种组合,A/B、A/C、A/D、B/A、B/C、B/D、C/A、C/B、C/D、D/A、D/B 和 D/C,可根据测试需要选择其中任意项。

(2)A＋B＞。时基控制区的 A＋B 功能与双通道示波器也相同,只是由于通道示波器中,存在四通道信号组合问题,所以当用鼠标右键单击"A＋B"按钮时,系统也会弹出12种组合方式,A＋B、A＋C、A＋D、B＋A、B＋C、B＋D、C＋A、C＋B、C＋D、D＋A、D＋B和D＋C,可以根据测试需要选择其中任意项。同时,配合各个通道控制区中的"一"按钮,则可以在不改变电路及仪器连接的情况下对相应通道测量信号取反,可以实现两个通达信号相减的效果。

(3) 通道选择旋钮。为了方便对四通道输入信号参数的单独设定,以获得最佳测试效果,通道选择采用旋钮形式。用鼠标单击通道选择旋钮上的 A、B、C、D 中 4 个字母之一,一条白色刻度线指向该字母则表示选中该通道,这时相应的设置(Scale 和 Y position)也变为该通道的设置。用同样的方法可以对其他通道进行设置。

(4)A＞。在触发控制区,通过单击"A＞"按钮,可以选择触发通道为 A、B、C、D。

图 7.59 给出了四通道示波器的应用参考电路,与双通道示波器使用方法相同,可以通过数据显示区右边的"Reverse"按钮,将显示区背景颜色转换成白色,单击"Save"按钮则可将当前的数据以示波器数据文件(Oscilloscope data files ＊.scp)、文本测量文件(Text-based measurement files＊.lvm)、二进制测量文件(Binary measurement files ＊.tdm)三种数据形式保存。

为了便于 A、B、C、D 四通道的信号波形观察,可以用鼠标右键单击示波器某通道的连接线,再单击"Segment color"菜单,选择合适的颜色,或者直接用鼠标双击某通道的连接线,在"Net properties"中通过"Net color"选项选择不同颜色,最终改变四个通道的信号波形在波形显示区的显示颜色,如图7.59所示,四个通道电路连接线标记成不同的颜色,对应到示波器上的四个波形颜色也做了相应的改变,这样便于四通道波形的区别。

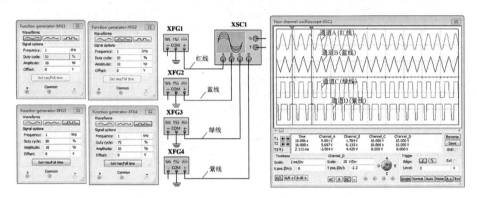

图 7.59　四通道示波器的应用参考电路

7.4.5　波特仪

波特仪(Bode Plotter)又称为扫频仪、频率特性测试仪,通过测量电路的幅频特性和相频特性,最终获得电路的频率响应。波特仪对滤波器分析是非常有利的工具。

如图7.60所示,波特仪由输入端和输出端共4个接线端子组成,其中输入端"+""一"与被测电路输入端并联,输出端"+""一"与被测电路输出端并联。在使用波特仪时,由于波特仪自身没有信号源,因此使用时电路的输入端必须接入交流信号源,若没有信号源,电路无法仿真,但是交流信号源的种类、频率等参数对波特仪的频率特性分析结果无影响,即用函数信号发生器或者元器件库→POWER库→AC_POWER作为电路输入端信号源,效果一致。

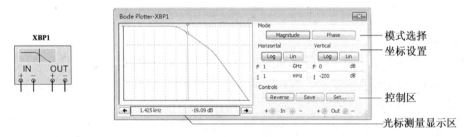

图 7.60　波特仪电路符号及仪器面板

波特仪面板的控制区域主要由模式选择(Mode)、坐标设置、控制区(Controls)和光标测量显示区四个部分组成,各部分功能及操作方式介绍如下:

1. 模式选择

模式选择用于选择波特仪测量的是幅频特性(Magnitude)还是相频特性(Phase)。

(1)幅频特性。幅频特性是指一定的频率范围内,电信号传输前后输入信号与输出信号的幅度比随频率变化的特性。例如RLC组成的串联谐振电路对不同频率的波形具有不同的阻抗,为了了解一个频带段内RLC电路在各个频率点的阻抗,就要对RLC电路的幅频特性响应曲线进行测量,一般测试方法为逐点测试法,即在保持输入信号在各频率点上的幅度值(如电压)恒定的前提下,测量输出信号在各频率点上的幅度值(如电压),然后对输出信号幅度值作图,求得幅频响应曲线。这个测量过程实际非常复杂,因为信号源的输出电平会随着 RLC 电路阻抗的变化而变化,因此每改变一个频率,就需要校准一次信号源输出的幅度值,具体可以参考第 6 章 6.5 节 RLC 串联谐振电路的实验方法。针对此种需求,使用波特仪则非常方便,用鼠标点击"Magnitude"按钮,在波特仪显示区上就会绘制出该电路的幅频特性曲线。

(2)相频特性。在一定的频带段内,电信号传输前后输入信号与输出信号的相角差称为相频特性,相角差与频率的关系曲线称为相频特性曲线。用鼠标点击"Phase"按钮,在波特仪显示区上就会绘制出该电路的相频特性曲线。相关的幅频特性曲线和相频特性曲线如图 7.61 所示。

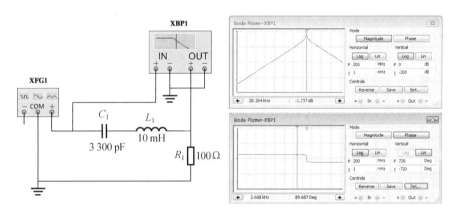

图 7.61　波特仪的应用参考电路

2. 坐标设置

(1)X 轴刻度 Horizontal。波特仪的 X 轴(水平轴)显示的是频率,其刻度由选项对话框中的初始值 I(Initial)和最终值 F(Final)决定,可以根据需要选择对数刻度(Log)或线性刻度(Lin),当被测信号的频率范围较宽时,用对数坐标比较好。如果需要精确显示某一段频率范围的频率特性,则需要尽量将频率范围设置窄一点。

(2)Y 轴刻度 Vertical。"Vertical"按钮用于设定波特仪 Y 轴的刻度类型。当测量幅频特性时,若选择"Log"按钮,Y 轴刻度的单位为 dB(分贝),标尺刻度为 $20 \lg[A(f)] = 20\lg[U_o(f)/U_i(f)]$,其中 $A(f) = U_o(f)/U_i(f)$。若选择"Lin"按钮,Y 轴是线性刻度。当测量相频特性时,Y 轴坐标表示相位,单位是度,刻度是线性的。

3. 控制区

控制区用于设置背景色(Reverse)、数据存储(Save)和设置扫描分辨率(Set),单击该按钮后,弹出扫描分辨率设置对话框。该对话框中设置的扫描分辨率数值越大,则读数精度越高,但将增加仿真运行时间,默认值为 100。

4. 光标测量显示区

与示波器的光标调动方式类似,直接从显示区左边拖动光标或单击面板下方的左右箭头按钮来移动读数指针,可以测某个频率点处的幅值或相位,其读数在面板下方显示。可以配合终值与初值的调整,以便获得更精确的读数。

7.4.6 伏安特性分析仪(IV analyzer)

伏安特性分析仪(IV analyzer)用于测量二极管(Diode)、双极型晶体管(NPN BJT 和 PNP BJT)和场效应管(NMOS FET 和 PMOS FET)的伏安特性曲线,电路图标、仪器面板和应用参考电路如图 7.62 所示。

伏安特性分析仪的电路图标有三个接线端子,用于连接不同的元件。在仪器面板的"Components"选项下,可以选择5种不同的元器件来测量,固定元器件后,仪器面板右下方将给出相关元器件在伏安特性分析仪上的接法。

仪器面板上有显示范围设置对话框,可以分别设置电流范围(Current range)和电压范围(Voltage range),显示方式包括线性显示(Lin)和对数显示(Log)。

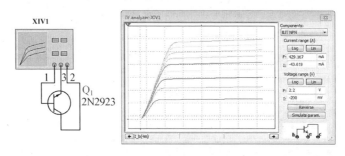

图 7.62   伏安特性分析仪电路图标、仪器面板和应用参考电路

面板上的"Simulation Parameters"用来设置仿真参数,针对不同的测试对象,仿真参数设置不完全相同,图 7.63(a) 显示的为二极管仿真参数设置,只有 PN 结电压(V_pn)可被设置,包括起始扫描电压(Start)、终止电压(Stop) 和扫描增量(Increment);图 7.63(b) 显示的为 BJT 仿真参数设置,其中"V_ce"可以设置晶体管 C、E 两极间的扫描起始电压、终止电压和扫描增量,"I_b"可以设置晶体管基极电流扫描的起始电流、终止电流和步长。选择"Normalize data"选项表示测量结果将以归一化方式显示;图 7.63(c) 显示的为 MOS 管仿真参数设置,其中"V_ds"可以设置 MOS 管 D、S 两极间的扫描起始电压、终止电压和扫描增量,"V_gs"可以设置 MOS 管 G、S 两极间的扫描起始电压、终止电压和步长。

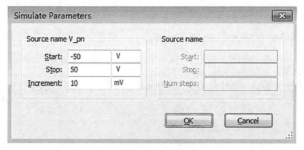

(a) 二极管仿真参数设置

图 7.63   伏安特性分析仪参数设置对话框

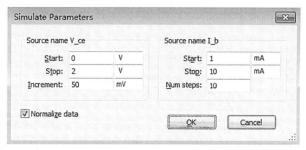

(b) BJT仿真参数设置

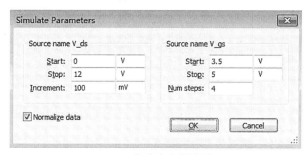

(c) MOS管仿真参数设置

续图 7.63

7.4.7　安捷伦示波器(Agilent Oscilloscope)

在 Multisim 软件中,除了虚拟双踪示波器和虚拟四踪示波器以外,还有两台高性能的先进示波器,它们分别是安捷伦公司的虚拟示波器 Agilent 54622D 和美国泰克公司的虚拟数字存储示波器 Tektronix TDS2024。这两个示波器虚拟操作与实际操作相同,可以在学习示波器的使用时具有一定的参考价值。

Agilent 54622D 型示波器是双通道+16 逻辑通道、100 MHz 带宽的高性能示波器。其电路符号和仪器面板如图 7.64 所示。

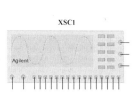

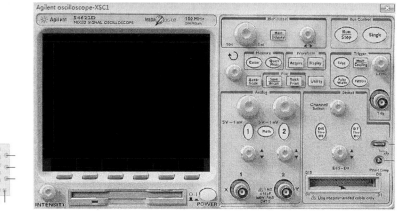

图 7.64　Agilent 54622D 型示波器电路符号和仪器面板

Agilent 54622D 型示波器的功能主要包括:

（1）运行模式：Auto、Single、Stop。

（2）触发模式：Auto、Normal、Auto-level。

（3）触发类型：边沿触发、脉冲触发、模式触发。

（4）触发源：模拟信号、数字信号、外部触发信号。

（5）显示模式：主模式、延时模式、滚动模式、XY 轴模式。

（6）信号通道：2 模拟通道、1 数学通道、16 数字通道、1 个用于测试的探针信号。

（7）光标：4 个光标。

（8）数学功能：傅立叶变换（FFT），相乘、相除、微分、积分。

（9）测量功能：光标信息、采样信息、频率、周期、峰 — 峰、最大值、最小值、上升时间、下降时间、占空比、有效值（RMS）、脉宽、平均值等。

（10）显示控制：向量／点形轨迹（Vector/point on traces）、轨迹宽、背景色、面板色、栅格色、光标色。

（11）Auto-scale/Undo 功能：具备。

（12）打印轨迹图：是。

（13）文件操作：将数据保存为 DAT 格式文件，可以转换并显示在系统图形窗口。

由于该示波器与常见示波器使用方法类似，对其使用方法此处不再赘述。

7.4.8　泰克示波器（Tektronix Oscilloscope）

Tektronix TDS2024 型数字存储示波器是 4 通道、200 MHz 带宽的高性能示波器。其电路符号和仪器面板如图 7.65 所示。

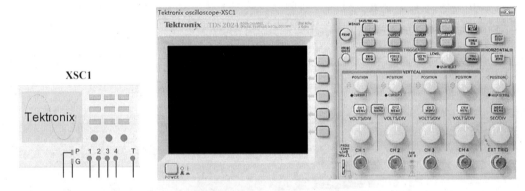

图 7.65　Tektronix TDS2024 型数字存储示波器电路符号和仪器面板

Tektronix TDS2024 型数字存储示波器的功能主要包括：

（1）运行模式：Auto、Single、Stop。

（2）触发模式：Auto、Normal。

（3）触发类型：边沿触发、脉冲触发。

（4）触发源：模拟信号、外部触发信号。

（5）信号通道：4 模拟通道、1 数学通道、1 个用于测试的探针信号。

（6）光标：4 个光标。

（7）数学功能：傅立叶变换（FFT），相乘、相除、微分、积分。

（8）测量功能：光标信息、采样频率、周期、峰一峰、最大值、最小值、上升时间、下降时间、有效值（RMS）、平均值等。

（9）显示控制：向量／点形轨迹、颜色对比控制。

由于该示波器与常见示波器使用方法类似，对其使用方法此处不再赘述。

7.5　仿真分析方法

Multisim14.1 软件除了提供丰富的指示器和仿真仪器用于对电路状态、电路参数进行指示或测量外，还提供 20 种电路分析方法，如图 7.66 所示，这些分析方法支持在测量电路电压、电流、频率等基本参数的基础上，完成对电路动态性能的完整分析，方便用户更直观便捷地了解电路特性。与前文类似，受电路实验的应用范围限制，此处只介绍交互式仿真（Interactive Simulation）、直流工作点分析（DC Operating Point）、交流扫描分析（AC Sweep）、瞬态分析（Transient）、直流扫描分析（DC Sweep）、单频交流分析（Single Frequency AC）、参数扫描分析（Parameter Sweep）等 7 种在电路实验中常用到的仿真分析方法。

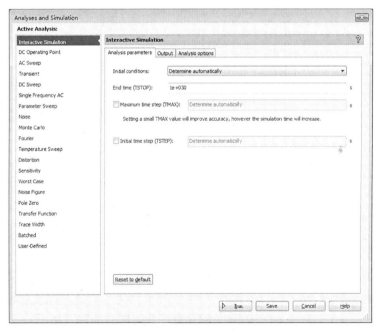

图 7.66　Multisim14.1 提供的电路仿真分析方法

使用仿真分析方法时，其主要步骤包括：

（1）在电路工作区创建需要分析的电路，如图 7.67 所示为基尔霍夫定律分析电路。

（2）显示节点编号（Net names）。

Multisim 软件以节点作为输出变量，为了便于描述仿真结果，需要显示电路节点的编号。在主菜单中"Options"选项卡中选择"Sheet Properties"，在跳出的对话框中选择"Sheet Visibility"选项卡，在"Net names"中选择"Show all"，即可显示电路中各个节点

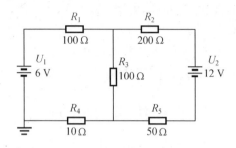

图 7.67　　基尔霍夫定律分析电路

的编号,如图 7.68 所示。

　　对比图 7.67 和图 7.68,明显给出了节点编号的电路更有利于描述其电路特征,以描述电阻 R_1 两端的电压为例,如果不给出节点编号,R_1 和 R_2、R_3 交点的电压无法描述,但是给出节点编号后,该点电压即可以表示为 U(1)。

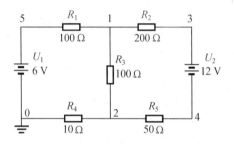

图 7.68　　已经标识了节点的待分析电路

　　(3) 选择仿真分析方法,设置参数,开始仿真。

　　在 Multisim 主菜单"Simulate"选项卡中执行"Analyses and Simulation"命令,在列出的可操作分析类型中选择合适的仿真分析方法,在跳出的对话框中设置好仿真参数后,点击"Simulate"按钮进行仿真分析,即可得到分析结果。

7.5.1　交互式仿真

　　交互式仿真(Interactive Simulation)针对的是菜单栏"Simulate"选项卡下"Run"选项的设置,是对 Multisim 软件电路仿真的一些基本参数进行设置,例如定义仿真初始条件,设置仿真结束时间、最大时间步长等,其设置后的效果需要通过在电路中所放置的指示器或者虚拟仪器等间接显示出来,这与后续所涉及的仿真分析方法不同。

　　单击"Interactive Simulation"选项后,在对话框右侧将显示如图 7.69 设置显示电路节点方法图。如图 7.70 所示对话框,内含三个选项卡"Analysis parameters""Output"和"Analysis options"。

1. 分析参数设置选项卡(Analysis parameters)

　　(1) 初始条件(Initial conditions)。

　　①Set to zero:零状态初始条件,在 $t=0$ 时刻,电容两端电压或电感的电流均为零,元件或网络的初始设置条件均忽略。

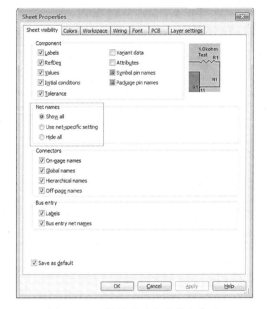
图 7.69　设置显示电路节点方法

图 7.70　交互式仿真参数设置对话框

②User-defined：以用户设置的初始条件，电路元件或网络可以存储能量，例如可以设置电容两端的电压。

③Calculate DC operating point：以直流工作点为初始条件，Multisim 软件对电路直流工作点进行分析，并根据结果初始化所有储能元件。任何初始条件的明确说明，如电容的初始电压，都将被忽略。如果不能确定直流工作点，则终止整个瞬态分析。

④Determine automatically 以系统自动设定为初始条件。以直流工作点为初始条件，用 Multisim 软件对电路直流工作点进行分析，并根据结果初始化所有储能元件。任何初始条件的明确说明，如电容的初始电压，都将被忽略。与 Calculate DC operating point 不同，如果 Multisim 无法找到直流工作点，则瞬态分析将继续进行，所有储能元件初始化为零。

（2）结束时间（End time（TSTOP））：电路瞬态分析结束时间。

（3）最大时间步长（Maximum timestep（TMAX））：允许手动输入所需的最大时间步长。

（4）初始时间步长（Initial time step（TSTEP））：能够设置仿真输出和图形绘制的初始时间步长。

2. Output 选项卡

Show all device parameters at end of simulation in the audit trail：如果设备参数较多，电路需要较长时间才能退出仿真，则取消选择。

3. Analysis options 选项卡

（1）SPICE options。

①Use Multisim defaults：使用 Multisim 的默认设置。

②Use custom settings：使用用户自定义设置。鼠标单击用户自定义设置后，将出现

如图 7.71 所示对话框,用户需要在深入了解各个选项意义的前提下自定义各选项参数。需要注意的是,后续各个分析方法的参数设置对话框中均有"Analysis options"选项卡,均有用户自定义设置选项,这些用户自定义设置只针对当前的分析方法,例如正在运行瞬态分析,则需要使用瞬态分析对话框的"Analysis options"选项卡中的"Customize"按钮访问选项。交互式仿真(Interactive Simulation)对话框中的"Custom Analysis Options"选项只针对使用 Run 按钮启动的仿真。

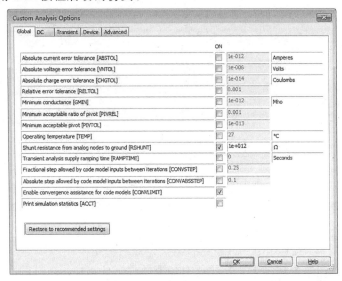

图 7.71　交互式仿真的用户自定义设置对话框

(2) Other options。

①For simulations that run faster than real time:选择限制仿真速度或尽可能快速仿真。

②Grapher data:选择舍弃数据节省内存或保存之前的数据。

③Maximum number of points:图形中最大点数,数字越大,占用内存越多。

7.5.2　直流工作点分析

直流工作点分析(DC Operating Point)也称为静态工作点分析,用于分析直流电源激励下的各支路电压和电流。由于是直流工作点分析,所以电路中存在的交流源均需要置零处理,即交流电压源视为短路,交流电流源视为开路,电容视为开路,电感视为短路,电路中的数字器件视为高阻接地。直流工作点分析可以为后续其他类型分析提供参考。

以图 7.67 所示的电路为例,执行菜单命令 Simulate → Analysis and Simulation → DC Operating Point,弹出的对话框如图 7.72 所示。在对话框的"Output"选项卡中,列出了电路中所有的变量(Variables in circuit),可以通过"Add"或"Remove"按钮将变量加载到分析列表中或从分析列表中移除。如果电路复杂,变量多,则可以通过"All variables"下拉选项对变量进行筛选,下拉选项有"Circuit voltage and current""Circuit voltage""Circuit current""Digital signal""Device/Model parameters""Circuit parameters""Probes""All variables"共 8 个选项。将参数设置完成以后,单击对话框下方的"Run"按钮,即可得到直流分析结果,如图 7.73 所示。

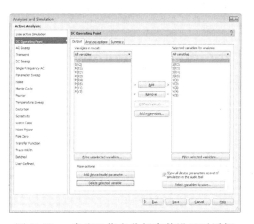

图 7.72   直流工作点分析参数设置对话框　　　图 7.73   直流工作点分析结果

7.5.3   交流扫描分析

交流扫描分析(AC Sweep)的作用是在正弦小信号作用下完成对电路中任意节点的频率响应特性分析,包括幅频特性和相频特性。Multisim 软件在进行交流扫描分析时,所有直流电源将被置零,电容和电感采用交流模型,并对电路中所有的非线性元件(如二极管、晶体管、场效应晶体管等)采用交流小信号模型代替。电路图中原输入信号自动失效,输入信号由系统自动设置为正弦波,信号频率也替换为用户在参数设置对话框中设定的频率范围。交流扫描分析的作用相当于虚拟仪器中的波特仪。

在电路工作区输入如图 7.74 所示 RLC 串联谐振电路,同时在电路中放置了波特仪,用于对比交流分析和波特仪测试结果的差别。执行菜单命令 Simulate → Analysis → AC Sweep,弹出的对话框如图 7.75 所示。

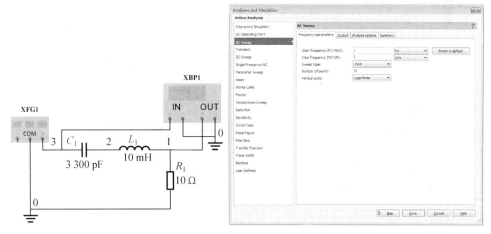

图 7.74   交流扫描分析电路　　　　　图 7.75   交流扫描分析参数设置对话框

交流扫描分析参数设置对话框中有 4 个分选项卡,属于交流扫描分析特有的是频率参数设置(Frequency parameters),其参数含义介绍如下:

（1）Start frequency：设置输入信号的起始频率。

（2）Stop frequency：设置输入信号的截止频率。

（3）Sweep type：设置扫描横坐标频率刻度，包括三个下拉选项，Decade 表示以 10 倍频形式显示横坐标刻度，Linear 表示线性显示，Octave 表示 8 倍频显示。

（4）Number of points：设置交流扫描点数，扫描点数越多，生成曲线越光滑，但是仿真时间也越长。

（5）Vertical scale：设置纵坐标显示刻度。包括三个下拉选项，Linear 表示线性显示，Logarithm 表示对数显示，Decimal 表示分贝显示。

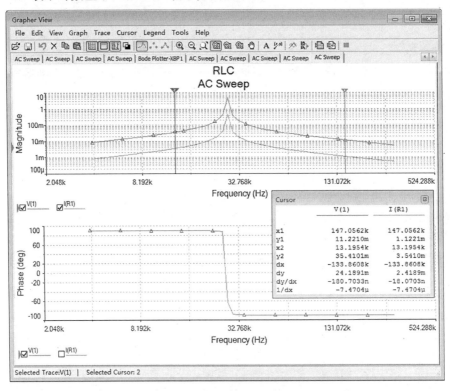

图 7.76　交流扫描分析结果

除了频率参数设置外，其余选项卡均与其他仿真分析方法类似，此处不再赘述。在参数设置完成后，点击"Run"按钮，可以得到如图 7.76 所示的 RLC 串联谐振电路幅频特性曲线。通过改变频率参数设置对话框中的起始和终止频率至谐振频率附近，并且在图形显示窗激活光标，可以方便地发现谐振频率点和 3 dB 带宽。

图 7.77 给出了使用波特仪测试的电路幅频特性和相频特性曲线，显然其显示的频率特性与交流扫描分析结果是一致的，可以根据需要选择使用交互式仿真下的波特仪还是交流扫描分析方法来实现频率特性的测量。

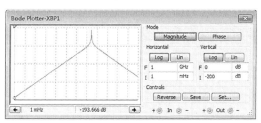

图 7.77   波特仪测试出来的幅频特性曲线和相频特性曲线

7.5.4   瞬态分析

瞬态分析(Transient)的作用是对所选电路中的节点进行非线性时域分析,观察该节点在整个仿真周期内任意时刻的电压波形。Multisim 软件在进行瞬态分析时,所有直流电源保持常数,交流信号源随时间函数输出,电容和电感采用储能模式。瞬态分析的作用相当于虚拟仪器中的示波器。

在电路工作区输入如图 7.78 所示 RC 充放电电路,同时在电路中放置示波器,用于对比瞬态分析和示波器测试结果的差别。执行菜单命令 Simulate → Analysis → Transient,弹出的对话框如图 7.79 所示。

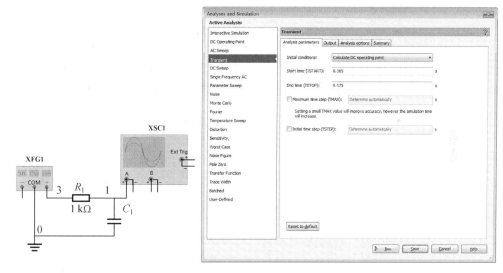

图 7.78   瞬态分析电路   图 7.79   瞬态分析参数设置对话框

瞬态分析参数设置对话框中有 4 个分选项卡,属于瞬态分析特有的是分析参数设置(Analysis parameters),其参数含义介绍如下:

(1)Initial conditions:设置初始条件,包括 4 个下拉选项,Set to zero、User-defined、Calculate DC operating point 和 Determine automatically,其定义与交互式仿真中的初始条件定义一致,在此不再赘述。

(2)Start time(TSTART):设置瞬态扫描的起始时间。

(3)End time(TSTOP):设置瞬态扫描的截止时间。

(4) 最大时间步长(Maximum time step (TMAX)):允许手动输入所需的最大时间

步长。

（5）初始时间步长（Initial time step（TSTEP））：能够设置仿真输出和图形绘制的初始时间步长。

除了分析参数设置外，其余选项卡均与其他仿真分析方法类似，此处不再赘述。在参数设置完成后，点击"Run"按钮，可以得到如图7.80所示的RC充放电电路曲线。通过改变分析参数设置对话框中的起始和终止时间，并且在图形显示窗激活光标，可以方便地测量RC充放电电路的时间常数。

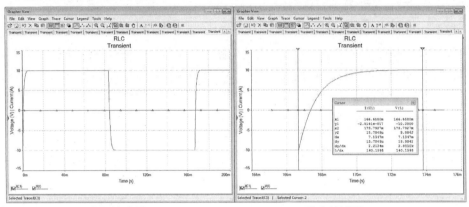

(a) 显示时间范围0~200 ms   (b) 显示时间范围165~175 ms

图7.80 设置不同的显示时间范围有利于测试波形参数指标

图7.81给出了使用示波器测试的RC充放电电路充放电曲线，显然其显示的曲线与瞬态分析结果是一致的，可以根据需要选择是使用交互式仿真下的示波器还是瞬态分析方法来实现时域特性的测量。

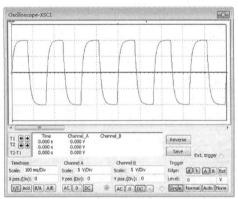

图7.81 示波器测试出来的RC充放电电路充放电曲线

7.5.5 直流扫描分析

直流扫描（DC Sweep）分析是利用1个或2个直流电源对电路中指定节点的直流工作状态进行分析，每按照参数设置改变一次直流电源输入电压，就计算一次指定节点的直流参数（电压、电流和功率等），最终形成一条指定节点直流状态与直流电源参数间的关系曲线。如果电路中直流电源只有 1 个,则一个节点的一个参数对应一条曲线,如果有 2 个电源,则一个节点的一个参数都会对应一簇曲线。直流扫描分析过程中,电路中的电容视为开路,电感视为短路。

在电路工作区输入如图 7.82 所示电路,执行菜单命令 Simulate → Analysis → DC Sweep,弹出的对话框如图 7.83 所示。

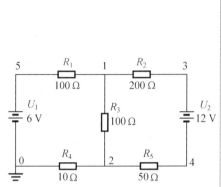

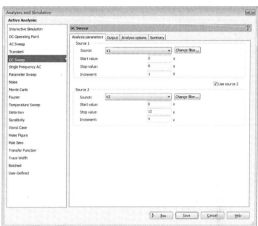

图 7.82　直流扫描分析电路　　　图 7.83　直流扫描分析参数设置对话框

直流扫描分析参数设置对话框中有 4 个分选项卡,属于直流扫描分析特有的是分析参数设置(Analysis parameters),其参数简单,只有 Source 1 和 Source 2,其中 Source 2 可以由 Use source 2 选项选择开启或关闭。Source 1 子选项卡用于设置直流电压源 1 的扫描参数,其中 Start value 为扫描起始值,Stop value 为扫描结束值,Increment 为扫描增量。

除了分析参数设置外,其余选项卡均与其他仿真分析方法类似,此处不再赘述。在参数设置完成后,点击"Run"按钮,可以得到如图 7.84 所示的直流扫描分析电路曲线。通过改变分析参数设置对话框中的起始、终止和增量电压,并且在图形显示窗激活光标,可以方便地测量直流电流中任意节点对应的直流参数。

7.5.6　单频交流分析

单频交流分析(Single Frequency AC)用来测试电路对特定频率交流信号激励下的输出响应,分析结果以输出信号的实部 / 虚部(Real/Imaginary)或幅度 / 相位(Magnitude/Phase)形式给出。

在电路工作区输入如图 7.85 所示电路,执行菜单命令 Simulate → Analysis → Single Frequency AC,弹出的对话框如图 7.86 所示。

单频交流分析参数设置对话框中有 4 个分选项卡,属于单频交流分析特有的是频率设置(Frequency parameters),用于设置分析频率点(Frequency)和输出结果的形式。

除了分析参数设置外,其余选项卡均与其他仿真分析方法类似,此处不再赘述。在参数设置完成后,点击"Run"按钮,可以得到如图 7.87 所示的单频交流分析结果。

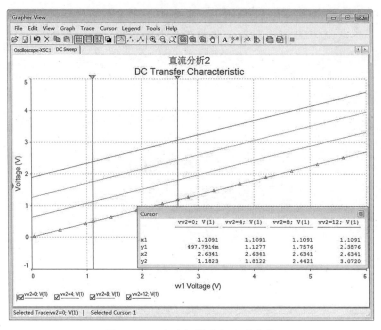

图 7.84　直流扫描分析电路曲线

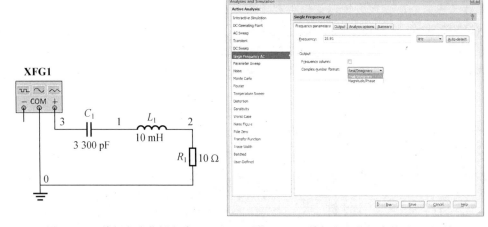

图 7.85　单频交流分析电路　　　图 7.86　单频交流分析参数设置对话框

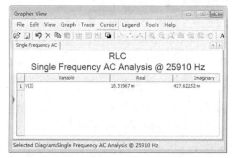

图 7.87　单频交流分析结果

7.5.7　参数扫描分析

参数扫描分析(Parameter Analysis)用来分析电路元件参数在一定范围内变化时对电路的直流工作点、瞬态特性、交流频率特性的影响程度,以便对电路的某些指标进行优化。

在电路工作区输入如图 7.88 所示电路,执行菜单命令 Simulate → Analysis → Parameter Analysis,弹出的对话框如图 7.89 所示。

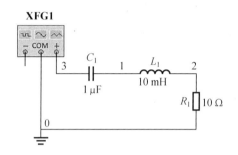

图 7.88　单频交流分析电路

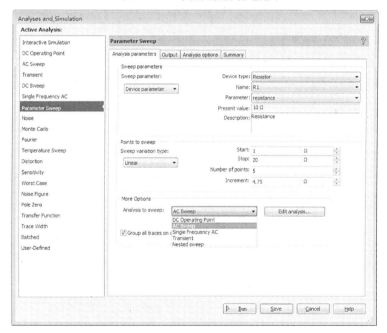

图 7.89　单频交流分析参数设置对话框

参数扫描分析参数设置对话框中有 4 个分选项卡,属于参数扫描分析特有的为分析参数设置(Analysis parameters),其参数含义介绍如下:

1. 扫描参数类型（Sweep parameters）

（1）Sweep parameters 下拉选项：设置扫描参数类型，有三个下拉选项，Device parameter 为元器件参数、Model parameter 为模型参数、Circuit parameter 为电路参数。

（2）器件类型 Device type：设置扫描参数的器件类型，包括电阻、电容、电感和电压源等 4 个选项。

（3）Name：选择元件名称。

（4）Present value：所选元件的电路预设值。

2. 扫描点设置（Points to sweep）

（1）Sweep variation type：扫描参数变化方式，下拉选项中包括 10 倍程扫描（Decade）、线性扫描（Line）、8 倍程扫描（Octave）和列表扫描（List）共 4 种方式。

（2）Start：设置扫描起始值。

（3）Stop：设置扫描结束值。

（4）Number of points：设置扫描点数。

（5）Increment：设置扫描增量，扫描点数和扫描增量互相牵制，可以只设置扫描点数，则可以自动计算出扫描增量。

3. 其他设置（More option）

（1）分析扫描方式（Analysis to sweep）：用于设置分析扫描类型，下拉选项中包括 DC Operating Point、AC Sweep、Single Frequency AC、Transient 和 Nested Sweep（嵌套扫描）共 5 种扫描方式。

（2）Edit analysis：用于编辑所选分析扫描方式的参数。例如如果选择 AC Sweep 扫描方式，则会弹出如图 7.90 所示参数设置对话框。

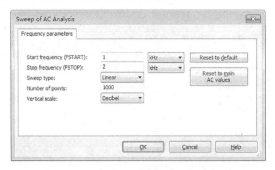

图 7.90　AC Sweep 参数设置对话框

除了分析参数设置外，其余选项卡均与其他仿真分析方法类似，此处不再赘述。在参数设置完成后，点击"Run" 按钮，可以得到如图 7.91 所示的参数扫描分析电路曲线。显然，当电阻逐渐增加的时候，RLC 串联谐振电路的通频带越来越宽，比直接示波器或 AC Sweep 观察更直观，更容易找到电路变化规律。

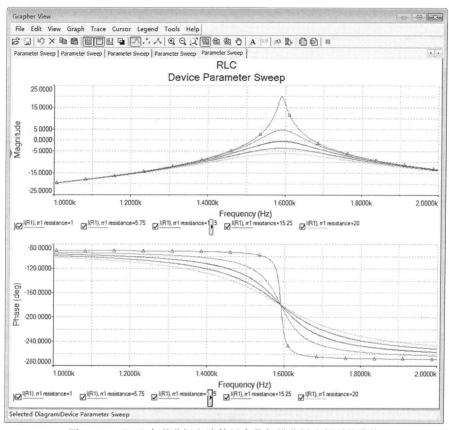

图 7.91　RLC 串联谐振电路使用参数扫描分析法得到的曲线

第 8 章

基于 Multisim 的电路仿真实验

8.1 元件伏安特性测试

8.1.1 实验目的

1.学习应用 Multisim14.1 软件搭建电路的方法。

2.掌握应用 Multisim14.1 软件分析电路的基本方法。

3.利用软件仿真分析电阻和二极管的伏安特性曲线。

8.1.2 实验内容与实验步骤

1.电阻的伏安特性测试

为了绘制如图8.1所示电阻的伏安特性测试电路,打开 Multisim14.1软件后,需要执行"文件 → 新建"命令,新建一个原理图编辑页面,即可以开始原理图编辑。

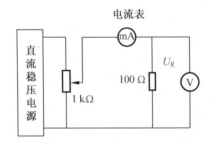

图 8.1 待绘制的电阻伏安特性测试电路

（1）单击元器件工具栏中的 Place Basic 选项放置电阻,再点击 Place Source 选项,放置直流电源,如图 8.2 所示。

（2）在出现的 Basic 元件选择界面中,选择 RESISTOR 电阻,再从右边的 Component 框中选择 100 Ω 电阻,单击 OK 即可将该电阻放置到原理图编辑界面中,如图 8.3 所示。同理,在出现的 Source 元件选择框中选择 POWER_SOUCE,再从右边的 Component 框中选择 DC_POWER直流电源,单击 OK 即可将该直流电源放置到原理图编辑界面中,如图 8.4 所示。

（3）将直流电源和电阻放置到原理图编辑窗口合适位置后,如果需要修改直流电源

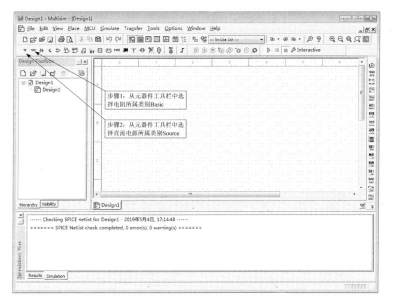

图 8.2　　在 Multisim14.1 原理图编辑界面中放置第一个元件

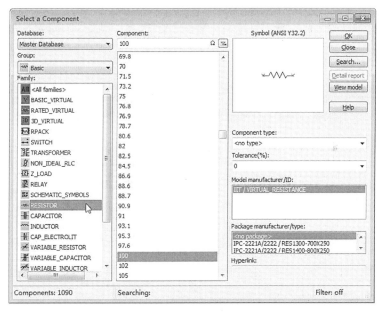

图 8.3　　放置电阻选择对话框

或电阻的参数,可以直接在原理图中双击该元件,即可以设置其参数和标签,对话框如图8.5 和图 8.6 所示。

(4) 如果需要旋转元件的方向,可以右键单击该元件,在出现的右键菜单中,选择 X 轴翻转(Flip horizontally)、Y 轴翻转(Flip vertically)、顺时针旋转 90°(Rotate 90° clockwise) 和逆时针旋转 90°(Rotate 90° counter clockwise) 四个选项中的任意一个,实现旋转元件功能,如图 8.7 所示。

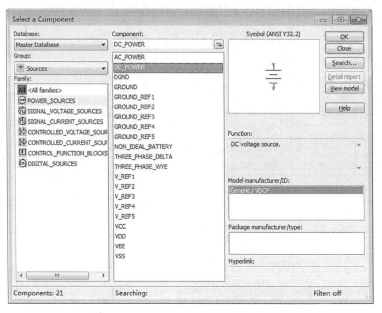

图 8.4   放置直流电源选择对话框

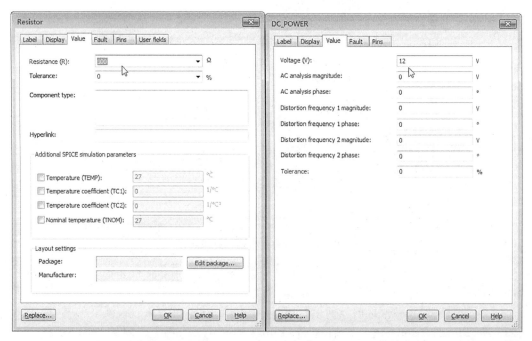

图 8.5   电阻参数设置对话框   图 8.6   直流电源参数设置对话框

图 8.7　元件旋转方式

（5）单击元器件工具栏中的 Place Indicator 选项放置电压表 VOLTMETER 和电流表 AMMETER，如图 8.8 所示。

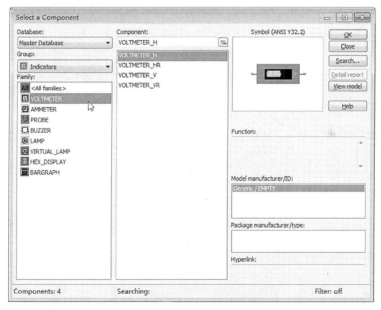

图 8.8　放置电压表和电流表

（6）将所有元件放置好后，如图 8.9 所示，可以开始连线。连线时需要将鼠标放置在元件的引线上，此时鼠标的显示将由箭头形状改变成中间有小圆点的十字形，此时单击左键后，再移动鼠标到另外一个元件引线上，再次单击左键即完成了一次连线。或者鼠标变成中间有小圆点的十字形后，一直保持鼠标左键按住状态，并移动到需要连线的另一点时再次单击左键就完成一次连线。此时已经完成了所有元件放置和连线工作，连接好线的原理图如图 8.10 所示。

（7）运行和观察结果。单击"Simulate"菜单下的 Run 运行按钮，或者直接单击绿色

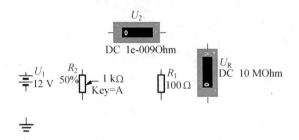

图 8.9　放置好元件但未连线的电路

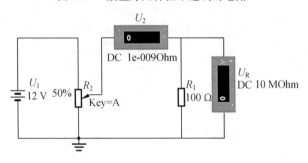

图 8.10　已经连线完成的电路

Run 快捷菜单,或者直接按 F5 快捷键,均可以开始运行仿真。如图 8.11 所示。即可以得到 U_1 电压下 R_1 两端的电压和电流。通过按下键盘"A"键,将可调电阻 R_2 调到 0%,使电阻 R_1 电压为 0。双击可调电阻 R_2 可设定增量(默认为 5%),设为 20%(也可重新设定控制热键,默认为 A)。最终改变电压 R_1 两端的值,获得不同的电流数据,填入表 8.1 中。

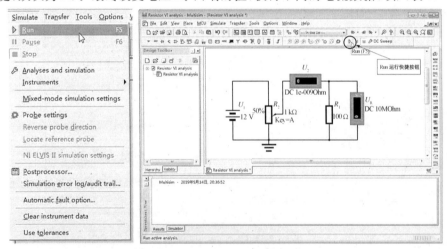

图 8.11　启动 Run 运行的两种方式

表 8.1　电阻伏安特性测试值

电源电压 U_S/V	0	1	2	3	4	5	6	⋯
电路电流 I/mA								
R_x 两端电压 U_R/V								

续表8.1

电源电压 U_s/V	0	1	2	3	4	5	6	⋯
测量的数值 $R = \dfrac{U_R}{I}$/Ω								

此处需要注意两点,一是 Multisim14.1 仿真时默认的电流表和电压表均是理想的电表,电流表阻值非常小（1×10^{-9} Ω）,电压表的电阻则非常大（10 MΩ）,所以电源电压 U_s(V) 即 R_x 两端电压 U_R(V),如果需要分析电流表或电压表的内阻对电路测试结果的影响,可以双击电流表或电压表符号,通过改变对应内阻阻值,再次进行仿真即可。二是 Multisim 14.1 仿真时,不像硬件实验电路一样需要考虑电阻的功率限制,故可以在电阻两端加足够大的电压,电阻通过的电流也可以足够大,但是这仅仅是在仿真环境中,在实际的硬件电路中,需要考虑电阻功率的限制,不能加太大电压或电流,这点需要特别注意。如图 8.12 所示。

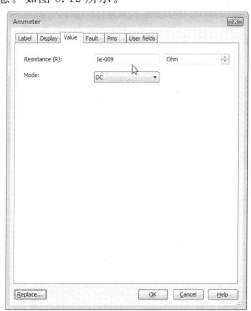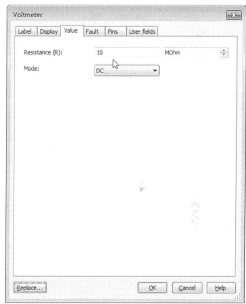

图 8.12　改变电流表和电压表内阻用于研究电表内阻变化对测试结果的影响

上述给出的逐点测试法与硬件电路实验步骤一致,均是先变换一次电压再测量一次电路电流,方法简单但是烦琐,也不直观,除此方法外,还可以利用直流扫描分析(DC Sweep) 功能对电阻伏安特性电路进行测试,直流扫描(DC Sweep) 分析是利用直流电源对电路中指定节点的直流工作状态进行分析,每按照参数设置改变一次直流电源输入电压,就计算一次指定节点的直流参数(电压、电流和功率等),最终形成一条指定节点直流状态与直流电源参数间的关系曲线。执行菜单命令 Simulate → Analysis → DC Sweep,在弹出的 Analysis parameters 对话框中设置 Source 为 U_1,起始值－10 V,终止值 10 V,增量 0.1 V,如图 8.13 所示,在 Output 对话框中添加 I(R1) 为分析参数,如图 8.14 所示。再单击 Run 即可得到直流扫描分析曲线,如图 8.15 所示,可以通过添加光标 Cursor 来测量曲线上的各点读数。

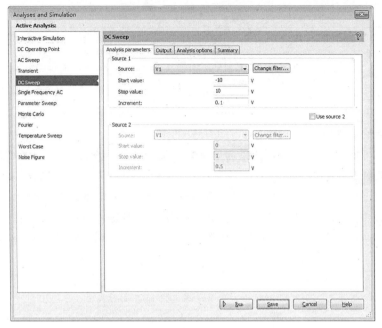

图 8.13　直流扫描分析参数设置 1

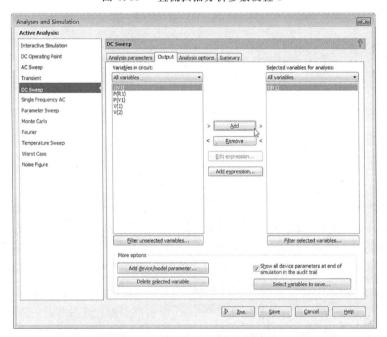

图 8.14　直流扫描分析参数设置 2

2.二极管的伏安特性测试

参考前文对电阻伏安特性测试的方法,对二极管的伏安特性测试也有多种方法可以选择,以下将对这些方法进行详细介绍。

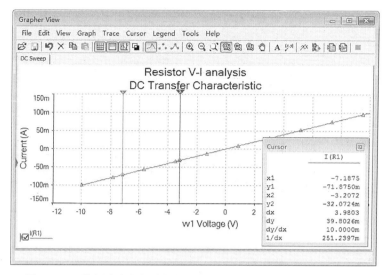

图 8.15　使用直流扫描分析法得到的 $100\ \Omega$ 电阻的伏安特性曲线

（1）按照硬件电路实验采用逐点测试法。

根据图 8.16 所示电路在 Multisim14.1 界面中绘制原理图，然后通过不断改变电压源的电压值，并依次读取各个电压值对应的电流值，填入到表 8.2 和表 8.3 中，可以通过电压和电流值绘制 $U-I$ 曲线。

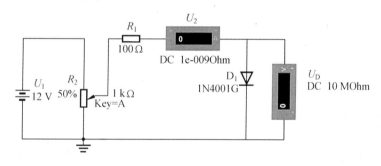

图 8.16　二极管伏安特性测试电路

表 8.2　测定半导体二极管的正向特性实验数据

U_D/V	0	0.20	0.40	0.45	0.50	0.55	0.60	0.65	0.70	0.75
I/mA										

表 8.3　测定半导体二极管的反向特性实验数据

U_D/V	0	-5	-10	-15	-20	-24
I/mA						

（2）采用直流扫描分析法。

根据直流扫描分析方法的特点，并且结合二极管伏安特性分析的需求，需要对二极管伏安特性测试电路进行修改，取消限流电阻，这样输入电压 U_1 就是二极管两端的电压，电路的电流就是流经二极管的电流，此时绘制的电路直流扫描分析曲线就是该二极管的伏安特性曲线,修改后的电路图如图 8.17 所示。

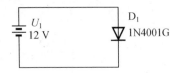

图 8.17　对二极管采取直流扫描分析方法的电路

在直流扫描分析参数设置对话框中,设置 Source 为 V1,起始值－50.5 V,终止值 1 V,增量 0.1 V,如图 8.18 所示,在 Output 对话框中添加 I(D1) 为分析参数。再单击 Run 即可得到直流扫描分析曲线,也即是二极管 1N4001 的伏安特性曲线,如图 8.19 所示。

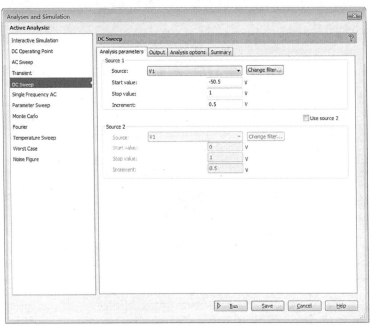

图 8.18　直流扫描分析法参数设置对话框

图 8.19 所测试的二极管伏安特性曲线与理论相符合,反向击穿电压大约为 50 V,开启电压大约为 0.5 V。如要精确看到正向特性,可重复以上操作,只不过将"起始值"栏设为 0 V、"终止值"栏设为 1.0 V,其他不变,可得到如图 8.20 所示二极管正向伏安特性图。同样方式改变起始和终止时间可得到更精确的反向击穿伏安特性图,如图 8.21 所示。

此处需要注意,如前文所述,Multisim14.1 在仿真时,不像硬件实验电路一样需要考虑二极管的电压限制,故可以在二极管两端加足够大的电压,二极管通过的电流也可以足够大,但是这仅仅是在仿真环境中,在实际的硬件电路中,需要考虑二极管参数的限制,不能加太大电压或电流,这点需要特别注意。

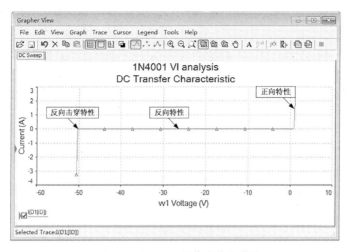

图 8.19　1N4001 的伏安特性曲线

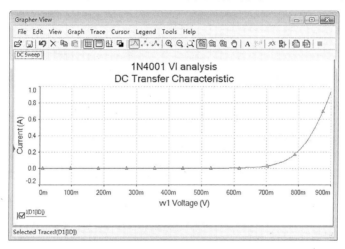

图 8.20　1N4001 的正向伏安特性曲线

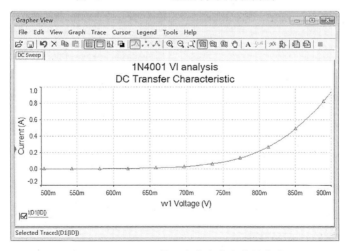

图 8.21　1N4001 的反向击穿伏安特性曲线

（3）采用伏安特性分析仪。

伏安特性分析仪(IV analyzer)是 Multisim 软件中提供的专门用于测量二极管(Diode)、双极型晶体管(NPN BJT 和 PNP BJT)和场效应管(NMOS FET 和 PMOS FET)的伏安特性曲线的仪器,其与二极管连接的电路如图8.22所示。双击伏安特性分析仪电路符号,在弹出的仪器面板中选择 Simulate Parameters 参数设置对话框,如图8.23所示,将起始电压设置为－50.5 V,终止电压1 V,增量10 mV,点击"OK"退出设置。最后再点击"Run"运行按键开始仿真,得到的二极管 1N4007 伏安特性曲线如图 8.24 所示。

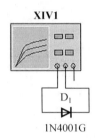

图 8.22　伏安特性分析仪与二极管连接电路图

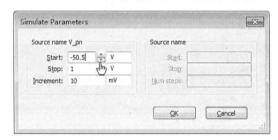

图 8.23　伏安特性分析仪仿真参数设置对话框

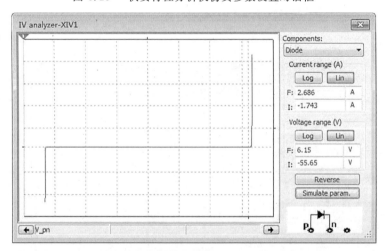

图 8.24　伏安特性分析仪测试得到的 1N4007 的伏安特性曲线

3.稳压二极管的伏安特性测试

稳压二极管的伏安特性测试可以参考普通二极管的测试,有三种测试方法,需要注意的是,由于稳压二极管的稳压值与电压源电压有差值,故对其进行分析时,需要保持限流二极管的存在。

　　如图 8.25 所示,本仿真实例使用的是 1N4730 A 稳压二极管,查询其数据手册,参数见表 8.4,稳压电压为 3.9 V,最大电流 1 190 mA,因此在仿真时为了准确获得其伏安特性曲线,不应超过此技术指标限制。

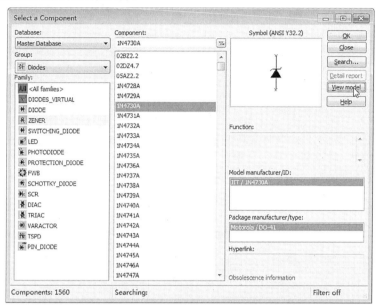

图 8.25　以 1N4732 A 作为实例分析稳压二极管伏安特性曲线

表 8.4　1W 系列常用稳压二极管主要参数

器件	稳压值 $U_Z@I_Z$/V			稳定电流 I_Z/mA	阻抗 $Z_Z@I_Z/\Omega$	漏电流		最大稳定电流 I_{ZSM}/mA
	Min.	Typ.	Max.			$I_R/\mu A$	U_R/V	
1N4730 A	3.705	3.9	4.095	64	9	50	1	1 190

　　(1)按照硬件电路实验采用逐点测试法。

　　根据图 8.26 所示电路在 Multisim14.1 界面中绘制原理图,然后通过不断改变电压源的电压值,并依次读取各个电压值对应的电流值,填入到表 8.5 和表 8.6 中,可以通过电压和电流值绘制 $U-I$ 曲线。

表 8.5　测定稳压二极管的正向特性实验数据

U_Z/V	0	0.20	0.30	0.40	0.45	0.50	0.55	0.60	0.65	0.70	0.75
I/mA											

表 8.6　测定稳压二极管的反向特性实验数据

U/V	0	1	2	3	4	5	8	10	12	18	20
U_{Z-}/V											
I/mA											

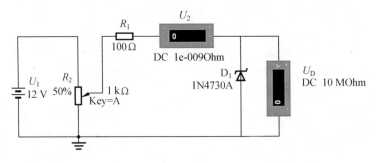

图 8.26　使用逐点测试法测定稳压二极管的正向特性

（2）采用直流扫描分析法。

仍以电路进行分析，运行 Analyses and Simulation 下的 DC Sweep，设置扫描参数，如图 8.27 所示，并添加 D1 的电流和电压作为分析输出对象，再点击 Run 运行，得到的曲线如图 8.28 所示，通过移动光标 a 和 b 可以得到 D1 的电压与电流之间的关系，从而可以间接绘制伏安特性曲线。

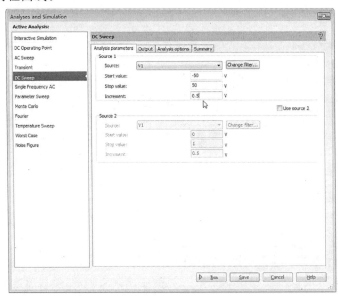

图 8.27　直流扫描分析参数设置对话框

（3）采用伏安特性分析仪。

参考普通二极管进行伏安特性分析的方法，使用伏安特性分析仪对稳压二极管分析的电路如图 8.29 所示，参考 1N4730 的参数表，设置电流范围为 $-2 \sim 2$ A，即可得到相应的伏安特性曲线。使用光标测量，即可得到其稳压电压约 3.9 V。

Multisim14.1 在仿真时，不像硬件实验电路一样需要考虑电阻、二极管的电压限制，故可以在电阻、二极管两端加足够大的电压，电阻、二极管通过的电流也可以足够大，但是这仅仅是在仿真环境中，在实际的硬件电路实验中，则需要考虑电阻、二极管技术参数的限制，不能加太大电压或电流，这点需要特别注意。

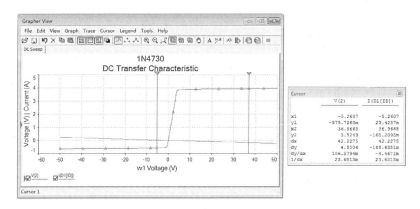

图 8.28　对 1N4730 执行直流扫描分析得到的曲线

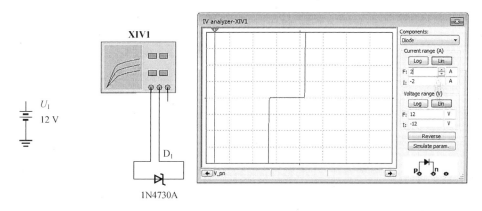

图 8.29　伏安特性分析仪测试得到的 1N4730 的伏安特性曲线

8.2　基尔霍夫定律

8.2.1　实验目的

1.通过实验验证基尔霍夫电压定律,巩固所学的理论知识。

2.学习采用 Multisim14.1 软件建立电路和直流电路的分析方法。

8.2.2　实验内容及步骤

本仿真实例以图 8.30 所示电路对基尔霍夫电路进行验证。在 Multisim14.1 中绘制该原理图,如图 8.31 所示。

针对如图 8.31 所示基尔霍夫仿真电路,Multisim14.1 获得各节点电压和各支路电流的方法有两种,即直流工作点分析法和使用电压表和电流表的逐点测试法。

1.直流工作点分析法

直流工作点分析也称为静态工作点分析,用于分析直流电源激励下的各支路电压和电流。对电路执行直流工作点分析时,电路中的交流源均置零处理,即交流电压源短路,

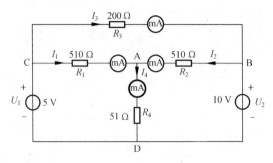

图 8.30　基尔霍夫电路

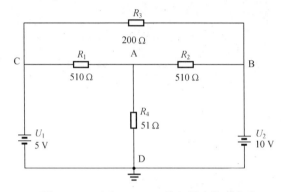

图 8.31　Multisim14.1基尔霍夫仿真电路

交流电流源开路,电容视为开路,电感视为短路,电路中的数字器件视为高阻接地。

执行菜单命令 Simulate → Analysis and Simulation → DC Operating Point,弹出的对话框如图 8.32 所示。在对话框的"Output"选项卡中,通过"Add"或"Remove"按钮将所需分析的变量加载到分析列表中或从分析列表中移除。设置完成后,点击"Run"按钮执行直流工作点分析功能。得到的各个节点电压和支路电流如图 8.33 所示,可以将相关测试数据填入到表 8.7 中。

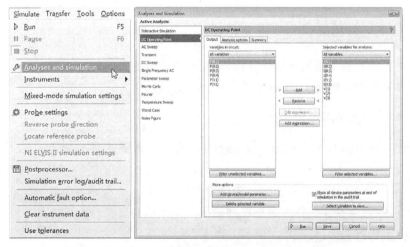

图 8.32　使用直流工作点分析的菜单选项和参数设置界面

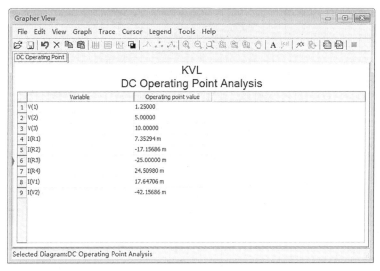

图 8.33　使用直流工作点分析得到的各节点电压与电流

表 8.7　基尔霍夫定律数据记录表

被测量	I_{R_4}	I_{R_1}	I_{R_2}	$\sum I$	U_{AB}	U_{BD}	U_{DA}	$\sum U$	U_{BC}	U_{CD}	U_{DB}	$\sum U$
	单位：mA				单位：V				单位：V			
测量值												
计算值												
误差												

在使用图 8.33 所示直流工作点分析得到的各节点电压与支路电流数据时需要注意，电压和电流的方向和定义需要明确，例如在图中给出的 V(1)、V(2) 和 V(3)，无法给出相关的定义。而对于电流来说，参考数据可以看出，电流的默认正方向为从左至右、从上至下，如果电流是从右至左、从下至上，则数据为负。例如 $I(R_1)=7.352\ 94\ \text{mA}$，说明其电流方向为从左至右，即 $I_{CA}=7.352\ 94\ \text{mA}$，$I(R_2)=-17.156\ 86\ \text{mA}$，说明其电流方向为从右至左，即 $I_{BA}=17.156\ 86\ \text{mA}$，$I(R_4)=24.509\ 80\ \text{mA}$，说明其电流方向为从上至下，即 $I_{AD}=24.509\ 80\ \text{mA}$，对节点 A 进行基尔霍夫电流定律分析，假设流入节点电流为正，流出节点电流为负，则 $\sum I=I_{CA}+I_{BA}-I_{AD}=7.352\ 94+17.156\ 86-24.509\ 80=0$，即验证了基尔霍夫电流定律的正确性。

2. 逐点测试法

除了上述两种方法外，可以参考硬件实验电路的方法，在电路中放置足够的电压表和电流表或数字万用表，如图 8.34 和图 8.35 所示，先选择交互式仿真（Interactive Simulation）模式，再运行"Simulate"选项卡下"Run"按键（或直接单击菜单栏中的 Run 快捷键），即可以得到相关的测试数据。

由上述两个电路的仿真结果可以看出，相比于直流工作点分析法，逐点测试法的测试结果更加直观，所有在使用 Multisim14.1 进行基尔霍夫定律仿真时，可以使用逐点测试

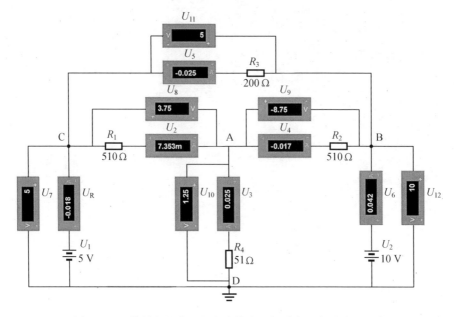

图 8.34   使用电压表和电流表构成基尔霍夫逐点测试法电路

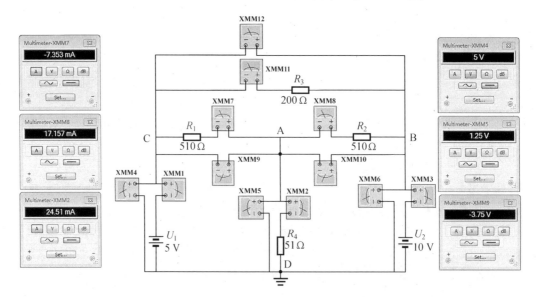

图 8.35   使用数字万用表构成基尔霍夫逐点测试法电路

法,利用足够多的电压表和电流表,构成测试电路,快速、准确地获得电路工作数据。

借助上图直观的电压和电流表数据,对基尔霍夫定律进行一个简单的验证,首先验证基尔霍夫电压定律是否存在,从 ABDC 和 ADC 两个回路分别来看:

$$U_{AB} = -8.75 \text{ V}, U_{BD} = 10 \text{ V}, U_{DC} = -5 \text{ V}, U_{CA} = 3.75 \text{ V}$$

$$\sum U = U_{AB} + U_{BD} + U_{DC} + U_{CA} = -8.75 + 10 - 5 + 3.75 = 0 \text{ (V)}$$

$$U_{AD} = 1.25 \text{ V}, U_{DC} = -5 \text{ V}, U_{CA} = 3.75 \text{ V}$$

$$\sum U = U_{AD} + U_{DC} + U_{CA} = 1.25 - 5 + 3.75 = 0 \ (V)$$

通过上述分析发现,电路回路的电压和为 0 V,即基尔霍夫电压定律是成立的。

以节点 A 和 B 为例,假设流入节点的电流方向为正,流出节点的电流验证基尔霍夫电流定律是否存在。

$$I_{R_1} = 7.353 \ mA, I_{R_2} = 17.157 \ mA, I_{R_4} = -24.51 \ mA$$

$$\sum I_A = 7.353 + 17.157 + (-24.51) = 0$$

$$I_{R_2} = -17 \ mA, I_{R_3} = -25 \ mA, I(U_2) = 42 \ mA$$

$$\sum I_B = -17 + (-25) + 42 = 0$$

因此,在节点 A 和 B 处的测试结果表明基尔霍夫电流定律的正确性。

使用 Multisim 软件进行基尔霍夫定律实验时,应该注意以下几点:

(1) 每个 Multisim 电路中均必须接有接地点,且与电路可靠连接。

(2) 测量电压时应该把直流电压表并联在电路中进行测量,Multisim 中电压表粗线接线端要与待测电路的负极相连,另一个接线端则与待测电路的正极相连,使用时应特别注意电压表的极性。

(3) 基于绘图美观的考虑,可将电压表通过工具栏中的"翻转"快捷键调整到与待测器件或电路平行的状态再连线。

(4) 电压表测量模式选择默认的直流模式,即在 Voltmeter(电压表)器件的元器件属性(Voltmeter Properties)对话框中选择 Value→mode→DC 选项,另在 Label→Label 对话框中可为电压表命名。

(5) 绘制好的实验电路必须经认真检查后方可进行仿真。若仿真出错或者实验结果明显偏离实际值,请停止仿真后仔细检查电路是否连线正确、接地点连接是否有误等情况,排除误点后再进行仿真,直到仿真正确、测量得到理想的读数。

(6) 记录到表格中的数据即电压表上显示的直接读数,"+""-"亦要保留。

8.3　叠加定理验证实验

8.3.1　实验目的

1.通过 Multisim14.1 软件仿真验证叠加原理。

2.通过 Multisim14.1 的仿真实验结果加深对叠加原理的理解。

8.3.2　实验内容及步骤

本实验以图 8.36 所示的电路来仿真验证叠加定理和齐次性定理,与基尔霍夫定理验证方法一致,在 Multisim 的原理图界面中绘制好原理图后,可以使用"直流工作点分析"或"电压表＋电流表直接测量法"获得电路中显示出所有节点的电压和支路的电流。此处为了更直观地显示电压与电流,在电路中放置了电压表和电流表,同时使用开关 S_1、S_2、S_3 和 S_4 实现 U_1、U_2 的单独作用和共同作用,电路图如图 8.37 所示。

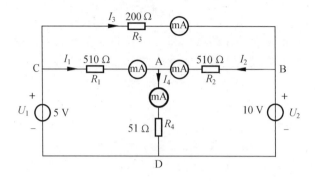

图 8.36   叠加定理实验线路

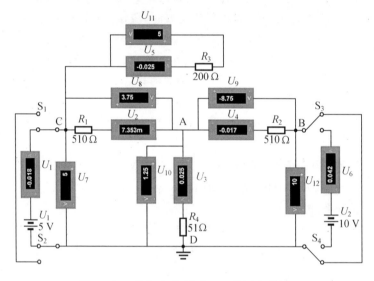

图 8.37   叠加定理 Multisim 验证实验图

当 U_1 单独作用时,利用 S_1 和 S_2 将 U_1 接入电路,S_3 和 S_4 则将 U_2 从电路中断开。同理,U_2 单独作用时,利用 S_1 和 S_2 将 U_1 从电路中断开,S_3 和 S_4 则将 U_2 接入电路。$U_1 + U_2$ 共同作用时,利用 S_1、S_2、S_3 和 S_4 则将 U_1 和 U_2 均接入电路。$2U_1 + U_2$ 作用时,则需要双击 U_1 符号,直接修改其电压值。将得到的结果填入叠加定理与齐次性验证数据表 8.8 中。

表 8.8   叠加定理与齐次性验证数据表 1

被测值	U_1	U_2	I_{AM1}	I_{AM2}	I_{AM3}	I_{AM4}	I_{AM5}	U_{R_1}	U_{R_2}	U_{R_3}	U_{R_4}	U_{R_5}
	单位:V		单位:mA					单位:V				
U_1 单独作用	10	0										
U_2 单独作用	0	5										
U_1 和 U_2 共同作用	10	5										

续表8.8

被测值	U_1	U_2	I_{AM1}	I_{AM2}	I_{AM3}	I_{AM4}	I_{AM5}	U_{R_1}	U_{R_2}	U_{R_3}	U_{R_4}	U_{R_5}
	单位：V		单位：mA					单位：V				
U_1 和 U_2 单独作用叠加计算值	10	5										
相对误差												
U_1 和 $2U_2$ 共同作用	10	10										
U_1 和 $2U_2$ 单独作用叠加计算值	10	10										
相对误差												

与基尔霍夫定律实验类似,使用 Multisim 进行叠加定理仿真实验时,应注意以下事项:

(1)每个 Multisim 电路中均必须接有接地点,且与电路可靠连接(即接地点与电路的连接处有黑色的节点出现)。

(2)改变电阻的阻值时,需要在 Resistor(电阻)器件的元器件属性(Resistor Properties)对话框中选择 Value → Resistance(R)选项,在其后的框中填写阻值,前一框为数值框,后一框为数量级框,填写时注意两个框的不同。

(3)基于绘图美观的考虑,可将电流表通过工具栏中的"翻转"快捷键调整到与待测器件或支路平行的状态再连线,开关亦可通过此方法调整到合适的位置以便连线。

(4)电流表测量模式选择默认的直流模式,即在 Ammeter(电流表)器件的元器件属性(Ammeter Properties)对话框中选择 Value → mode → DC 选项,另在 Label → Label 对话框中可为电流表命名。

(5)在开关和电压源连线时,尤其注意不要出现电源通过连线被短接的情况,可利用控制键调试一下需测量的三种状态,防止该情况的发生。

(6)绘制好的实验电路必须经认真检查后方可进行仿真。若仿真出错或者实验结果明显偏离实际值,请停止仿真后仔细检查电路是否连线正确、接地点连接是否有误等,排除误点后再进行仿真,直到仿真正确、测量得到理想的读数。

(7)记录到表格中的数据即电流表上显示的直接读数,"+""−"亦要保留。

8.4　戴维南定理与诺顿定理验证实验

8.4.1　实验目的

1.掌握有源二端网络戴维南等效电路参数的测定方法。

2.验证戴维南定理、诺顿定理和置换定理的正确性。

8.4.2 实验内容

戴维南定理是指任何一个线性含源单口网络,都可以用一个等效电压源来代替,其中电压源的电动势等于该单口网络的开路电压U_{OC},其等效内阻R_0等于该网络中所有独立电源均置零(理想电压源视为短路,理想电流源视为开路)后所得无源网络的等效电阻。等效电压源的内阻R_0和开路电压U_{OC}称为该含源单口网络的等效参数,可以用实验的方法测得其值。

诺顿定理是指任何一个线性含源单口网络,都可以用一个等效实际电流源来代替,此电流源的电流等于该单口网络的端口短路电流I_{SC},并联电阻R_0等于独立源置零后所得无源网络的等效电阻。等效电流源的内阻R_0和短路电流I_{SC}称为含源单口网络的等效参数,同样可以用实验方法测得其值。

为了验证戴维南定理和诺顿定理的正确性,需要分别测试原电路和等效电路在任意不同负载条件下的电压和电流值,获得端口的伏安特性曲线。如果等效电路的伏安特性曲线和原被测等效电路曲线是完全重合的,即说明它们的伏安特性是相同的,也就证明它们是等效的。本节中以图8.38所示电路进行戴维南定理和诺顿定理分析。

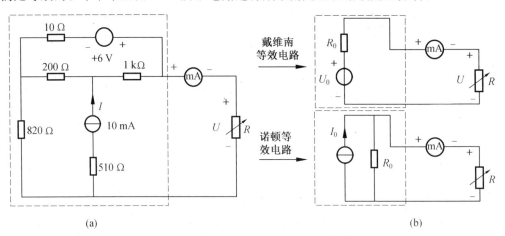

图 8.38 被测有源二端网络电路原理图

1. 用开路电压、短路电流法测定戴维南等效电路U_{OC}和R_0

在Multisim14.1原理图编辑界面中绘制原理图,如图8.39所示,在含源单口网络输出端开路时,用电压表直接测其输出端的开路电压U_{OC},然后将其输出端短路,如图8.40所示,用电流表测其短路电流I_{SC},则等效电阻为$R_0 = U_{OC}/I_{SC}$。将测试数据填入表8.9中。

表 8.9 开路电压、短路电流法测定的戴维南等效电路数据

U_{OC}/V	I_{SC}/mA	$R_0 = \dfrac{U_{OC}}{I_{SC}}/\Omega$
14.17	17.07	830.11

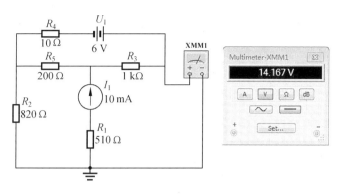

图 8.39　开路电压法

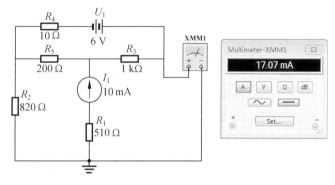

图 8.40　短路电流法

2. 用独立源置零法和半电压法测 R_0

将被测含源网络内的所有独立源置零后(电压源短路,电流源开路),直接用万用表的电阻挡去测定输出端两点间的电阻,即为被测网络的等效电阻 R_0,如图 8.41 所示。按照图 8.41 方法测量等效电阻 R_0。将所有数据填入表 8.10 中。

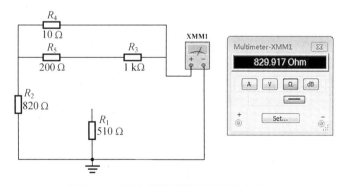

图 8.41　独立源置零法测量等效内阻 R_0

半电压法是指当负载电压为被测网络开路电压的一半时,负载电阻(由万用表测量)即为被测含源单口网络的等效电阻值。用如图 8.42 所示的电位器 R_6 替换掉欧姆表加入到电路中,调节 R_6 的阻值,使得 R_6 两端电压 XMM1 示数为开路电压 U_{OC}(14.17 V) 的一半,即 7.08 V,如图 8.43 所示。再看此时 R_6 的读数,设置百分数为 8.3%,即 830 Ω,将测试结果填入表 8.10 中。

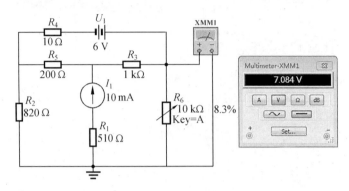

图 8.42　半电压法测试电路

图 8.43　电位器 R_6 示数

表 8.10　用半电压法测量等效内阻 R_0 数据

U_{OC}/V	U_L/V	R_0/Ω(独立源置零法)	R_0/Ω(半电压法)
14.17	7.08	829.92	10 kΩ × 8.3% = 830

3. 测量有源二端网络的外特性曲线

测量有源二端网络的外特性曲线,可以参考元件伏安特性曲线的方式,将外部负载电

阻 R_L 接入电路中,通过改变 R_L 阻值,逐点测试 R_L 两端的电压和电流,如图 8.44 所示,将 R_6 阻值设置为 10 kΩ,并且在电路中加入万用表 XMM2 测试 R_6 的电流。通过快捷键 A 改变 R_6 的阻值,记录对应 XMM1 和 XMM2 的读数,填入表 8.11 中。

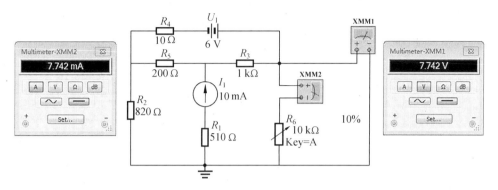

图 8.44 测量有源二端网络的外特性曲线电路

表 8.11 测量有源二端网络的外特性数据

R_L	%	10	20	30	40	50	60	70	80	90	100
	Ω	1 k	2 k	3 k	4 k	5 k	6 k	7 k	8 k	9 k	10 k
U/V											
I/mA											

4. 测量戴维南等效电路的外特性曲线

将有源二端网络的电路替换成戴维南等效电路,按照上述方法对该电路开展逐点测试法测试,参数设置如图 8.45 所示,R_6 仍然从 0 变化到 100%,将 R_6 两端电压和电流的数据测试结果填入表 8.12 中。

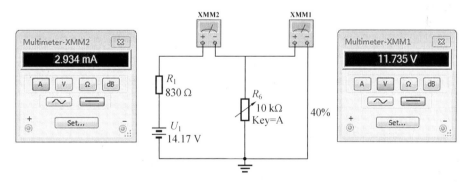

图 8.45 测量戴维南等效电路的外特性曲线电路

表 8.12 测量戴维南等效电路的外特性数据

R_L	%	10	20	30	40	50	60	70	80	90	100
	Ω	1 k	2 k	3 k	4 k	5 k	6 k	7 k	8 k	9 k	10 k
U/V											
I/mA											

通过对比上述两个表格可以发现,如果在 1 kΩ 至 10 kΩ 负载电阻对应的电压和电流值上,戴维南等效电路和有源二端网络所得到的数据是完全一致的,则可以得到结论:戴维南等效电路是成立的。

5. 测量诺顿等效电路的外特性曲线

将戴维南等效电路替换成诺顿等效电路,重新开展逐点测试法,参数设置如图 8.46 所示,R_6 仍然从 0 变化到 100%,将 R_6 两端电压和电流的数据测试结果填入表 8.13 中。

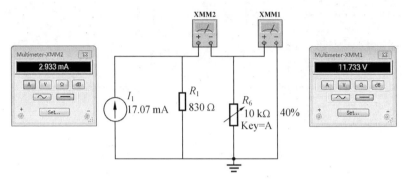

图 8.46　测量诺顿等效电路的外特性曲线电路

表 8.13　**测量诺顿等效电路的外特性数据**

R_L	%	10	20	30	40	50	60	70	80	90	100
	Ω	1 k	2 k	3 k	4 k	5 k	6 k	7 k	8 k	9 k	10 k
U/V											
I/mA											

通过对比诺顿等效电路的外特性数据和有源二端网络的外特性数据两个表格可以发现,在 1 kΩ 至 10 kΩ 负载电阻对应的电压和电流值上,如果诺顿等效电路和有源二端网络所得到的数据是完全一致的,则可以看出,诺顿等效电路是成立的。

8.5　RLC 串联谐振特性研究实验

8.5.1　实验目的

1. 利用 Multisim14.1 软件分析 RLC 串联谐振电路的特性。
2. 了解谐振现象,加深对谐振电路特性的认识。
3. 研究电路参数对串联谐振电路的影响。
4. 掌握测绘通用谐振曲线的方法。
5. 对比硬件实验结果和软件仿真的差异,并分析其原因。

8.5.2　实验内容与实验参考步骤

本实例中所用到的 RLC 串联谐振电路原理图如图 8.47 所示,根据公式,可以计算出

该电路的相关参数为

$$\omega_0 = \frac{1}{\sqrt{LC}} = \frac{1}{\sqrt{10 \times 10^{-3} \times 1 \times 10^{-6}}} = 1 \times 10^4 \, (\text{rad/s})$$

$$f_0 = \frac{1}{2\pi\sqrt{LC}} = \frac{\omega_0}{2\pi} = \frac{1 \times 10^4}{2 \times 3.14} \approx 1.618 \, (\text{kHz})$$

$$Q = \frac{\omega_0 L}{R} = \frac{1 \times 10^4 \times 10 \times 10^{-3}}{1} = 100$$

$$\text{BW} = \frac{f_0}{Q} = \frac{1\,618}{100} \approx 16.2 \, (\text{Hz})$$

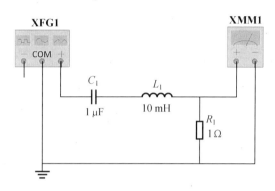

图 8.47　RLC 串联谐振仿真电路

为了准确寻找谐振频率点,有以下三种方法:

1. 使用函数信号发生器和电压表或电流表

使用函数信号发生器和电压表或电流表寻找谐振频率点的方法是将电压表跨接在电阻 R_1 两端,并且在 C_1 和 L_1 两端也放置电压表,如图 8.48 所示。通过函数信号发生器 XFG1 使输出正弦波频率由小逐渐变大(由于函数信号发生器是理想信号源,故此处可以不像硬件电路实验一样需要使用示波器随时观察信号幅度,以确保信号源的输出幅度不变),当 XMM1 的读数为最大时,如图 8.49 所示,函数信号发生器上的频率值即为电路的谐振频率 f_0,并测量此时对应的 $u_{R0}(u_0)$、u_{L0}、u_{C0} 的值,记入表 8.14 中。 此处在

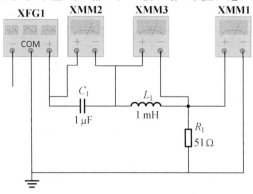

图 8.48　使用函数信号发生器和电压表寻找谐振频率点

5.015 kHz、5.016 kHz 和 5.017 kHz 时三个频率点时，XMM2 和 XMM3 的读数值接近，特别是当 $f=5.016$ kHz 时效果最好，故中值 5.016 kHz 为寻找到的谐振频率点，其与理论值 5.035 kHz 误差非常小。再改变 R 的阻值为 1 kΩ 和 10 Ω，再次寻找谐振频率点，将测试数据填入到表格中，并计算对应 Q 值。

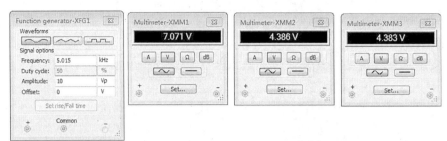

(a) $f=5.015$ kHz 时的电压表读数

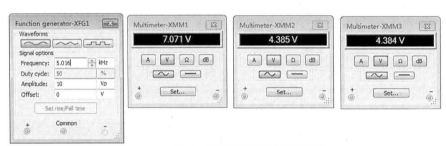

(b) $f=5.016$ kHz 时的电压表读数

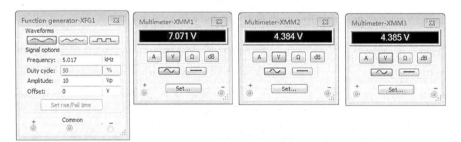

(c) $f=5.017$ kHz 时的电压表读数

图 8.49　寻找到的谐振频率点

表 8.14　使用函数信号发生器和电压表寻找谐振频率数据

R	f_0	u_0	u_{L0}	u_{C0}	Q
51 Ω	5.016 kHz	7.071 V	4.385 V	4.384 V	
1 kΩ					
10 Ω					

2. 使用波特仪寻找谐振频率点

波特仪（Bode Plotter）又称为扫频仪、频率特性测试仪，通过测量电路的幅频特性和相频特性，最终获得电路的频率响应。使用波特仪寻找谐振频率点的电路如图 8.50 所示。根据波特仪的特点，仿真时不需要设置信号频率，直接可以得到幅频特性曲线和相频特性曲线,如图 8.51 所示。移动光标,在幅频特性曲线中找峰值点,例如此时 5.003 kHz 对应 — 0 dB,即谐振频率点为 5.003 kHz;在相频特性曲线中,移动光标寻找相位为 0 的点,由于鼠标移动的步进不一定能恰好覆盖到零点,如图 8.51(b) 所示,5.051 kHz 时对应的相位为 — 0.256 deg,近似为 0,即谐振频率点可以认为是 5.051 kHz。显然,从波特仪的幅频特性曲线和相频特性曲线中得到的谐振频率点与理论值也十分吻合,些许差异是由于对应特性曲线中的光标步进问题所导致的。

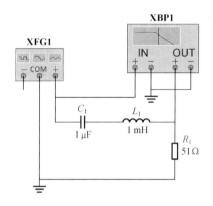

图 8.50　使用波特仪寻找谐振频率点的电路图

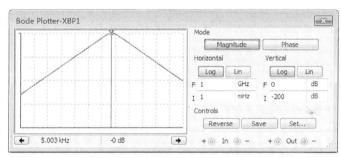

(a) 从幅频特性曲线中寻找谐振频率点

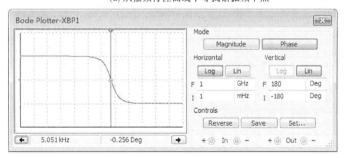

(b) 从相频特性曲线中寻找谐振频率点

图 8.51　从幅频特性和相频特性曲线中寻找谐振频率点的方法

3. 使用交流扫描分析方法寻找谐振频率点

交流扫描分析方法和波特仪法类似,可以直接显示谐振曲线和相位曲线。该方法的电路如图 8.52 所示,执行菜单命令 Simulate→Analysis→AC Sweep,弹出的对话框如图 8.53 所示。设置起始频率为 1 kHz,终止频率为 10 kHz,采样数为 1 000,扫描方式为对数,获得的图形为振幅、相位。设置完成点击确认即可得到相应的图形,如图 8.54 ~ 8.56 所示。通过添加指针可以较准确地找到谐振频率点。

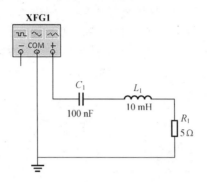

图 8.52　待分析 RLC 串联谐振电路

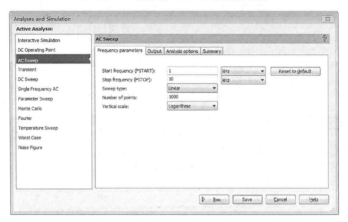

图 8.53　交流扫描分析参数设置对话框

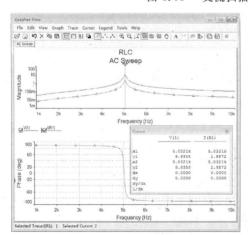
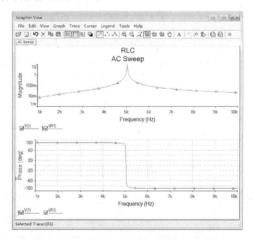

图 8.54　$R = 5\ \Omega$ 时的交流扫描分析结果　　图 8.55　$R = 1\ \Omega$ 时的交流扫描分析结果

　　由上述图形可知,软件仿真的数据与理论计算值是吻合的,并且谐振频率曲线显示,电阻 R 对谐振曲线的影响也是巨大的,决定了谐振曲线的"张口度",电阻越小,张口越小,谐振曲线越"尖",越容易准确找到谐振频率点,反之,电阻越大,则张口越大,谐振曲线越平缓,找寻谐振频率点难度越大。这就需要在做硬件电路实验时选择好电阻 R,以免造成谐振曲线太平缓,不利于准确定位谐振频率点。

4. 使用示波器寻找谐振频率点

(1) 寻找谐振频率点。

使用示波器寻找谐振频率点的电路如图 8.57 所示,使信号的频率由小逐渐变大,保持电压的幅值 $U_P=10$ V 不变,观察示波器所显示的总电压 U_i 与电阻的电压 U_R 的波形,当两者相位相同、大小相等且 $U_L=U_C$ 时电路发生谐振。此时信号发生器的设置和显示波形如图 8.58 所示,其幅值读数为 $U_{om}\approx U_{rm}=9.986$ V,谐振频率直接读取信号源频率,即 5.016 kHz,与理论值吻合。将上述数据记入表 8.15 中。可见,谐振时总电压与总电流相位也同相,与之前导出的理论值相符合,验证了实验电路是正确的。

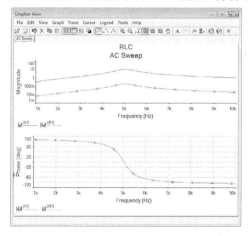

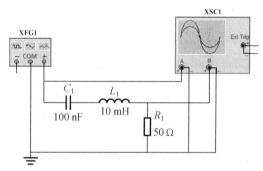

图 8.56　$R=50$ Ω 时的交流扫描分析结果　　图 8.57　使用示波器寻找谐振频率点实验电路

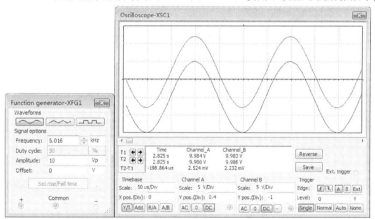

图 8.58　电路谐振时总电压 U_i 与电阻电压 U_R 的波形以及信号发生器的设置

表 8.15　RLC **串联谐振实验数据表**$(L=10$ mH$,C=0.1$ μF$)$

测量内容	$f_0/$ kHz	$U_R/$V	$U_C/$V	$U_L/$V	$I_0(=\dfrac{U_R}{R})/$mA	$Q=U_C/U$

续表8.15

测量内容	f_0/kHz	U_R/V	U_C/V	U_L/V	$I_0(=\dfrac{U_R}{R})$/mA	$Q=U_C/U$

（2）电路呈感性的条件。

当$f>f_0(X_L>X_C)$时，信号源电压U_i与电阻的电压U_R的波形如8.59所示，总电压U_i的相位超前电阻电压U_R的相位，即超前总电流$i(I=U_R/R=U/R)$的相位，电路呈感性。

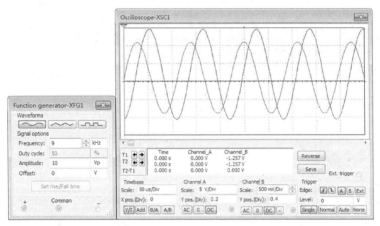

图8.59　$f=9$ kHz$>f_0$时的输入电压与电阻两端电压的波形

（3）电路呈容性的条件。

当$f<f_0$时，信号源电压U_i与电阻的电压U_R的波形如图8.60所示，总电压U_i的相位滞后电阻电压U_R的相位，即超前总电流$i(I=U_R/R=U/R)$的相位，电路呈容性。

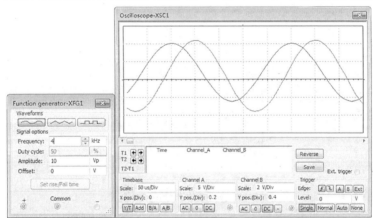

图8.60　$f=4$ kHz$<f_0$时的输入电压与电阻两端电压的波形

5.使用示波器测量谐振时的输入电压U_i和电容电压U_C、电感电压U_L的波形

由于示波器两个探头的负端在内部是连在一起的，所以使用示波器同时测量信号源和电感或电容两端电压时，必须考虑共地的问题，否则会因为示波器探头的接入改变电路的拓扑结构。因此,测试电容或电感两端电压波形时,其电路需做一定改变,测量电容电压 U_C 的电路如图 8.61 所示,将电容与电阻更换了位置,确保示波器两个探头的负端均接地。示波器得到的图形如图 8.62 所示,使用光标测量出输入电压 U_i 和电容电压 U_C 的时间差为 49.242 μs,输入信号频率为 5.016 kHz,对应周期为 1/5.016 ms,则时间差与周期之比为 49.242 μs/(1/5.016 ms)$=0.247 \approx 0.25$,即对应到相位差为 90°,U_i 的相位超前 U_C 的相位 90°。

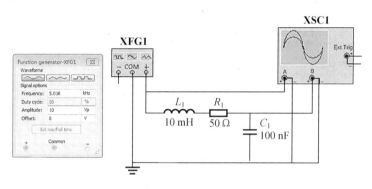

图 8.61　测量电容两端电压 U_C 电路图

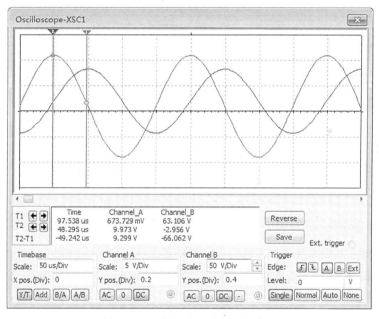

图 8.62　谐振时 U_i 与 U_C 的波形

采取同样的方法分析 U_i 与电感电压 U_L 之间的相位关系,测量电感电压 U_L 的电路如图 8.63 所示,将电感与电阻更换了位置,确保示波器两个探头的负端均接地。示波器得到的图形如图 8.64 所示,使用光标测量出输入电压 U_i 和电感电压 U_L 的时间差为 50.189 μs,输入信号频率为 5.016 kHz,对应周期为 1/5.016 ms,则时间差与周期之比为 50.189 μs/(1/5.016 ms)$=0.252 \approx 0.25$,即对应到相位差为 90°,U_i 的相位滞后 U_L 的相位 90°。

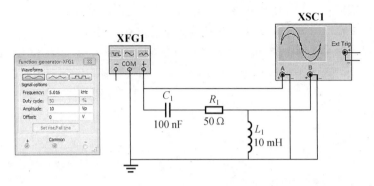

图 8.63　测量电感两端电压 U_L 电路图

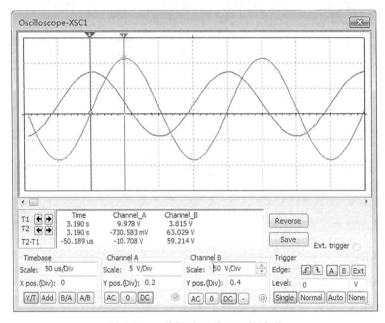

图 8.64　谐振时 U_i 与 U_L 的波形

6. 实验注意事项

RLC 串联谐振电路实验的实验内容包括寻找谐振频率点和计算 Q 值，在操作硬件实验电路时，受信号源、示波器等硬件设备的限制，硬件实验有一些特殊的操作，主要有以下几点：

（1）在硬件实验中改变信号源输出信号频率时，必须保证信号源输出的幅度一致，这是由于信号源的输出阻抗一般为 50 Ω，而 RLC 串联谐振电路的阻抗随着频率变化而变化，所以信号源输出信号幅度会随信号频率的变化而变化。

（2）由于示波器两个探头的负端在内部是连在一起的，所以使用示波器同时测量信号源和电感或电容两端电压时，必须考虑共地的问题，否则会因为示波器探头的接入改变电路的拓扑结构。

（3）在测量谐振频率时，不能使用数字万用表，因为数字万用表的交流挡位所能测试的频率上限仅仅为数百 Hz，而谐振频率往往在 kHz 或 MHz 级别，故无法使用数字万用表。

但是,在软件仿真时不会有以上限制,信号源的输出为理想输出,不会受外界负载阻抗变化而变化,因此不需要使用示波器随时监测其变化(当然,如果使用 Multisim 14.1 软件中的安捷伦 E 型信号源,则需要考虑这个问题。);示波器中双通道虽然仍然是共地的,但是可以通过增加多个示波器解决;仿真环境下的万用表或电流表均是理想电表,可以适用于直流和交流应用环境,只需要选择对应的挡位即可,没有频率限制。

7. 实验思考题

(1) 使用 Multisim14.1 进行电路实验时,如何判断电路发生了谐振?

(2) 仿真实验结果与理论值是否有差距? 如果有差距,原因是什么?

(3) 仿真实验结果与硬件电路实验结果是否有差距? 如果有差距,原因是什么?

8.6　RC 一阶电路响应实验

8.6.1　实验目的

1. 用 Multisim14.1 软件测定 RC 一阶电路的零输入响应、零状态响应及全响应。

2. 对比实际测试和软件仿真的差异,并分析其原因。

8.6.2　实验内容与实验步骤

1. 观察 RC 电路的零输入响应和零状态响应

RC 一阶电路响应实验所用电路如图 8.65 所示,$R_1 = 1$ kΩ,$C_1 = 6\ 800$ pF,故 RC 一阶电路的时间常数 $\tau = RC = 68\ \mu s$。在 Multisim14.1 原理图编辑界面绘制完如图 8.65(a) 所示电路后,即可以开展电路分析工作。输入信号为频率 1 kHz,信号幅度为 1 V Vp(即 2 V Vpp) 的脉冲信号,示波器 XSC1 观察到的电路方波响应如图 8.65(b) 所示,为了更好地观察电容的充放电现象,准确找到时间常数 τ 在电容充放电曲线上所对应的点,将示波器的时间轴进行调整,得到如图 8.66 所示的细节波形。

在图 8.66 中,针对通道 B 的电容充放电波形进行分析。光标 2 对应充电的起点,此时对应电压为 -999.435 mV,将光标 2 挪到充电结束点,得到充电结束的电压为 999.435 mV,因此,根据时间常数 τ 在电容充放电曲线上所对应的点为充电峰-峰值电压的 0.632,即 $(999.435 + 999.435) \times 0.632 = 1\ 263.285\ 84 \approx 1\ 263.29$(mV)。保持光标 2 不动,移动光标 1,随时观察示波器数据显示区中 Channel_B 下 T2-T1 的增量,该值越接近 1 263.29 mV,对应的 Time 下 T2-T1 增量即对应为时间常数 τ。由图 8.66 可知,测量得到的时间常数为 70.941 μs,与理论值 68 μs 吻合。同理,可以使用电容放电部分曲线测量时间常数 τ,方法一致,此处不再赘述。

2. 微分电路与积分电路

如图 8.67 所示,给出了在输入信号频率、幅度不变的情况下,增加电容值(实际上就是增加时间常数 τ),对输出波形的影响。如果继续增加时间常数 τ,或者增加输入信号频

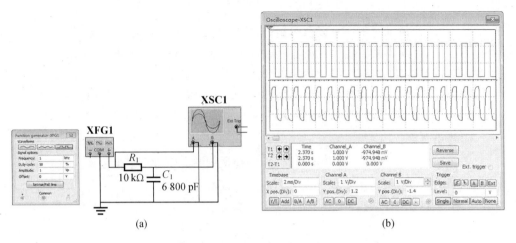

图 8.65　RC 一阶电路的电路原理图和输入输出波形图

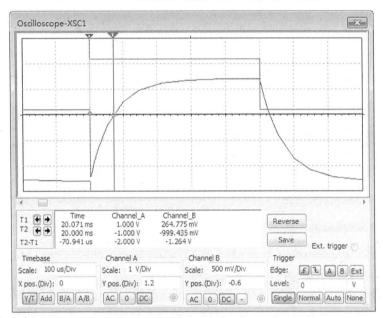

图 8.66　使用光标测量时间常数 τ

率,则由于电容充放电的速度赶不上输入信号变化的速度,就可以使输入的方波信号变换为三角波信号。如图 8.67 所示,给出了三角波变换的全过程,输出信号从 0 开始增加,由于电容较大,充电未完成又紧接着放电,放电未完成又紧接着充电,如此反复,就得到了近似三角波的输出波形。

　　如果将积分电路的 R 与 C 互换,即可得到微分电路,如图 8.68 所示,改变 R 与 C,将得到不同的输出微分波形,如图 8.69 所示。根据实验波形总结微分电路的形成条件,此处不再赘述。

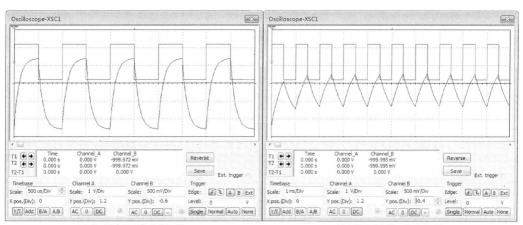

(a) R=10 kΩ, C=0.01 μF　　　　　　　　(b) R=5.1 kΩ, C=0.1 μF

图 8.67　积分电路的输入输出波形对比

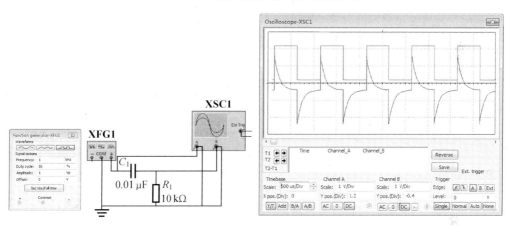

图 8.68　微分电路原理图和输入输出波形图

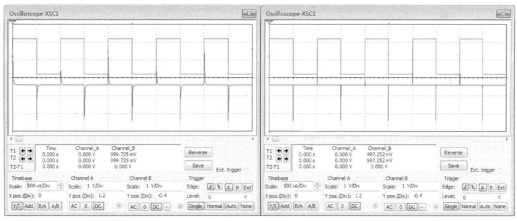

(a) 10 kΩ, 1 000 pF　　　　　　　　(b) 1 kΩ, 1 000 pF

图 8.69　不同参数下的微分电路输出波形对比

第 9 章

TINA-TI 软件基础

TINA-TI 是德州仪器公司(Texas Instruments,TI)与匈牙利工程和教育软件开发商 DesignSoft 在专业版 TINA 软件基础上,加载了 TI 公司的宏模型及无源和有源元件模型后,共同开发的一款功能强大的电路仿真工具,适用于模拟电路和开关电源(Switching Mode Power Supply,SMPS)电路的仿真,是设计师和工程师们采用 TI 元件进行电路开发与测试的理想选择。

相比于其他基于 SPICE 技术的仿真器,TINA-TI 同时具备分析功能强大、图形界面简单直观、使用方便、启动和运行速度快等优点,方便用户能在最短时间内掌握与应用该软件。同时,TINA-TI 提供了全简体中文的界面和完整的简体中文使用帮助,方便用户学习使用,TINA-TI 的仿真元件模型几乎涵盖了 TI 公司所有的运算放大器、特殊功能放大器和开关电源芯片,便于理解 TI 公司元件工作方式。这些特点决定了 TINA-TI 是一款功能强大并且易于使用的电路仿真工具。相比早期的 7.0 版本,TINA-TI9 版本在以下方面进行了改进:

(1) 包含原理图符号编辑器(可与宏向导配合使用),允许为导入的 SPICE 宏模型创建符号。

(2) 宏不再局限于 TI 公司模型,已允许导入任何品牌的 SPICE 模型。

(3) 无须有源或非线性分析组件。

(4) 包含初始条件和节点集组件。

(5) 包含线性和非线性受控源(VCVS、CCVS、VCCS、CCCS) 和受控源向导。

(6) 允许 WAV 文件充当激励(信号源)。支持在 PC 的多媒体系统上播放计算波形,并将计算波形作为 ∗.wav 文件导出。

(7) 拥有多核处理器支持,模拟运行速度快了 2 ~ 20 倍。

(8) 采用 XML 格式的原理图文件导入 / 导出。

(9) 包含块向导用于制作方框图。

(10) 包括更多 SPICE 模型和示例电路。

(11)TINA-TI9 中开发的电路将与 TINA Industrial 9 版本配合使用。

(12)TINA-TI 版本 9 向前兼容,支持版本 7.0 格式的默认原理图。

(13) 提供英语、繁体和简体中文、日语和俄语版本。

TINA-TI 可以从 TINA-TI 网页上直接下载,下载网址为 http://www.ti.com/tool/TINA-TI,或者也可以通过 TI 主页 www.ti.com 获得,在关键词搜索域输入

TINA,即可获得关于 TINA-TI 的相关下载信息。截止到 2019 年 2 月,TINA-TI 的最新版本为 v9.3.200.277 SF—TI(英文版)和 v9.3.150.328 SF—TI(简体中文版),用户可以选择所需版本下载,下载界面如图 9.1 所示。

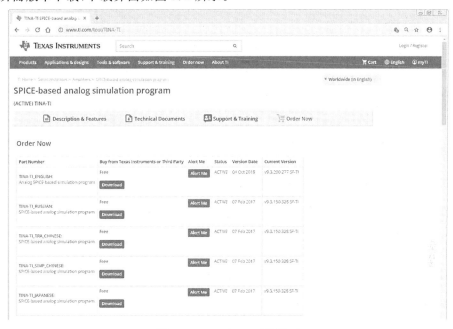

图 9.1　TINA-TI 下载界面

9.1　主界面与菜单

启动 TINA-TI 简体中文版程序,进入 TINA-TI 的原理图编辑器界面,如图 9.2 所示,其界面主要分成 6 个功能区,分别为菜单栏、工具栏、元件库、电路图编辑窗口、任务栏和信息栏,以及一些辅助的快捷工具,例如元件库标签、元件查询工具,基本元件库和电路图标签等。

1. 菜单栏

菜单栏涵盖了 TINA-TI 大部分程序命令,包括文件、编辑、插入、视图、分析、T&M、工具、TI Utilities 和帮助等 9 个下拉子菜单。其中文件、编辑、帮助这三个子菜单执行一些常规功能,如文件的新建、保存等工作。插入、视图这两个子菜单通常执行与电路图的绘制有关的功能。分析子菜单主要执行 TINA-TI 的电路分析与仿真功能,T&M 子菜单主要提供虚拟仪器,工具子菜单可以调用图表、查找、建立宏等比较特殊的工具与手段。TI Utilities 则提供在线技术和产品服务。利用主菜单提供的工具,可以完成电子设计的全过程。

2. 工具栏

工具栏提供了打开、保存、复制、编辑等常用菜单命令,工具栏的按钮命令均可在下拉菜单中找到。

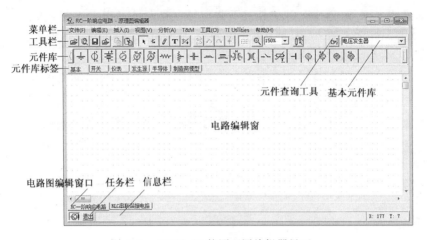

图 9.2　TINA-TI 的原理图编辑器界面

3.元件库

元件库提供基本元件、开关、仪表、发生源、半导体和制造商模型等实际电路的元件。元件库中元件通过元件库标签进行分类显示,用户在元件库标签中选择元件所属大类后,再在元件库中选择所需的元件。同时,在工具栏右边有两个元件快速检索方式,即元件查询工具和基本元件库,元件查询工具提供了在 TINA 的产品目录中以名称寻找元件的方法,基本元件库提供了快速选取基本元件的方法。

4.电路图编辑窗口

电路图编辑窗口是 TINA-TI 的电路图工作区,用于显示当前被编辑或分析的电路原理图。TINA-TI 支持多个电路原理图的编辑,各个编辑窗口通过左下方的电路图标签进行切换。

5.任务栏

任务栏对当前使用的多种工具或测试测量(T&M) 仪器进行切换。当左侧第一个锁定原理图按钮按下后,原理图视窗被锁定在其他视窗后面。如当前选定的原理图没有处于锁定,该原理图整个覆盖在其他视窗上面。

6.信息栏

信息栏提供光标所指向项目的简短信息解释。

菜单栏功能介绍

在 TINA-TI 电路图编辑窗口的菜单栏中,除专用命令外,也存在部分菜单命令与 Windows 应用程序的同名菜单命令功能相同,本节将重点介绍 TINA-TI 的专用命令。

1.文件菜单

文件菜单主要用于管理 TINA-TI 软件所创建的电路文件,如对文件进行打开、保存、关闭和打印、预览等操作,如图 9.3 所示。文件菜单中的主要命令及功能如下:

　　• 打开例子:打开 TINA-TI 软件自带的参考电路示例。TINA-TI 软件提供了许多应用参考电路示例,用户可以通过修改参考示例并用"另存为"方式获得所需电路。TINA-TI 软件自带的电路设计示例路径为安装 TINA-TI 软件目录的"Examples"文件夹,主要包括以下几种。

(1) 放大器和线性电路。

① 音频(音频运算放大器滤波器、麦克风前置放大器)。

② 负载电容补偿($C-oad$ 补偿、线路驱动器)。

③ 比较器(比较器电路)。

④ 控制环路(PI 温度控制)。

⑤ 电流环路($4\sim 20$ mA、$0\sim 10$ mA)。

⑥ 电流测量(电流发送、并联测量)。

⑦ 差分放大器(差分输入到单端输出、单端输入到差分输出等等)。

⑧FilterPro 滤波器(多反馈,Sallen — Key:由 FilterPro 合成)。

⑨ 其他滤波器(全通、低通、高通、可调、双 T 形)。

⑩ 振荡器(维恩电桥)。

⑪ 功率放大器(激光驱动器、TEC 驱动器、并行电源、LED 驱动器、光电二极管驱动器)。

⑫ 精密放大器(低漂移、低噪声、低偏移、分压器)。

⑬ 传感器调节(热敏、电阻电桥、电容电桥、Inst 放大器滤波器)。

⑭ 信号处理(峰值检测器、削波放大器)。

⑮ 单电源(单电源运算放大器电路)。

⑯ 测试(电容乘法器、调节电压基准、通用集成器、负载消除、$\times 1000$ 缩放放大器、准耦合 AC 放大器)。

⑰ 互阻抗放大器(光电二极管、光探测器)。

⑱ 电压电流转换器(电压至电流、电流至电流)。

⑲ 宽带(宽带运算放大器电路)。

(2)SMPS(开关式电源)。

针对 SMPS 元件的元件评估模块(EVM)参考设计。

(3) 其他。

以下文件目前尚未包括在 TINA-TI 的"示例"文件夹下,但可从下方的链接下载:

① 噪声分析。

噪声源 http://www.ti.com.cn/en/download/aap/zip/sbfc030.zip

② 传感器仿真器。

RTD 仿真器 http://www.ti.com.cn/en/download/aap/zip/sbfc031.zip

• 导出:将电路设计文件以 PSpice 网表(.CIR)文件,TINA 网表(.XML)文件及 Windows 图形文件进行输出。其中 PSpice.CIR 格式是 PSpice 程序的输入文件(网表),

文件(F)

新建(N)	Ctrl+N
打开(O)...	Ctrl+O
打开例子...	
从网络打开文件...	
保存(S)	Ctrl+S
另存为(A)...	
保存所有(v)	
关闭(C)	Ctrl+F4
关闭所有(l)	
导出(E)	▶
导入(I)	▶
物料清单...	
进入宏	
页面设置(U)...	
打印预览(V)	
打印(P)...	Ctrl+P
1 ...\RLC串联谐振电路.TSC	
2 C:\...\RC一阶响应电路.TSC	
3 TINA Noise Sources revC.TSC	
4 C:\...\rlc.TSC	
退出(x)	

图 9.3　文件菜单选项

同时也是其他众多电路分析程序的输入文件格式,可以用作电路仿真分析软件之间的文件传输格式。

- 导入:输入软件支持的 TINA 网表文件,TINA 库和设计文件,及 PSpice 网表文件等。
- 物料清单:创建电路材料清单,方便进行物料采购。
- 进入宏:打开并编辑所选的宏元件(子电路),对于电路图宏用编辑器打开,PSpice 宏则用网表编辑器打开。

2. 编辑菜单

编辑菜单主要用于电路绘制过程中,对电路和元件进行编辑操作,如图 9.4 所示。编辑菜单中的剪切、粘贴等常用操作与常用软件基本相同,故不再赘述。以下主要介绍编辑菜单中 TINA-TI 特有的菜单选项。

- 属性:鼠标选定某一个元件后,可以通过本选项设置或修改电路图中元件的属性与参数。
- 符号:鼠标选定某一个元件后,可以通过本选项编辑或修改元件原理图符号。
- 隐藏/重新连接:用于放置或删除一个连接点。

3. 插入菜单

插入菜单主要用于电路绘制过程中,插入所需的连线,输入、输出端子,文本、图形标题栏等,如图 9.5 所示。

编辑(E)	
撤消(U)	Ctrl+Z
恢复(R)	Ctrl+Y
剪切(t)	Ctrl+X
复制(C)	Ctrl+C
粘贴(P)	Ctrl+V
删除(D)	Ctrl+Del
全选(L)	Ctrl+A
向左旋转(L)	Ctrl+L
向右旋转(T)	Ctrl+R
镜像(M)	
属性(O)...	
符号...	
隐藏/重新连接(H)	

插入(I)	
上一元件(C)	Ctrl+Ins
连线(W)	Ctrl+Space
输入端(I)	Ctrl+I
输出(O)	Ctrl+U
文本(T)	Ctrl+T
图形(G)...	Ctrl+G
标题栏(k)...	
宏(M)...	Ctrl+M
块(L)...	
自动重复(A)	
✓ 自动连线(R)	

图 9.4　编辑菜单选项　　　　图 9.5　插入菜单选项

- 上一元件:重复放置上一次所放置的元件,快捷键为 Crtl＋Ins。
- 连线:绘制电连接线,快捷键为 Crtl＋空格,可用 Esc 键终止连线方式。
- 输入端:定义一个输入端,快捷键为 Crtl＋I。
- 输出:定义一个输出端,快捷键为 Crtl＋U。
- 文本:在电路图和分析结果中插入注释,快捷键为 Crtl＋T。

- 图形：在原理图中插入图形文件，快捷键为 Crtl＋G。
- 标题栏：在原理图中添加标题栏，可通过编辑默认标题栏 TITLEBLK.TBT 来自定义标题栏。
- 宏：插入 ＊.TSM 宏（子电路）的外形文件，快捷键为 Crtl＋M。
- 块：插入分层模块。
- 自动重复：自动重复插入相同的元件，直到按下 Esc 键或开始另一个命令。
- 自动连线：自动重新连接所有必要的电线以保持元件的电气线路连接。

4.视图菜单

视图菜单提供了对电路窗口的显示控制，同时提供了对整个 TINA-TI 界面各个工具栏的显示控制，如图 9.6 所示，用户可以通过视图对主界面中的各种工具栏进行定制。其主要命令和功能介绍如下：

- 普通视图：在电路图编辑器窗口中不显示页边和页边距。

图 9.6　视图菜单选项

- 页面视图：按照所设置的纸张幅面显示电路图，页面设置由文件 → 页面设置命令进行设置。
- 插脚标记（M）：打开或关闭元件末端引脚的标记。
- 值：打开或关闭元件主要参数的显示。例如电阻器的阻值、三极管型号等。
- 单位：打开或关闭主参数单位的显示。例如电容、电感、电阻、信号源等的主参数单位。
- Tolerance：打开或关闭元件的容差。
- 标签：打开或关闭元件的编号标签的显示。
- 重绘：刷新已绘制的原理图，快捷键为 F5。
- 工具栏：显示或关闭工具栏。
- 元件栏：显示或关闭元件栏。
- 选项：设置元件符号集、度量单位、交流电基本函数、参数名称、自动保存间隔等，对话框如图 9.7 所示。

5.分析菜单

分析菜单主要提供 TINA-TI 所支持的电路分析方法，用户可通过选择控制对象、设定分析参数对电路进行分析，如图 9.8 所示。其主要命令和功能介绍如下：

- ERC：运行电气规则检查，可在原理图编辑器中高亮显示故障点。ERC 的结果如图 9.9 显示。
- 模式：选择当前分析的模式。模式包括单步、参数分级、温度分级等，如图 9.10 所示。
- 选择控制对象：指定优化参数所属的元件，显示该元件的所有相关参数。
- 设定分析参数：修改一些对分析有影响的参数，对话框如图 9.11 所示，一般采用默

图 9.7　视图菜单选项对话框界面

认参数，也可以通过右下角的手势按键进行进一步设置。

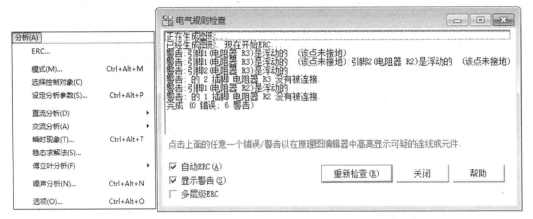

图 9.8　分析菜单选项　　　　　图 9.9　电气规则检查结果显示界面

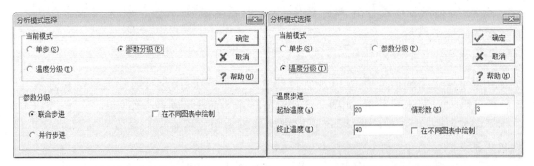

(a) 参数分级分析模式设置　　　　(b) 温度分级分析模式设置

图 9.10　分析模式选项对话框

图 9.11　设定分析参数对话框

- 直流分析：计算节点电压、直流结果表、传输特性、温度分析等。
- 交流分析：计算节点电压、交流结果表、交流传输特性等。
- 瞬时现象：分析电路在信号源激励下的暂态响应。
- 稳态求解法：电路的稳态求解。
- 傅立叶分析：通过计算输出时间函数的傅立叶级数来计算谐波失真度，分析结果按百分比 ％ 单位显示。
- 噪声分析：计算电路元件产生的噪声在输出端呈现的结果。
- 选项：控制 TINA 在执行所要求的分析选项及设置 ERC 规则，一般采用默认设置即可。

6. T&M 菜单

T&M 菜单提供了 TINA-TI 所支持的 5 种仪表，函数发生器、万用表、XY 记录器、示波器和信号分析仪，如图 9.12 所示，其功能和作用介绍如下：

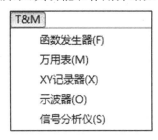

图 9.12　T&M 菜单选项

- 函数发生器：多功能函数发生器。可作为参考源、函数发生器及扫描发生器使用。

• 万用表:可测量电路的直流和交流电压、电流,电阻或频率。

• XY 记录器:XY 记录器可显示一个或更多的电波形作为另一个电波形的函数。

• 示波器:以时间的函数显示电的波形。

• 信号分析仪:基于快速傅立叶变换测量方法的信号分析仪。

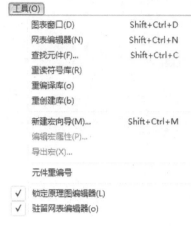

图 9.13   工具菜单选项

7. 工具菜单

• 图表视窗:在数值分析或测量完成以后,结果用图形显示。

• 网表编辑器:PSpice 宏模型的默认浏览程序。

• 查找元件:快速查找某一元件。可采用模糊查找。

• 重读符号库:当采用外形编辑器修改元件外形后,重新读入符号数据库。

• 重编译库:重新编译所有已被修改过的库文件。

• 重创建库:重建所有的库文件,无论其是否被修改。

• 新建宏向导:用于创建宏。即将电路图转化为子电路。宏可包含原理图或 PSpice 子电路。

• 编辑宏属性:编辑当前已打开的宏的属性。

• 导出宏:将宏生成一个外部文件(∗.TSM)。

• 元件重编号:对电路元件进行重新编号。

• 锁定原理图编辑器:当激活锁定电路图编辑器,其他对话框可覆盖在电路图编辑器窗口中。

• 驻留网表编辑器:当激活网表编辑器,网表编辑器将驻留在电路图编辑器窗口中。

8. TI Utilities 菜单

TI Utilities 菜单提供 TI 的在线服务,主要包括常见问题、设计中心和样品购物车等,如图 9.14 所示,其各个选项功能如下:

• Tina-TI FAQ:进入 TI 的"TINA-TI 的应用常见问题"网页。

• TI Analog eLab Design Center:进入 TI 的"模拟电子实验室设计中心"网

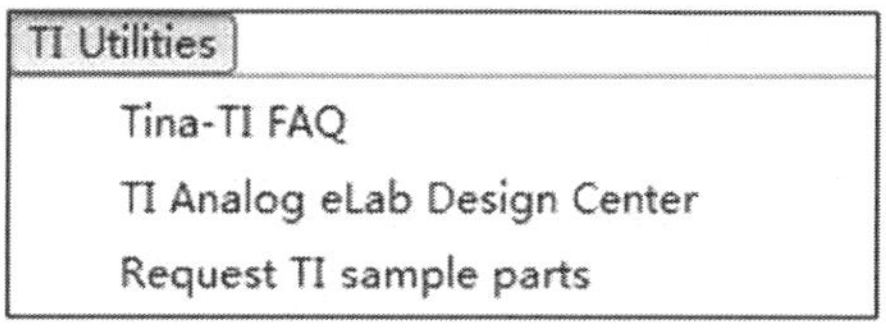

图 9.14　TI Utilities 菜单选项

页http://www.ti.com/design — tools/overview.html.

• Request TI sample parts：进入 TI 的"样片购物车"网页 https://www — a.ti.com/apps/sampcert/basket.asp.

9. 帮助菜单

帮助菜单提供软件使用、系统升级等方面的帮助，如图 9.15 所示，其各个选项功能如下：

• 内容：有关 TINA-TI 内容的帮助。

• 元件帮助：有关 TINA-TI 元件的帮助。

• 查看升级：有关 TINA-TI 软件的在线升级。

• Upgrade：进入 Designsoft 公司的 TINA 网页。

• Designsoft 公司网页：可分别进入 www.designsoftware.com、www.tina.com 及 www.edisonlab.com 网页。

• 关于：显示软件信息。

9 个菜单栏涵盖了 TINA-TI 几乎所有的控制命令，但是各个命令分布在不同的选项卡下，使用不方便。为了便于用户操作，TINA-TI 从菜单栏的各个控制命令中提取出一些常用的命令组成了工具栏，如图 9.16 所示，工具栏图标所给出的按钮命令是对菜单栏中常用命令的简化，其功能与菜单栏中对应功能相同，以方便用户在电路编辑过程中的操作。执行视图 → 工具栏命令，可显示与关闭工具栏。

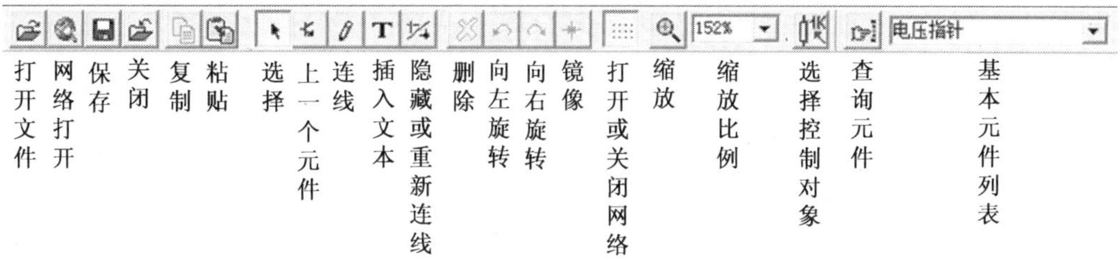

图 9.15　帮助菜单选项

| 打开文件 | 网络打开 | 保存 | 关闭 | 复制 | 粘贴 | 选择 | 上一个元件 | 连线 | 插入文本 | 隐藏或重新连线 | 删除 | 向左旋转 | 向右旋转 | 镜像 | 打开或关闭网络 | 缩放 | 缩放比例 | 选择控制对象 | 查询元件 | 基本元件列表 |

图 9.16　工具栏

9.2　元件库与基本操作

TINA-TI 为用户提供了比较丰富的基本元件、测试仪器及大量的 TI 公司制造的元件模型。根据不同类型将元件分为 6 个元件库,分别为基本元件库、开关元件库、仪表元件库、发生源元件库、半导体元件库和制造商模型库。设计电路过程时,点击所需元件的图标后,拖动鼠标到需要放置元件的地方,再单击鼠标左键,所选元件即放置到鼠标单击的地方。若要调整所选元件的参数,则用鼠标双击该元件,显示出该元件的属性设置对话框,即可供用户进行修改和设定。

本节将对 6 个元件库进行详细介绍。

9.2.1　基本元件库

基本元件库如图 9.17 所示,基本元件工具栏提供了基本元件,如地、电池、直流电压源、电压发生器、无源元件(R、L、C)等。为了方便使用,某些元件也重复出现在其他工具栏中。

图 9.17　基本元件库

1.地

TINA-TI 进行仿真时,需要提供参考零点,地就是电路的参考零点。此外,电路中的所有节点必须组成一个连接的网络,如果存在两个或多个支网络没有相交的支线,分析将不能进行。例如,使用一个耦合电感能形成两独立的网络。为避免这样,要注意分别在这两个独立的网络中选择一个节点并定义它为地。地的属性对话框如图 9.18 所示。

图 9.18　地的属性对话框

(1)标签。用于定义该元件的符号名称,支持文本输入。某些分析在其分析结果中会使用到标签属性。默认情况下 TINA-TI 将标签设置为与通用命名惯例相容的文本。

(2)参数。可使用编辑 → 编辑属性或双击该元件编辑参数属性,为每个元件指定自定义属性,可通过在视图 → 选项为每个参数自定义名称。设置好元件指定参数后,可以在文件｜物料清单中启动物料清单向导,将设置的参数列入物料清单中,便于统计电路所需物料。

2.直流电压源和电池

电压、电池和电流源均属于直流电源,只有一个源标称量(源电压或电流),且无法定义公差。每一个电压或电流源都能直接通过它的 IO 状态参数设为输入。由于电压和电流源均属于直流电源,故不可以使用电压或电流源作为交流分析的输入。直流电压源和电池的属性对话框分别如图 9.19 和图 9.20 所示。

(1)电压:用于设置直流电压源的标称电压,可以用键盘输入或者右侧的上下键输入。选中电压值后面的方框,则在电路原理图中会显示该参数。

(2)IO 状态:用于设置直流电压源的 IO,允许定义直流电压源为输入。

(3)故障:设置直流电压源的故障模式,如果设为无,元件可以正常工作,在开路状态或短路状态,该元件视为开路或短路。

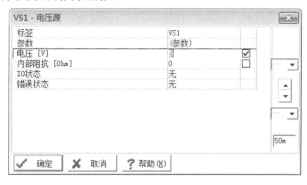

图 9.19　电压源属性设置对话框

图 9.20　电池属性设置对话框

3.电压发生器

电压和电流发生器除可以设置直流偏置以外,均支持定义多种激励(输入)波形,可以作为交流分析的输入。电压发生器的属性对话框如图 9.21 所示。

(1)DC 电平:定义瞬时分析时加在波形函数上的恒定电平,即波形的直流偏置。在DC 分析时,发生器的功能就像一个用 DC 电平作为源的电压或电流源。

(2)标签:与前文定义相同,即电压发生器的标签,需要注意的是,该标签如果与解释器同时使用,信号参数可通过在标签上添加它的字母符号被引用。添加了信号参数的标签也将用于符号分析产生的公式中。例如,如果一单位阶跃有一个标签 UG1,其幅度将被引用为 UG1 A。

（3）信号:用于设置发生器的输出波形。将光标移动到信号窗口,单击后可以看到"…"按钮,然后点击"…"按钮后,随即出现信号编辑器对话框,如图 9.22 所示。

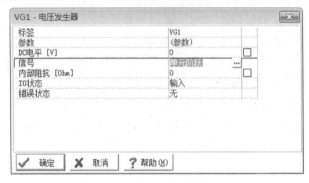

图 9.21　电压发生器的属性对话框

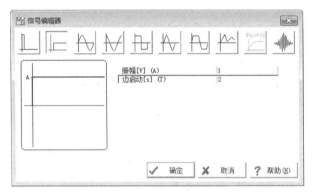

图 9.22　信号编辑器对话框

在信号编辑器中,除可设定起点的单步和梯形波形外,其他所有信号波形函数都定义为 $t > 0$ 且在 $t = +0$ 时刻开始。由于直流偏置 DC 电平在起始时间之前($t < 0$)就已是活动的,故可以通过设置信号波形的起始时间完成 DC 分析输入初始值设定,例如直流偏置DC 电平设置 0 V,信号波形设置成单位阶跃信号,边启动时间 10 s,则在 $t < 10$ s 的时间里,输出电平均为 0 V。

信号编辑器支持的信号波形包括脉冲、单步阶跃、正弦、余弦、方波、三角、梯形、分段线性以及用户激励(支持导入.wav 音频文件)。所有的波形在选定之后都有几个参数可供指定,具体属性设置见表 9.1。

表 9.1　信号编辑器所支持的信号波形属性设置介绍

序号	波形类别	属性设置
1	脉冲波	幅度、脉冲宽度
2	单步阶跃	幅度、边启动时间

续表9.1

序号	波形类别	属性设置
3	正弦和余弦波	幅度、频率、相位
4	方波	幅度、频率、上升／下降时间
5	三角波	幅度、频率
6	梯形波	允许在 6 个区间和两个电平定义波形,并可设置时间推移转换参数
7	分段线性	必须指定用以描述波形的时间－电压／电流对。必须按照 PSpice 语法进行输入。可以使用时间和数字比例因子
8	用户激励	本模式支持自定义发生器输出波形文件内容,格式为.wav 音频文件。该波形可以是单声道或是立体声,立体声时必须设置左右通道。重复选项用于设置波形不断重复,媒体播放控制用于预听波形文件

4.伏特表和安培表

伏特表用于计算在两节点之间的 AC 或 DC 分支电压,内阻无限大。在 AC 分析完成后,幅度和相位都将被显示出来。伏特表可以通过属性中的 IO 状态参数设为输入或者输出,如果设为输入,在计算传输函数时程序将认为这个电压定义为输入。如果伏特表设为输出,在分析之后这个节点的输出将会显现,并且伏特表的标签在用户指向相应曲线光标变为十字线时会出现。伏特表属性对话框如图 9.23 所示。

安培表用于测量支路中的 DC 和 AC 电流,内部阻抗为零。电流表可以通过属性中的 IO 状态参数设为输入或者输出。如果设为输入,在计算传输函数时程序将认为这个电流定义为输入。如果安培表设为输出,在分析之后这个节点的输出将会显现,并且安培表的标签在用户指向相应曲线光标变为十字线时会出现。 安培表属性对话框如图 9.24 所示。

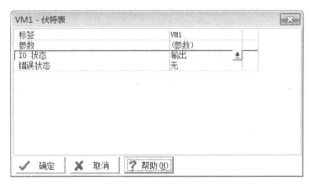

图 9.23　伏特表属性对话框

5.电阻

电阻器属性设置对话框如图 9.25 所示,其参数包括额定值、相对公差[％]和公差模式、功率、温度、温度系数、最大电压和错误状态。电阻的公差模式由阻值窗口旁边的"…"

图 9.24　安培表属性对话框

按钮设置,如图 9.26 所示,选择归一化或高斯分布,则认为分布函数将在公差范围内均匀分布在额定值的周围,故只需在对话窗口中输入相对公差,默认数值为 10% 高斯分布。

图 9.25　电阻器属性设置对话框

图 9.26　电阻器公差参数设置对话框

电阻器有线性(T_{C1})、二次(T_{C2})和指数(T_{CE})温度系数。如果指数温度系数存在 T_{CE},那么实际电阻值 R_0 由以下公式给出:

$$R_0 = R \cdot 1.01^{T_{CE}(T-T_{nom})} \tag{9.1}$$

如果不存在 T_{CE},则实际电阻值 R_0 由以下公式给出:

$$R_0 = R \cdot (1 + T_{C1} \cdot (T-T_{nom}) + (T_{C2} \cdot (T-T_{nom})^2)) \tag{9.2}$$

其中,T 是实际温度,且 T_{nom} 是额定温度(27 ℃)。

6.电位计

电位计属性设置对话框如图 9.27 所示,电阻值指的是电位计的总电阻值,而设置给出滑动头的位置,可在 0～100 之间变化。电位计符号上的 o 标记可帮助设置滑动头。电位计的设置在传输特性计算中也能被用作一输入变量(分析|直流分析)。

7.电容和电感

电容器和电感器的属性设置对话框如图 9.28 和图 9.29 所示,技术指标包括额定值,并行损耗阻抗 R_{Par} 或串行损耗阻抗 R_{Ser},初始电压或电流、温度系数、相对公差[%]和公差模型。默认设置时,电容器和电感器分别有无限大的并行和零串行阻抗损耗,当然也可以根据需要定义或修改以设置有限的或非零的阻抗损耗。对于电容器来说,设定的阻抗

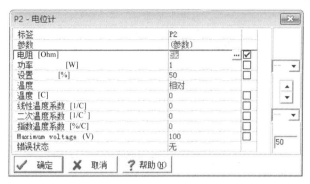

图 9.27　电位计属性设置对话框

损耗大于等于 1E30 时认为是理想的无损耗电容器。对于电感器,若串行阻抗损耗为 0,则认为是理想的无损耗的电感器,若数值大于 0 则会被当作一真实的串行损耗。在符号分析中,阻抗损耗的符号从相应的电容或电感的标签中通过追加一前缀"r"来定义(例如:r_C, rL, rC12, rL23,等)。

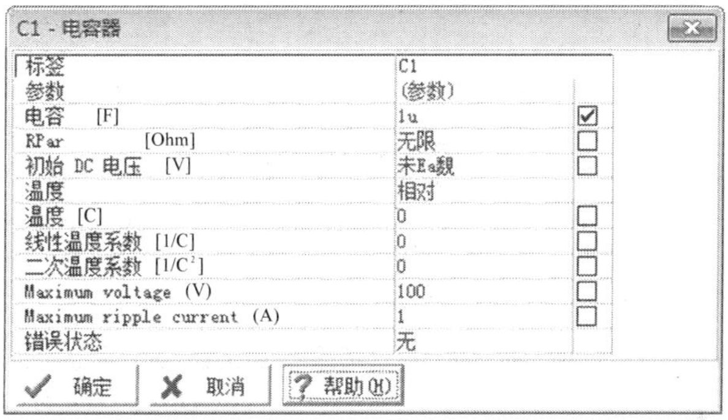

图 9.28　电容器属性设置对话框

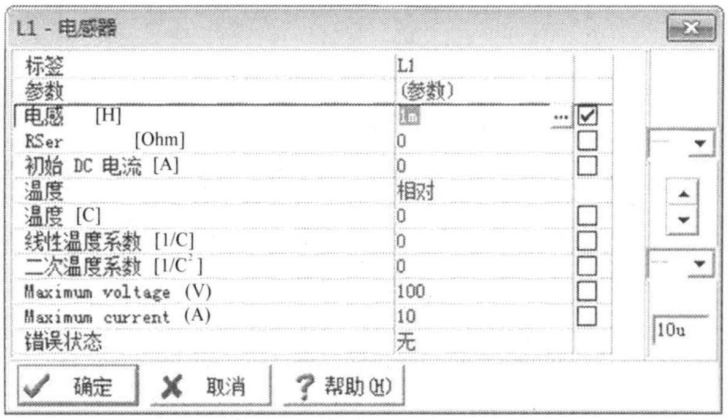

图 9.29　电感器属性设置对话框

电容器和电感器有线性(T_{C1})和二次(T_{C2})温度系数。如果设定了温度系数,那么实际电容值 C_0/ 电感值 L_0 通过公式给出为

$$C_0 = C \cdot (1 + T_{C1} \cdot (T - T_{nom}) + (T_{C2} \cdot (T - T_{nom})^2)) \tag{9.3}$$

$$L_0 = L \cdot (1 + T_{C1} \cdot (T - T_{nom}) + (T_{C2} \cdot (T - T_{nom})^2)) \tag{9.4}$$

其中，T 是实际温度；T_{nom} 是额定温度（27 ℃）。

8. 非线性电感

非线性电感支持两种形式的电感，分别为带芯目录的非线性电感和带目录的非线性电感，参数设置如图 9.30 和图 9.31 所示。其中带芯目录的非线性电感允许从目录中选择一种磁芯后再定义匝数的数量和其他线圈参数，有两种芯模型——Jiles－Atherton 解析模型和 Piecewise－Linear 模型供选择，目录磁芯的所有参数均支持修改。带目录的非线性电感则只支持默认形式，但支持改变现有线圈的目录参数。

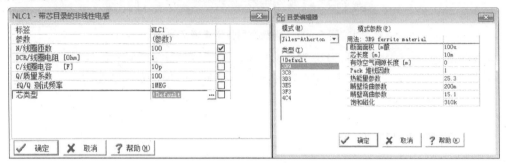

图 9.30　带芯目录的非线性电感属性设置对话框

图 9.31　带目录的非线性电感属性设置对话框

9. 耦合电感

耦合电感属性设置对话框如图 9.32 所示，3 个额定值分别为 L_1、L_2 电感和 M 互感，每组参数都可设置公差。除了耦合电感外，TINA 还有另外两种变压器的模型。

10. 变压器

理想变压器的参数为电压传输率（$N=U_2/U_1$），即变压器次级侧（2）和初级侧（1）的电压比。带中央接头的理想变压器的次级侧有一个中央接头，除此之外与典型的理想变压器一样。电压比率将考虑整个次级线圈。非线性变压器支持选择一磁芯并定义变压器模型的其他参数；带中央接头的非线性变压器与非线性变压器相同，仅在次级侧的中间有一个接头；带分离次级线圈的非线性变压器与非线性变压器相同，但带有两个分离的次级线圈。具体的参数参考属性设置对话框，如图 9.33 和图 9.34 所示。

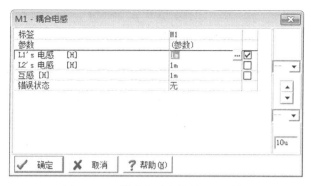

图 9.32　耦合电感属性设置对话框

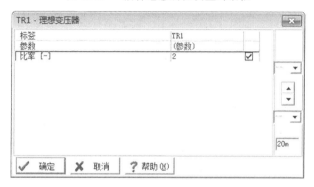

图 9.33　理想变压器属性设置对话框

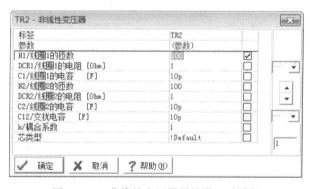

图 9.34　非线性变压器属性设置对话框

11. 开关

开关的属性设置包括快捷键设置、状态、闭合电阻 R_{on} 和断开电阻 R_{off}。可以通过设置不同的快捷键用于快速打开和关闭开关。其属性设置对话框如图 9.35 所示。

12. 热敏电阻

热敏电阻分成负(NTC)或正(PTC)温度系数两种,属于电阻式元件,可以用于限流、温度测量和控制目的的电子设备。其属性设置对话框分别如图 9.36 和图 9.37 所示。

13. 跨接线

跨接线类似于网络,主要用于连接远距离的元件和节点到同一网络,而不用采用实

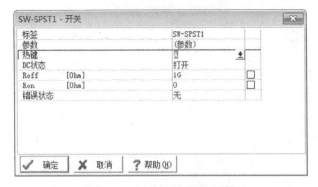

图 9.35　开关属性设置对话框

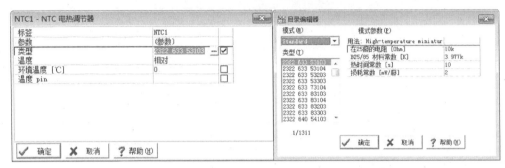

图 9.36　NTC 属性设置对话框

图 9.37　PTC 属性设置对话框

际、直接的电线来连接,使用跨接线有利于简化电路,方便电路展示。

14.初始条件 1、2 和节点条件 1、2

初始条件 1、2 用于设置瞬时分析的初始条件,其中初始条件 1 用于指定一节点电压,初始条件 2 用于指定两节点之间的电压差。节点条件 1、2 允许加速 DC 收敛性,使用初始条件 1,可以指定一节点电压,而对于初始条件 2,可以指定两节点之间的电压差。在 DC 工作点计算中,节点电压被固定在节点设定 1 和节点设定 2 给出的值上。一旦收敛完成,固定的节点电压和电压差被释放,计算将继续进行。

9.2.2　开关元件库

开关元件库如图 9.38 所示,该工具栏提供了各种类型的开关及简单型、转换型、时间和电压控制继电器。其中开关已经在基本元件库中进行介绍,此处不再赘述,以下仅对未介绍的开关进行介绍。

图 9.38　开关元件库

1. 选择开关

选择开关是单刀双掷开关,其属性设置包括快捷键设置、状态、闭合电阻 Ron 和断开电阻 Roff。可以通过设置不同的快捷键用于快速打开和关闭开关。其属性设置对话框如图 9.39 所示。

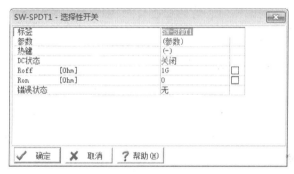

图 9.39　选择开关属性设置对话框

2. 时间控制开关

时间控制开关是一个拥有两个状态的理想开关:开(ON)和关(OFF),在开状态时为理想导体;在关状态变为开路。切换过程没有延时(实际上,它和某些瞬态分析参数有关:最小时间步进,精度参数等等)。其属性设置对话框如图 9.40 所示。

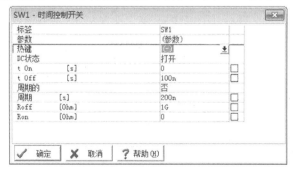

图 9.40　时间控制开关属性设置对话框

（1）DC状态，将开关的状态设为ON或OFF。在DC和AC分析时，开关将根据DC状态参数设为始终导通或一直打开。其他的开关参数在DC和AC分析时没有影响。在瞬时分析时，如果"计算操作点"选项为是（默认），将在$t=0$之前用所给开关的DC状态情形执行，DC分析以决定在$t=0$时的操作点。

（2）t On 以秒为单位设置开关合上的瞬时片刻。

（3）t Off 以秒为单位设置开关打开的瞬时片刻。若 t On > t Off 那么开关将一直为合上直到 t Off，然后在 t On 时再合上。

（4）周期的和周期：如果开关被定义为周期的，那么开关的操作按照所给的周期重复。显然，时间参数不能是负的并且在周期的情况下，t On 和 t Off 参数将没有影响（如果它们的值大于所给的周期）。

3. 电压控制开关

电压控制开关是一种受外部电压控制的开关，参数设置对话框如图 9.41 所示。如果控制电压低于 Voff，那么开关的阻抗为 Roff。如果控制电压高于 Von，那么开关的阻抗为 Ron。当控制电压在 Voff 和 Von 之间，开关阻抗可在 Roff 和 Ron 连续变化。Voff 必须小于 Von。转换率即控制电压对于时间的改变率，将会影响瞬时分析，原因是开关的增益在切换时可能会非常大。

图 9.41　电压控制开关属性设置对话框

4. 单极开继电器、单极闭继电器和单极转换继电器

单极开继电器、单极闭继电器和单极转换继电器三个继电器功能类似，只是单极开继电器、单极闭继电器默认单极是开或是闭，而单极转换继电器则集成了开和闭两个单极，可以根据需要接入电路。其参数设置对话框如图 9.42 所示，需要设置的参数包括：继电器（吸合）动作时的电流 Ipull、继电器释放时的电流 Idrop、开路触点电阻 Ropen、闭路触点电阻 Rclosed、线圈电感 Lcoil、动作时间（吸合所需时间）Ton 和释放时间（放开所需时间）Toff。单极开继电器属性设置对话框如图 9.42 所示。

当继电器电流大于等于 Ipull 时继电器会吸合，而电流小于等于 Idrop 时释放。吸合所需时间为 Ton，释放时间为 Toff。继电器的开放触点呈现电阻 Ropen，如果 Ropen 大于等于 1E30 时可以设为无限大。闭路触点会呈现电阻 Rclose。

图 9.42　单极开继电器属性设置对话框

9.2.3　仪表元件库

仪表元件库如图 9.43 所示,该工具栏提供了各种仪表、指示器和显示器。可以在原理图中添加任意数量的此类元件。其中开关伏特表和电流表已经在基本元件库中进行介绍,此处不再赘述。

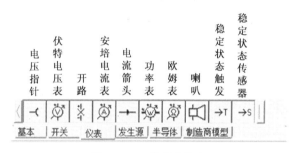

图 9.43　仪表元件库

1. 电压指针

电压指针的作用为定义一节点相对地的电压测量点,属性设置对话框如图 9.44 所示。在运行完一次 DC 分析后,相关节点计算出的 DC 电压将会显示在它的标签域中。在执行完一次 AC 分析后,会显示计算出的节点的幅度和相位。如果分析的是电路的瞬时行为,会显示在时间末尾计算出的实际的节点电压值。每一个电压引脚都能直接通过它的 IO 状态参数设为输入或者输出。如果它被设为输入,程序在计算传输函数时将考虑这个电压为输入。如果电压指针被设为输出,在分析之后这个节点的输出将会显现,并且电压指针的标签在用户指向相应曲线光标变为十字线时会出现。

2. 开路与电流箭头

开路的功能与伏特表相同,阻抗相当于开路。电流箭头的功能与安培表的功能相同,符号表达更加清楚,其内置阻抗为短路,电流箭头和安培(电流)表都有零内部电阻。

3. 功率表

功率表由一个伏特表和一个安培表组成,电路符号和属性设置对话框如图 9.45 所示。伏特表用细的垂直线来代表,而安培表用粗的水平线来表示。参考方向的正极端(也即箭头的起始端)用"+"来表示。

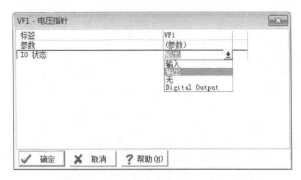

图 9.44 电压指针属性设置对话框

在 DC 分析中,功率表按照外加电压和结果电流为基准计算功率,并在它的标签域中显示有效值。在交流分析计算节点电压中,可以移动光标至功率表上,双击它,可以看到有效功率(P)、无功功率(Q)和视在功率(S),以及相位角(j)和功率因素(cos(j))。

如果功率表被设为输出,在完成瞬时分析后计算的功率输出会显示出来,并且功率表的标签在用户指向相应曲线光标变为十字线时会出现。

图 9.45 功率表电路符号和属性设置对话框

4. 欧姆表

欧姆表用于测量电阻值或无源和有源电路的 AC 阻抗,其电路符号和属性设置对话框如图 9.46 所示。测量结果显示在欧姆表的标签中,并显示等效阻抗的数量和相位大小。当执行 AC 分析 / 计算节点电压分析时,可点击欧姆表获取更多的信息。 使用欧姆表时注意,电路中不能包含会干扰测量的发生源。欧姆表仅能在不包含 DC 或 AC 源或其他欧姆表或阻抗表的电路里得到可靠的结果。当在包含有 DC 源的电路里测量阻抗时(例如三极管放大器)最好使用阻抗表。另一种方法可以使用欧姆表但用一串行电容把

图 9.46 欧姆表电路符号和属性设置对话框

它与电路的 DC 源分离开,使用欧姆表时注意,电路中不能包含干扰测量的发生源。

9.2.4　发生源元件库

发生源元件库如图 9.47 所示,该工具栏包含模拟发生源、直流电压和电流源,以及模拟受控源。其中电压源、电池、电压发生器已经在基本元件库中进行介绍,电流源和电流发生器与电压源和电压发生器属性设置类似,此处均不再赘述。

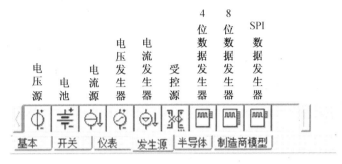

图 9.47　发生源元件库

1.受控源

受控源包含线性和非线性受控源 VCVS、CCVS、VCCS、CCCS 和受控源向导,如图 9.48 所示,其中线性受控源分别设置电压放大倍数、电流放大倍数、互导和互阻实现线性控制,电路符号如图 9.49 所示。

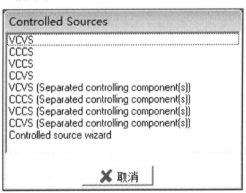

图 9.48　受控源类型

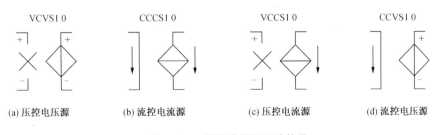

(a) 压控电压源　　(b) 流控电流源　　(c) 压控电流源　　(d) 流控电压源

图 9.49　线性受控源电路符号

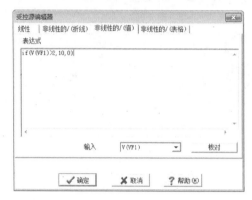

图 9.50 独立控制受控源电路符号

(a) 压控电压源 (b) 流控电流源 (c) 压控电流源 (d) 流控电压源

图 9.51 独立控制受控源属性设置对话框

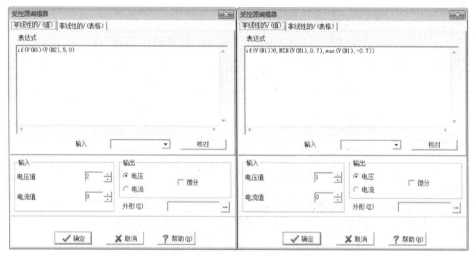

(a) 比较器受控源表达式 (b) 限幅器受控源表达式

图 9.52 受控源向导属性编辑器

同时，受控源还提供 4 种独立控制受控源，电路符号如图 9.50 所示，适用于线性或非线性应用场合。独立控制受控源属性设置对话框如图 9.51 所示，可以设置独立控制受控源的输入信号，以及控制方式，图中设置电压指针 VF1 作为控制输入，非线性值以表达式 if(V(VF1)>2,10,0) 定义，当电压指针 VF1 的输入电压大于 2.0 V 时，受控源输出电压为 10 V，反之则输出 0 V。

除以上两种类型受控源以外，TINA-TI 支持使用受控源向导根据需要自动生成受控源，在图中选择 Controlled source wizard，即可进入属性设置对话框，如图 9.52 所示。在图 9.52（a）中，采用表达式定义该受控源为比较器功能，表达式为 if(V(N1) < V(N2)，

5,0),即当引脚 N1 的电压小于引脚 B2 的电压之和时,受控源输出 5 V,反之输出 0 V。在图 9.52 (b) 中,设置受控源为限幅器功能,表达式为:if(V(N1) > 0,MIN(V(N1),0.7), max(V(N1), − 0.7))。 除 if 语句外,也可以支持 sin(x)、cos(x)、sqr(x)、sqrt(x)、min(x,y)、max(x,y) 等函数表达式。输入端用于设置该受控源的输入信号性质和个数,输出端则定义输出信号性质,其中微分表示输出信号以差分形式输出。

　　属性设置完成后,将在电路图编辑区生成受控源电路符号,再加入电压发生器 VG1、VG$_2$ 和 VG$_3$,形成测试电路如图 9.53 所示。其中 CS$_1$ 为已经设置完成的比较器功能受控源,CS$_2$ 为限幅器功能受控源,VG$_1$ 和 VG$_3$ 输出信号为 1 V、1 kHz 余弦信号,VG$_2$ 为 1 V、2 kHz 正弦波,输出信号为 U_{out1} 和 U_{out2}。 对这两个电路进行瞬态分析(分析 → 瞬态现象),得到的信号波形如图 9.54 所示。显然,仿真结果显示电路满足设计要求。

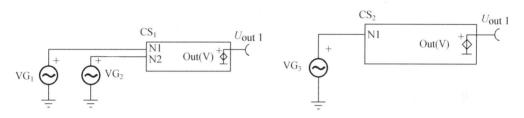

(a) 比较器受控源测试电路　　　　　　　　　　　　(b) 限幅器受控源表达式

图 9.53　受控源测试电路

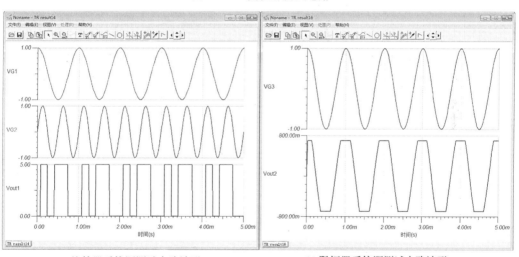

(a) 比较器受控源测试电路波形　　　　　　　　　　(b) 限幅器受控源测试电路波形

图 9.54　受控源测试电路波形

2.4 bit/8 bit 数据发生器

　　4 bit/8 bit 数据发生器用于设置输出 1 KB 的输出序列,属性设置对话框如图 9.55 所示,其中地址 / 数据按仿真顺序显示当前存储的数据,可以从该视窗直接修改数据。模式为数据显示格式,二进制(bin)或十六进制(hex)。单步时间为数字仿真的单步时间,定义为数据发生器经历各个组合所需的时间间隔。起始地址为仿真开始的地址,可以不从 0000 开始。若序列不需要在地址 00FF 处终止,则指定终止地址。

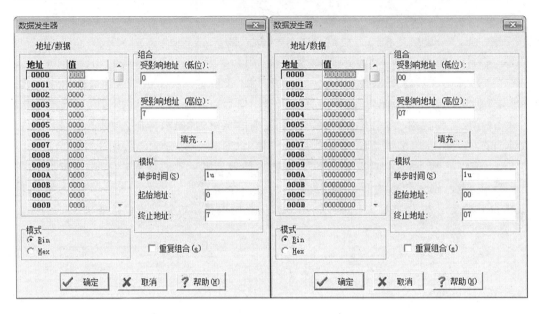

(a) 4 bit   (b) 8 bit

图 9.55   数据发生器属性设置对话框

9.2.5   半导体元件库和制造商模型库

半导体元件库如图 9.56 所示，需要从目录中选择指定工业元件型号元件。制造商模型库如图 9.57 所示，包括众多的 TI 公司元件的 SPICE 模型。可按功能和元件编号方式选择元件。与其他元件库不同，半导体元件库和制造商模型库需选择元器件编号后进行仿真，故一般需根据芯片功能、货源、价格等多方面因素选择后再确定型号，最后进行仿真验证。

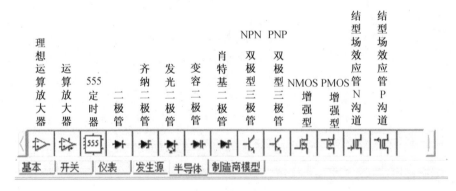

图 9.56   半导体元件库

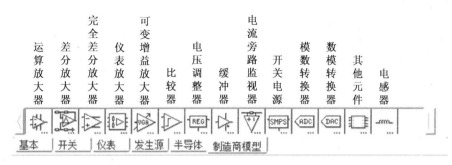

图 9.57　制造商模型库

9.3　虚拟仪器

TINA-TI 分别有函数发生器、数字万用表、XY 记录器、示波器和信号分析仪器 5 种虚拟仪器。与 Multisim 不同,TINA-TI 中仪器与元器件之间不需要画导线连接,而是采用虚拟连接方式,各仪器就像真实的测试仪器一样可以动态演示所测试的波形。

9.3.1　函数信号发生器

TINA-TI 的函数信号发生器(Function Generator)是用来产生正弦波、三角波、方波、直流和任意波的仪器,作为电压信号源为仿真电路提供与现实中完全一样的模拟信号,而且波形、频率、幅值、占空比、直流偏置电压、相位都可以自定义,同时支持对数或线性的频率扫描。函数信号发生器的仪器面板如图 9.58 所示。

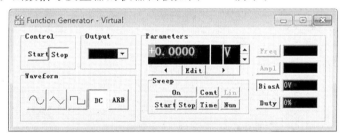

图 9.58　函数信号发生器的仪器面板

函数发生器控制面板共有 6 个功能设置区,分别为左边的 Control(控制)、Output(输出选择)、Waveform(波形选择)及右边的 Parameters(参数显示)、Sweep(扫描)和参数功能设置区。

(1)Control(控制):设置函数发生器的信号输出或停止,按下 Start 表示信号输出,Stop 表示停止输出。

(2)Output(输出选择):用于设置仿真电路中的信号输出通道,只有当仿真电路中有电压发生器或电流发生器存在时,才可以在 Output 下拉选项中选择合适的输出到某一个具体的发生器上。

(3)Waveform(波形选择):用于选择函数信号发生器的输出波形,提供了 5 种波形选择,分别是正弦波、三角波、方波、直流电平和任意波形。

（4）Parameters（参数显示）：参数显示用来显示目前仪表的状态，除可以直接输入数字外，也可以利用其右侧的增加／减少功能键来调整数字或单位。Freq 表示信号频率，Ampl 表示信号幅度、Offset 表示信号偏置电压、Phase 表示信号相位，相位只对正弦波有效。

（5）Edit（编辑模式）：允许通过直接输入一新的数值来改变参数。单击编辑按钮，在按下状态下输入新的数值，然后再按编辑按钮。注意原先的参数值将始终控制着仪表直到第二次按下编辑按钮。函数发生器如果是用按钮来调整数值，每次能调整 4 个有效位；若按编辑按钮，重新输入数据，则能输入一个 6 位有效数位的数值。

（6）Sweep（扫描功能）：ON 按钮表示启动或关闭扫描。Start、Stop、Time、Num 用于设置输入或改变起始频率，终止频率，扫描时间，以及标记频率的数量。Cont 表示将扫描过程设为单一式或连续操作模式。单一式是指函数发生器扫描从起始频率到终止频率并停留在那。连续扫描是指函数发生器扫描从起始频率到终止频率然后又转回到起始频率重新开始。Lin 表示选择扫描方式为线性或对数式。

在电路编辑界面输入如图 9.59 所示 RLC 串联谐振电路，首先，单击菜单 T&M，选择函数信号发生器，界面如图 9.60 所示。其次，在 Output 栏选择输出信号接入到电路的哪个节点，此处选择 VG1。然后，在 Waveform 栏选择输出信号的类型，包括正弦波、方波、三角波、直流或任意波形。在面板右侧设置输入／输出信号的幅值、偏置、频率、相位等参数。最后，单击"Start"按钮开始输出。图 9.61 给出了信号输入和输出的波形图。

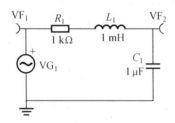

图 9.59   RLC 串联谐振电路

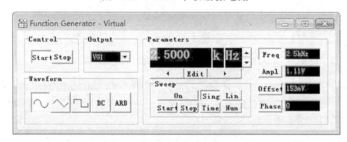

图 9.60   函数信号发生器控制界面

9.3.2   数字万用表

TINA-TI 提供的数字万用表（Digital Multimeter）是一种可以用来测量交直流电压、交直流电流、电阻及频率，自动调整量程的数字显示多用表。数字万用表的控制面板如图9.62 所示。

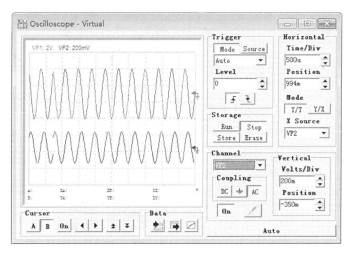

图 9.61　RLC 串联谐振电路测试波形

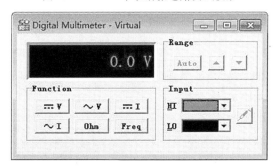

图 9.62　数字万用表的控制面板

由于 TINA-TI 与 Multisim 的使用方法存在差异，TINA-TI 中仪器与元器件之间不需要画导线连接，而是采用虚拟连接方式，因此在使用万用表测量不同的参数时，其方法是不一致的：

（1）用数字万用表测量一个节点与地之间的电压，必须在电路图上需要测量的位置放一测试点。Input 选项中 HI 选择需要测量的节点，LO 默认为 GND。如图 9.63 所示。

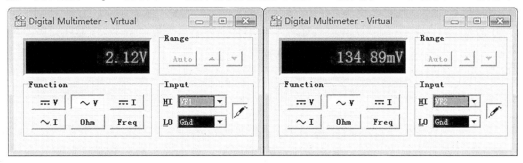

图 9.63　RLC 串联谐振电路测试不同节点的对地电压

（2）测量任意两个节点之间的电压（支流电压），必须在电路图上需要测量的位置放一伏特表，如图 9.64 所示，其中 Input 选项中 HI 和 LO 均可以设置为需要测量的节点。

（3）测量电阻，必须在电路图上需要测量的位置放一个阻抗表，如图 9.65 所示。

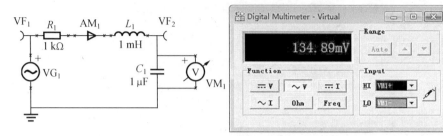

图 9.64　测量电路任意节点之间的电压需要放置伏特表

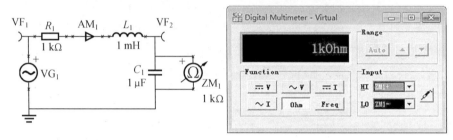

图 9.65　测量电路任意节点之间的电阻需要放置阻抗表

（4）测量电流，必须在电路图上需要测量的位置放一电流箭头（图9.65）或安培表，如图 9.66 所示。

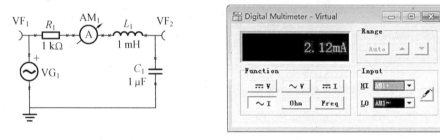

图 9.66　测量电路任意支路的电流需要放置电流箭头或安培表

（5）测量频率，与测量对地电压类似，只需要在电路图上需要测量的位置放置测试点。Input 选项中 HI 选择需要测量的节点，LO 默认为 GND。

（6）Probe探针功能，在Input选择节点右边有一个测量探针，该探针可以在除电阻挡外的所有功能中直接选择电路中的某一条支路或某一个节点或某一个元件测量参数，十分方便用户使用。

9.3.3　示波器

示波器能在它的显示屏上作为时间的函数显示电的波形。TINA-TI 的虚拟示波器比普通的示波器有更多的输入通道，因此可以同时显示更多的信号。TINA-TI 的虚拟示波器控制界面如图 9.67 所示。

1. Trigger 触发设置

TINA-TI 的触发设置内容包括触发模式（Mode）设定和触发源（Source）两种设定，其中触发模式设置可设置三种触发方式，与常规示波器类似，其中包括 Single（只触发一

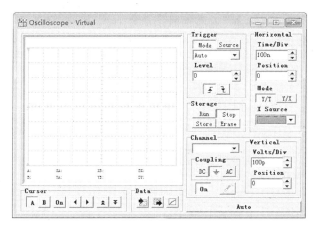

图 9.67　示波器控制界面

次)、Normal(正常触发)和 Auto(自动触发)。触发源设置有 Internal(内部信号触发)和 Ext－Fun. Gen 方式(外部信号触发)两种,其中 Internal 内部触发支持选择电路图中任意节点的信号做触发信号源,只需在合适位置放置电压测试节点即可。Level 用于设置触发电平,其下方的上升沿和下降沿用于设置边沿触发方式。

2. Storage **存储设置**

存储设置提供四个存储键来改变示波器的操作模式。Run 设置示波器采集数据并显示最近的轨迹,Stop 用于停止数据采集,Store 允许示波器采集数据并同时显示最近的和先前采集的波形,Erase 清除屏幕中的波形显示。

3. Horizontal **水平时间设置**

与普通示波器类似,Horizontal 用于设置示波器的水平轴(时间轴)参数,Time/Div 用于设置时间轴的时间基准,Position 用于设置时间轴零点位置,Mode 设置扫描模式为 Y/T 模式或 Y/X 模式。

4. Channel **通道设置**

TINA-TI 的虚拟示波器比普通的示波器有更多的输入通道,可以将多个测试节点的信号都在显示屏上显示出来。选择需要显示的节点信号即可以通过 Channel 通道设置对话框实现。Channel 用于选择输入通道,如果已经在电路中放置一个伏特表,则可测量一分支电压(示波器相当于一带差分输入的示波器)。Coupling 用于设置示波器耦合方式,分别为 DC 直流耦合、接地和 AC 交流耦合。On 用于打开或关闭通道。Vertical 垂直设置用于设置对应通道的幅度轴参数,Volts/Div 用于设置幅度轴的幅度基准,Position 用于设置幅度轴零点位置。

5. Auto **自动设置**

Auto 自动设置按钮用于自动调整幅度轴的刻度,尽可能使当前屏幕中所有信号幅度充满显示区,与普通示波器的 Autoset 按钮功能一致。

6. Cursor **光标设置**

Cursor 光标用于调出光标,便于测量波形中任意两点之间的参数。A/B 用于选择光标 A 或光标 B，On 用于开启光标，左右箭头用于左右移动所选择的光标，上下箭头用于切换光标所测量的信号。

7. Data

Data 用于示波器屏幕与图表窗口之间的转换。分成 Import Curves 输入曲线、Export Curves 输出曲线和 Curve Drawing mode 曲线描点模式。

绘制如图 9.68 所示的 RLC 串联谐振电路，并且在电感 L_1 和电容 C_1 两端分别放置一个伏特表。下面使用示波器来观察该电路的各点信号波形。

（1）在主菜单[T&M]下选择函数发生器，设置 RLC 串联谐振电路的信号源参数为正弦波，频率 1 kHz，幅度 2 V，偏置 0 V，如图 9.69 所示。

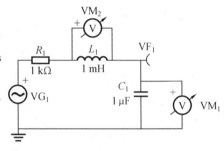

图 9.68　RLC 串联谐振电路图

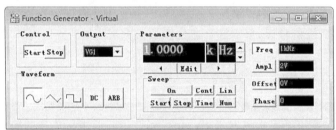

图 9.69　RLC 串联谐振电路参数设置界面

（2）在示波器控制界面的通道选择中分别选择 VF1、VM1 和 VM2，并且对各个通道信号的幅度轴参数分别进行设置，最后得到如图 9.70 所示的信号波形。需要注意的是，图中波形看起来是不连续的，主要是由软件数据存储的原因造成的。

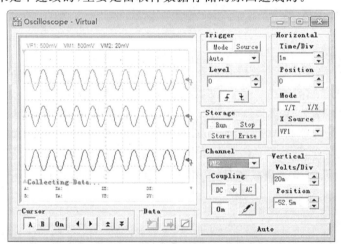

图 9.70　RLC 串联谐振电路示波器测试结果

（3）在图9.70基础上，选择Store存储模式，则各个通道的波形数据叠加显示，最终的显示如图9.71所示。

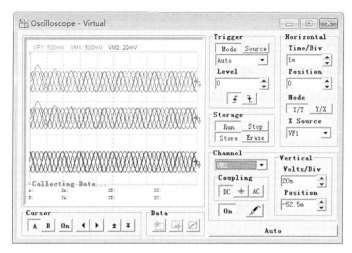

图 9.71　RLC 串联谐振电路示波器测试结果（使用了 Store）

9.4　电路分析方法

9.4.1　直流分析

直流分析也称直流工作点分析，用于分析直流电源激励下的各支路电压和电流。由于是直流工作点分析，所以电路中存在的交流源均需要置零处理，即交流电压源视为短路，交流电流源视为开路，电容视为开路，电感视为短路，电路中的数字器件视为高阻接地。直流工作点分析可以为后续其他类型分析提供参考。TINA-TI 提供的直流分析包括计算节点电压、DC 结果表、DC 传输特性分析和温度分析 4 种。

1.计算节点电压

节点电压计算基于 DC 电压和电流源的 DC 操作点。如果电路中连接有信号发生器（电压发生器或电流发生器），其 DC 电平也能够依据 DC 电平参数来考虑。

如果待分析网络包含非线性元件，操作点由迭代来计算。迭代过程（迭代数和错误）将显示在屏幕中央的一个窗口中。迭代参数（DC 绝对错误，DC 相对错误，DC 最大迭代数等）能够通过分析设置参数命令来查看和修改。

在 TINA-TI 中选择计算节点电压，会出现探针样的光标。将探头移动到所需节点，然后按鼠标左键。这个节点的电压会显示在对话窗口中。如图 9.72 所示，使用光标拾取 R_1 处的节点电压为 2.18 V。

2.DC 结果表

DC 结果表命令与计算工作点命令计算 DC 工作点一致，只是把电路中各个节点的结果以表格形式呈现。运行该命令后，原理图中出现节点编号并且在对话框中显示一张表格。该表格列出每个节点电压（VP_＜节点编号＞），每个双终端元件的电压（V_＜元件标签和节点＞），以及电压发生器、电压源以及电阻和电感的电流（I_＜元件标签和节点＞）。

与计算节点电压类似，选择 DC 结果表命令后，光标在原理图会变成探头形状，便于

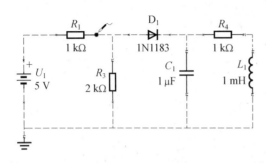

图 9.72   使用光标拾取待分析电路的节点电压

用户快速寻找所需参数。将探头移动到所需节点,然后按鼠标左键,该节点电压将会在对话框视窗中以红色显示。如果将光标移到双终端元件并点击鼠标左键,电压发生器、电压源、电阻和电感的电压,以及该元件的电流会在对话框视窗中红色突出显示出来。

如图 9.73 所示,运行 DC 结果表命令后,电路中将会出现节点编号,各个节点的参数均在列表中出现。如果参数较多,可以通过下方的外观对话框过滤结果。右下角的手势箭头则用于以文本文件格式存储结果。

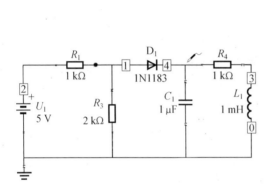

图 9.73   使用 DC 结果表命令获取电路中各个节点电压电流等参数

3. DC 传输特性分析

DC 传输特性分析用于计算和显示直流传输特性,即输出电压与输入电压之间的关系。运行 DC 传输特性分析时,需要在电路中指定一个输入(通常是以电压或电流源或发生器,或电阻)以及至少一个输出,然后在 DC 传输特性对话框视窗中修改指定的输入,最后的直流传输特性结果作为一组范围内电阻值的函数绘制出来。

如图 9.74 所示,将原来的直流 5 V 电池换成电压源作为输入信号,并且增加 VF1 作为输出信号,运行"直流传输特性"分析,其参数设置对话框如图 9.75 所示,本例中设置 VG1 输入电压的起始值 0 V,终止值 5 V,采样数 100。点击确定后,得到的 VF1 节点电压与输入电压 VG1 之间的关系曲线如图 9.76 所示。

在 DC 传输特性分析参数设置界面有启动滞后运行复选框,选中该复选框,TINA 会首先从起始值到终止值间的输入数量运行分析,然后从终止值到起始值间运行分析。如

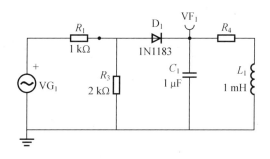

图 9.74　DC 传输特性分析用参考电路

果电路中存在磁滞元件,两种运行方向将得到不同的结果曲线。

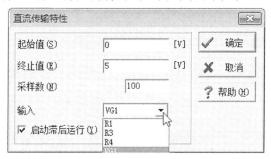

图 9.75　DC 传输特性分析参数设置界面

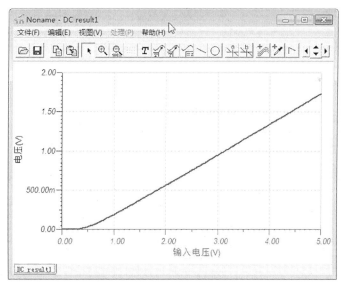

图 9.76　DC 传输特性分析结果曲线

4. 温度分析

温度分析用于测试电路特性与温度的关系,其功能与传输特性分析相类似,只是电路中的变量由输入电压变成了温度。如图 9.77 所示,为了突出温度变化效应,将电阻 R_1 换成了正温度系数热敏电阻(Positive Temperature Coefficient,PTC)。运行"温度分析",其参数设置对话框如图 9.78 所示,本例中设置起始温度 0 ℃,终止温度 300 ℃,采样数

200。点击确定后，得到的 VF_1 节点电压随温度变化之间的关系曲线如图 9.79 所示。图 9.80 给出了将 PTC 替换成 NTC 的温度分析曲线。

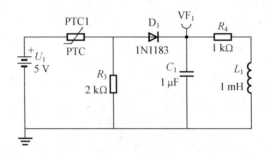

图 9.77　温度分析电路

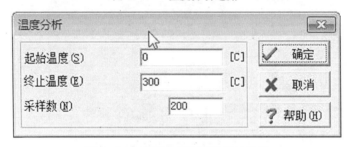

图 9.78　温度分析参数设置对话框

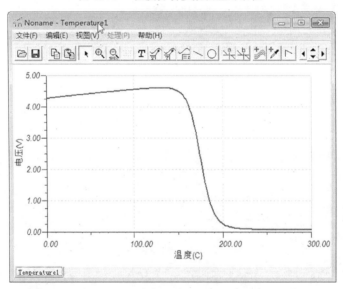

图 9.79　PTC 电路温度分析曲线

9.4.2　交流分析

交流分析功能主要是对电路进行正弦稳态分析，TINA-TI 的交流分析菜单包括 3 个命令，分别为计算节点电压、交流结果表、交流传输特性。下面以图 9.81 所示 RLC 串联谐振电路为例说明交流分析的各命令功能。电压源 VG1 参数设置如图 9.82 所示，是幅

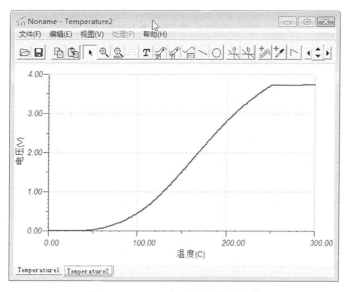

图 9.80　NTC 电路温度分析曲线

度为 1 V,频率 1 kHz 的正弦波。

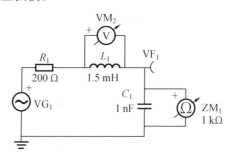

图 9.81　RLC 串联谐振电路

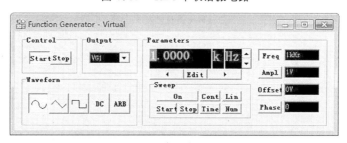

图 9.82　信号发生器参数设置对话框

1.计算节点电压

计算节点电压是指在基于信号源输入的频率下检测电路的交流特性。与直流分析的计算节点电压类似,选择了计算节点电压命令后,在电路中鼠标光标变成探针形状,将探针移动到所需节点,然后按鼠标左键,这个节点的电压、相位等参数会显示在一个对话窗口中。需要注意的是,不同的节点,测量的参数会有差别,如图 9.83 所示,普通电路节点与电压表、电阻表的测试参数完全不同。

(a) 普通电路节点　　　　　　(b) 电压表节点　　　　　　(c) 阻抗表节点

图 9.83　　不同元件的节点电压测试参数

2. 交流结果表

交流结果表命令与计算工作点命令作用一致,只是把电路中各个节点的结果以表格形式呈现。运行该命令后,原理图中出现节点编号并且在对话框中显示一张表格。该表格列出每个节点电压(VP_＜节点编号＞),每个双终端元件的电压(V_＜元件标签和节点＞),电压发生器、电压源以及电阻和电感的电流(I_＜元件标签和节点＞)。

与计算节点电压类似,选择交流结果表命令后,光标在原理图中会变成探针形状,便于用户快速寻找所需参数。将探针移动到所需节点,然后按鼠标左键,该节点电压将会在对话框视窗中以红色显示。如果将光标移到双终端元件并点击鼠标左键,电压发生器、电压源、电阻和电感的电压,以及该元件的电流会在对话框视窗中以红色突出显示出来。

如图 9.84 所示,运行交流结果表命令后,电路中将会出现节点编号,各个节点的参数均在列表中出现。如果参数较多,可以通过下方的外观对话框过滤结果。右下角的手势箭头则用于以文本文件格式存储结果。

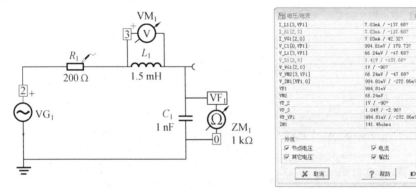

图 9.84　　使用交流结果表命令获取电路中各个节点电压和电流等参数

3. 交流传输特性

交流传输特性分析用于计算和显示交流传输特性,即在各个频率点时输出电压与输入电压之间的关系。运行交流传输特性分析时,需要在电路中指定一个输入(通常是以电压或电流源或发生器,或电阻)以及至少一个输出,然后在交流传输特性对话框视窗中修改指定的输入,最后的交流传输特性结果按图形方式给出。

如图 9.85 所示,将原来的电压表、电阻表均去掉,保留 VF_1 作为输出信号。运行"交流传输特性"分析,其参数设置对话框如图 9.86 所示,本例中设置起始频率 10 kHz,终止频率 1 MHz,采样数 100,扫描方式为对数,绘制 5 个图形。点击确定后,得到的 VF_1 节点电压与输入电压 VG1 随频率不同的关系曲线如图 9.87 所示。

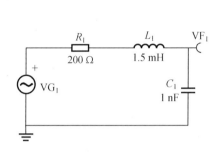

图 9.85　交流传输特性分析用参考电路

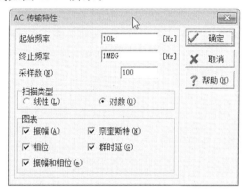

图 9.86　交流传输特性分析参数设置界面

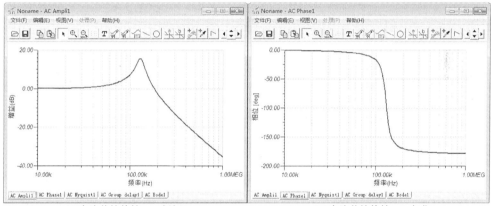

(a) 交流传输特性——振幅

(b) 交流传输特性——相位

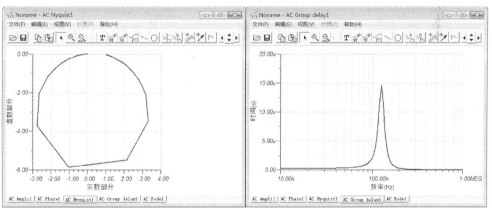

(c) 交流传输特性——奈奎斯特

(d) 交流传输特性——群延时

图 9.87　交流传输特性图

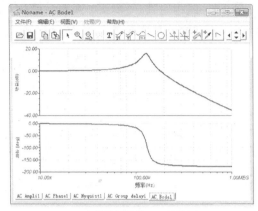

(e) 交流传输特性——波特图

续图 9.87

9.4.3 瞬时现象

瞬时分析是指对所选定的电路节点的时域响应,即观察该节点在整个显示周期中每一时刻的电压波形。这个分析模式是网络激励的暂态响应,显示为电压或电流作为时间的函数。

发生源可以是 TINA-TI 内为电压或电流发生器定义的任何时间函数。虽然几个发生器可以是活动的,但是一次只能定义一个输出。瞬时分析的结果构成了电路中该节点的电压波形图。

运行"瞬时现象"分析,其参数设置对话框如图 9.88 所示,其各项指标定义如下:

(1)起始显示指绘制曲线起点,默认值是 0。

(2)终止显示设置分析终止时间。

(3)计算操作点是指 TINA 软件在分析前先计算 DC 工作点,对于含有储存能量的电感和/或带电容的电路里,操作点计算代替任何先前设置的初始值,电压通过初始条件元件详细说明。

注意 1:在大多数振荡电路中,无须设置此项,否则可能保持在工作点上而不再振荡。在这种应用中,应该设置"零初始值"。同时在某些振荡电路(最常见的如 555 定时 IC)中,无须 DC 工作点,这样如果设置该项,可能会得到"无法找到工作点"或"不规则/奇异电路"的错误提示。

注意 2:某些电路在 DC 分析中可能变成奇异电路,但是瞬时分析依然可以工作。这种状况下,不应该使用该项,而应设置为"零初始值"。

(4)使用初始条件是指所有的电压和电流设成零初始值,除了详细说明的带电容,储存能量的电感和初始条件元件的电压和电流。

(5)零初始值是指所有的电压和电流设置成零初始值。

注意 1:在大多数电路中,应该选择此项来仿真启动过程。

注意 2:某些电路在 DC 分析中可能变成奇异电路,但是瞬时分析依然可以工作。在这种情况下,应该选中此项。

（6）绘制激励是指在显示响应的同时显示激励。

当分析完成以后，TINA-TI 将展现时间函数的图形，如图 9.89 所示。图形展现在窗口中并有许多选项可以进行编辑视图，剪切和粘贴，文字注释等。

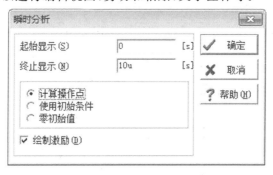

图 9.88　"瞬时现象"分析参数设置对话框

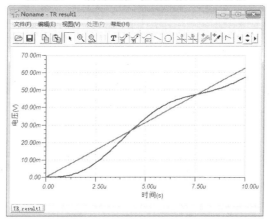

图 9.89　"瞬时现象"分析曲线

一旦瞬时分析结果出现在屏幕中，可以运行傅立叶级数或傅立叶频谱分析。将光标指向感兴趣的曲线然后按下鼠标右键。进入后会弹出小菜单，提供有以下选项（另包括其他有关显示特性的选项），如图 9.90 所示。

9.4.4　稳态求解法

稳态求解法的最初用途是寻找开关模式电源（SMPS）的稳态电路，但该方法用在其他电路分析中亦有效。运行稳态求解法命令，其对话框如图 9.91 所示。

（1）起始显示是指绘制曲线起点，默认值是 0。

（2）最大查找时间。稳态求解器将尝试找到稳态解的最长时间，超过该时间稳态分析将停止或找不到解决方案。

（3）最终检查时间。稳态搜索完成后，有一个最终检查时间，用于检查此处指定的长度。

（4）最后准确度指允许的最大 DC 电平变化。当输出信号变化低于该准确度分析将结束。

（5）计算操作点、使用初始条件和零初始值均与瞬时分析类似，在此不再赘述。

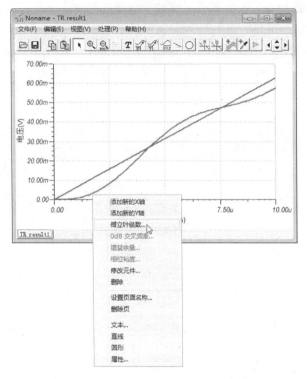

图 9.90　对瞬态分析结果进行傅立叶级数分析

图 9.91　稳态分析参数设置对话框

（6）分析方法，按照瞬时现象分析、有限差分 Jacobian 法和 Broyden 校正 Jacobian 法进行分析，需要注意的是，后两种方法可能会更快地达到稳定状态，但是没有经历正常的瞬态，所以初始状态和最终状态之间的波形不反映实际过程。

如图 9.92 给出了一个 TPS61000 的电路，对该电路进行稳态分析，得到的曲线如图

9.93 所示,这些波形显示了从接通到达到稳定的输出电压所经历的过程。

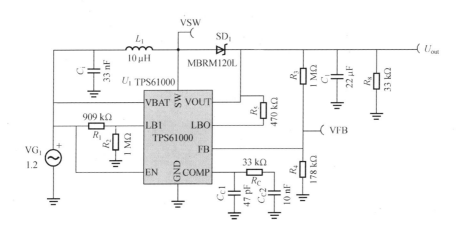

图 9.92　稳态分析电路图

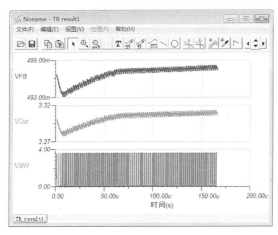

图 9.93　稳态分析结果

9.4.5　傅立叶分析

傅立叶分析方法常用于分析时域信号中所包含的频率成分(直流分量、基频分量和谐波分量),即把被测节点处的时域变化信号进行离散傅立叶变换,求出它的频域变化规律。傅立叶级数分析方法用于分析一个周期性波形中的谐波成分,傅立叶级数是通过计算输出时间函数的傅立叶级数,然后从傅立叶系数计算失真度获得。傅立叶级数分析结果以系数表或频谱图的形式给出。谐波失真按百分比(%)单位显示。

以如图 9.94 所示 RLC 串联谐振电路为例,设置其输入信号为幅值 1 V、频率 1 kHz 的方波信号(图 9.95)。通过"功能菜单│分析│傅立叶分析│傅立叶级数"功能仿真分析,得到傅立叶级数参数设置表,如图 9.96 所示。

(1)采样起始时间决定傅立叶分析开始的瞬时时刻,默认值是瞬时分析菜单中的起始显示参数,不允许设置小于 0 s 的值。

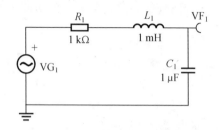

图 9.94　傅立叶级数分析所用 RLC 串联谐振电路

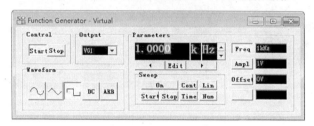

图 9.95　RLC 串联谐振电路输入信号设置界面

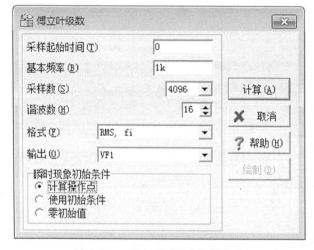

图 9.96　傅立叶级数参数设置表

（2）基本频率是傅立叶级数的重要参数，默认值是电路网络中带周期波形（正弦，梯形）的任何发生器能产生的最小频率，设置时务必保证基本频率与信号源的基波频率一致。

（3）采样数目设定 FFT 的采样点数，默认值为 4 096。基于快速傅立叶变换（FFT）的特性，采样数目必须是 2 的幂，通过下拉菜单选择所需的点数。采样的数目越大，精度也越高。但是同时它也增加了计算时间。

（4）谐波数设置谐波分析截止数，即有多少傅立叶系数（从 2 到 16）用于计算失真度。这些系数也将会显示在屏幕上。

（5）格式设置傅立叶系数的表示格式，共 5 种方式，D * cos(kwt + fi)、C * exp(j * (kwt + fi))、A * cos(kwt) + B * sin(kwt)、RMS 和 fi、Aeff 和 Beff，常用的为绝对值和相位，另一种是用余弦和正弦因数。

（6）计算用于显示参数计算的傅立叶级数。单击本按钮后傅立叶系数将会出现在对话框下方的表格中,同时显示谐波失真。

（7）绘图用于绘制频谱线。

最后得到的傅立叶级数系数和曲线如图 9.97 和图 9.98 所示。

(a) 三角函数形式　　　　　　　　　　(b) 绝对值和相位形式

图 9.97　傅立叶级数系数表

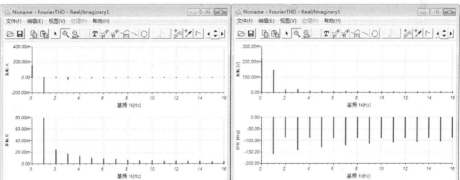

(a) 三角函数形式　　　　　　　　　　(b) 绝对值和相位形式

图 9.98　傅立叶级数频谱图

9.4.6　噪声分析

噪声分析通常用于小信号放大电路中的性能分析。在小信号放大电路中,所给电路能测量或放大的最小信号幅度由电路元件里产生的噪声决定。噪声通常在频率范围的所有分段都有能量。

仍以 RLC 串联谐振电路为例(图 9.99),添加 VF$_1$、VF$_2$ 和 VF$_3$ 三个测试点,运行噪声分析功能,得到的噪声分析参数设置对话框如图 9.100 所示。

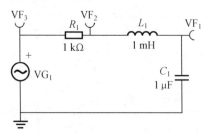

图 9.99　待分析的 RLC 串联谐振电路

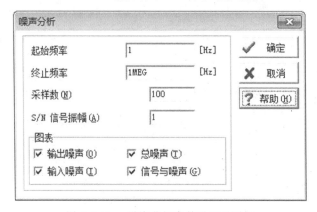

图 9.100　噪声分析参数设置对话框

(1) 输出噪声是将电路中所有噪声源产生的输出电压或电流的有效值平方项相加后再开方,故输出噪声电压与噪声电流均用有效值表示。

(2) 等价输入噪声是将输出噪声除以电路增益后在输入端等价的噪声。当一个放大电路的输入信号的有效值与等价输入噪声相当时,实际上该放大电路已经失去了对信号放大的性能。

(3) 总噪声曲线是各频率点的输出噪声对频率(曲线横轴)的叠加。例如在频率点 fi 处总噪声曲线的值,是从起始频率至 fi 的所有输出噪声之和。所以,总噪声曲线总是随频率值的增加而单调增加。

(4) 信号与噪声(S/N,即信噪比)。按公式计算的信噪比,即 $S/N=20\lg(V_{sig}/V_{tot})$。其中 V_{sig} 为输入的信号幅值(默认值为 1 mV),V_{tot} 为等价输入噪声。

输出噪声、输入噪声、总噪声及信号对噪声的分析结果,如图 9.101 所示。

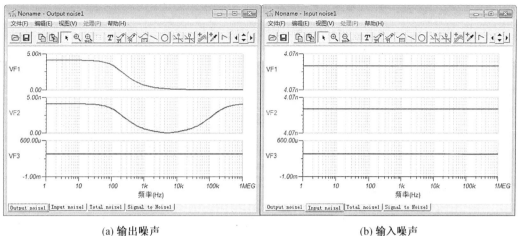

(a) 输出噪声　　　　　　　　　　　　　　　　(b) 输入噪声

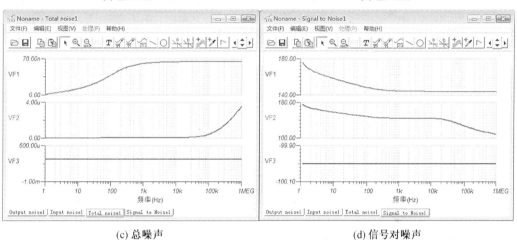

(c) 总噪声　　　　　　　　　　　　　　　　(d) 信号对噪声

图 9.101　输出噪声、输入噪声、总噪声及信号对噪声的分析结果

9.5　电路仿真实例

为了更好地理解和掌握 TINA-TI 的电路仿真分析方法,本节将以 RLC 串联谐振电路分析为例,从电路输入到仿真分析方法选择,详细介绍电路仿真过程。

为了绘制如图 9.102 所示 RLC 串联谐振电路,需要执行"文件 → 新建"命令,新建一个原理图编辑页面,即可以开始原理图编辑。

1. 放置电压发生器

放置电压发生器时,首先单击原理图编辑器界面元件库标签的选项卡来选择所需的元件分组,然后再从元件库中选中对应的元件,将其拖动到电路工作区的相应位置,之后双击元件打开属性设置对话框修改其参数,具体操作如图 9.103 所示。

步骤 1:从元件库标签选项卡中选择"发生源"分组或"基本"分组。

步骤 2:从元件库选中符号并将其拖动到原理图编辑器窗口。

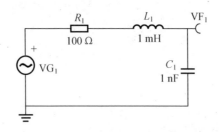

图 9.102　待绘制的 RLC 串联谐振电路

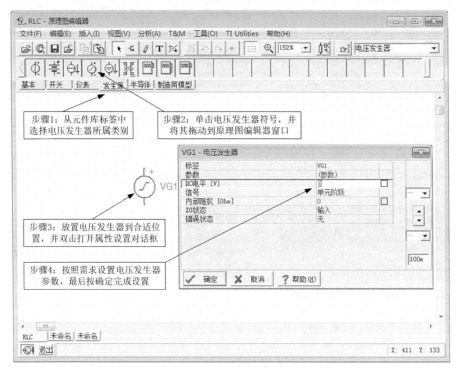

图 9.103　放置电压发生器的具体操作步骤

步骤 3：将鼠标移动到合适位置后单击左键，放置电压发生器，TINA-TI 将电路中的第一个电压发生器命名为 VG1，如果再放置第二个电压发生器，则自动编号为 VG2。此时双击电压发生器，弹出电压发生器属性设置对话框。

步骤 4：在属性设置对话框修改参数值。保持 DC 电平和 IO 状态不变，在信号栏单击 按钮，进入到图形设置按钮，如图 9.104 所示，设置输出波形为余弦波，信号频率 200 k（200 kHz），幅度 1 V，相位 0。最后点击确定返回属性设置对话框，再次确认退出设置。用于设置电压发生器的输出波形参数，除了可以利用修改属性设置对话框参数外，也可以直接运行"T&M → 函数发生器"命令，用函数发生器来设置参数，如图 9.105 所示，该界面更加简洁明了，只是能够选择的波形种类较少。

修改参数时需要注意 TINA-TI 对计量单位的定义，表 9.2 给出了比例因子，必须小心区别字母大小写（如 M ≠ m），且选定的字母必须紧跟在数值后面不能有空格（例如 1 k 或 5.1 G），否则 TINA-TI 将视其为出错。

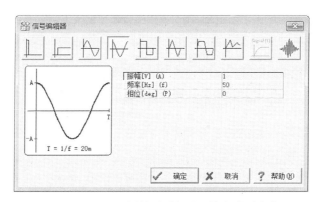

图 9.104　通过属性对话框设置输出波形参数

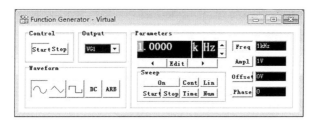

图 9.105　通过函数发生器设置输出波形参数

表 9.2　TINA-TI 所支持的比例因子

符号	T	G	M	k	m	u	n	p
比例因子	10^{12}	10^{9}	10^{6}	10^{3}	10^{-3}	10^{-6}	10^{-9}	10^{-12}

2. 放置电阻、电感和电容元件

　　放置电阻、电感和电容等无源元件的步骤与放置电压发生器的步骤一致,首先单击原理图编辑器界面元件库标签的基本选项卡来选择元件分组,然后再从基本元件库中选中对应的电阻、电感和电容元件,将其拖动到电路工作区的相应位置,再双击元件打开属性设置对话框修改其参数。本实例将电阻值、电感值和电容值分别设置为 1 kΩ、1 mH 和 1 nF。

3. 布局与连线

　　选定并将所有元件放置到适当的位置以后,首先需要按照简单直观的要求对元器件进行布局。对于需要旋转的元件,可以按下数字小键盘"+"或"一"键旋转元件,按" * "键可镜像翻转元器件。元件放置后也可通过使用工具按钮或鼠标右键快捷菜单对选中的元器件进行旋转、镜像翻转等操作。

　　布局完成以后,可以用连线将它们连接起来组成电路。每个元件都有若干用于电路连接的节点,TINA-TI 将这些节点显示为一个小的红色的"×",将鼠标放置在一任何个节点连接处并保持左键按下状态,移动鼠标即可绘制一条连线,当连线到达预定的终端节点时,释放鼠标左键,即可完成一条连接线。连线功能还可以通过单击"插入"菜单项选择"连接线",或选择图标栏中像一个小铅笔的图标来实现。如图 9.106 所示。

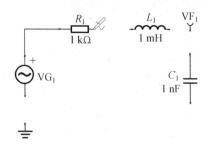

图 9.106　布局与连线

4. 放置文字

为了在显著位置标识电路功能,可以在电路上方放置说明文字。点击工具栏中的"文本"图标按钮T,弹出如图 9.107 所示的文本编辑对话框,输入"RLC 串联谐振电路"。点击文本编辑对话框右侧F按钮,可修改字形、字体、颜色等,点击按钮出现快捷菜单,修改边框为"无"。点击对话框中的"确定"按钮将文本定位并放置在电路图中。最终连线完成的电路如图 9.108 所示。

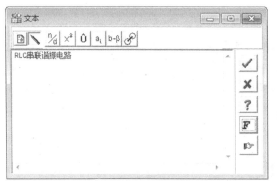

图 9.107　放置文字

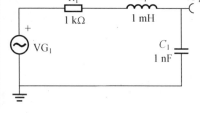

图 9.108　最终完成的 RLC 串联谐振
电路图

5. 执行电气规则检查

在电路连线完成后,需要执行"分析 → ERC"命令,对所设计的电路执行电气规则检查,弹出的提示对话框如图 9.109 所示,如果提示电路出现错误,需要排除后才能进行后续仿真。如果提示警告信息,则需要判断警告性质并分析对仿真结果的影响,以免得到错误的结论。

6. 放置示波器观察波形

为了直观地观察电路功能,可以放置示波器观察波形。执行"T&M → 示波器",打开示波器界面,选择输入信号 VF1,点击 Auto 按钮,得到的波形显示如图 9.110 所示。

7. 分析电路

通过"分析"菜单的选项,可以启动分析进程,分析列表包括直流、交流、瞬态、稳态、傅立叶或噪声等分析方法,具体的使用方式可以参考 9.4 节电路分析方法,此处不再

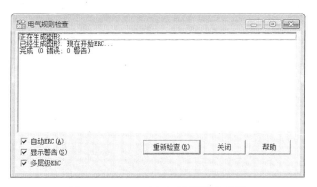

图 9.109　ERC 电气规则检查结果

赘述。

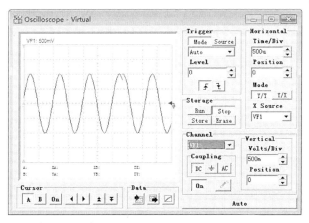

图 9.110　示波器显示 RLC 电路的波形

第 10 章

基于 TINA-TI 的电路仿真实验

10.1 元件伏安特性测试

10.1.1 实验目的

1. 掌握应用 TINA-TI 软件分析电路的基本方法。
2. 利用软件仿真分析电阻和二极管的伏安特性曲线。

10.1.2 实验内容与实验步骤

1. 电阻的伏安特性测试

为了绘制如图 10.1 所示电阻的伏安特性测试电路,需要执行"文件 → 新建"命令,新建一个原理图编辑页面,即可以开始原理图编辑。

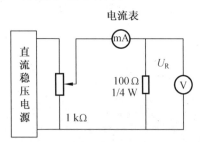

图 10.1　待绘制的电阻伏安特性测试电路

(1) 放置电压源。

放置电压源时,首先单击原理图编辑器界面元件库标签的选项卡来选择所需的元件分组,然后再从元件库中选中对应的元件,将其拖动到电路工作区的相应位置,之后双击元件打开属性设置对话框修改其参数,具体操作如图 10.2 所示。

步骤 1:从元件库标签选项卡中选择"发生源"分组或"基本"分组。

步骤 2:从元件库选中电压源符号并将其拖动到原理图编辑器窗口。

步骤 3:将鼠标移动到合适位置后单击左键,放置电压源,TINA-TI 将电路中的第一个电压源命名为 VS1,如果再放置第二个电压源,则自动编号为 VS2。此时双击电压源符号,弹出电压源的属性设置对话框。

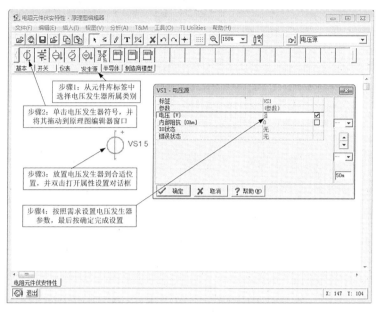

图 10.2 放置电压源步骤

步骤 4:在属性设置对话框修改参数值。此处可修改电压源的直流电压值。

（2）放置电阻元件。

放置电阻元件的步骤与放置电压源的步骤一致,首先单击原理图编辑器界面元件库标签的基本选项卡来选择元件分组,然后再从基本元件库中选中对应的电阻元件,将其拖动到电路工作区的相应位置,再双击元件打开属性设置对话框修改其参数。本实例将电阻值设置为 100 Ω。

（3）放置电流表。

放置电流表的步骤与放置电压源的步骤一致,首先单击原理图编辑器界面元件库标签的“发生源”分组或“基本”分组来选择电流表或者电流箭头,将其拖动到电路工作区的相应位置。

（4）布局与连线。

选定并将所有元件放置到适当的位置以后,首先需要按照简单直观的要求对元器件进行布局。对于需要旋转的元件,可以按下数字小键盘“+”或“—”键旋转元件,按“*”键可镜像翻转元器件。元件放置后也可通过使用工具按钮 或鼠标右键快捷菜单对选中的元器件进行旋转、镜像翻转等操作。

布局完成以后,可以用连线将它们连接起来组成电路。每个元件都有若干用于电路连接的节点,TINA-TI 将这些节点显示为一个小的红色的“×”,将鼠标放置在任何一个节点连接处并保持左键按下状态,移动鼠标即可绘制一条连线,当连线到达预定的终端节点时,释放鼠标左键,即可完成一条连接线。连线功能还可以通过单击“插入”项选择“连接线”,或选择图标栏中像一个小铅笔的图标来实现。如图 10.3 所示。

（5）放置文字。

为了在显著位置标识电路功能,可以在电路上方放置说明文字。点击工具栏中的“文

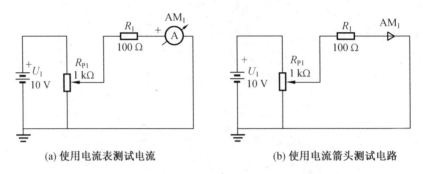

(a) 使用电流表测试电流　　　　　　　(b) 使用电流箭头测试电路

图 10.3　TINA 绘制的 100 Ω 电阻元件伏安特性测试电路

本”图标按钮 $\boxed{T}$，在弹出的文本编辑对话框中输入“电阻伏安特性测试电路”。点击文本编辑对话框右侧 $\boxed{F}$ 按钮，可修改字形、字体、颜色等，点击按钮，出现快捷菜单，修改边框为“无”。点击对话框中的“确定”按钮将文本定位并放置在电路图中。

（6）执行电气规则检查。

在电路连线完成后，需要执行“分析 → ERC”命令，对所设计的电路执行电气规则检查，弹出的提示对话框如果提示电路出现错误，需要排除后才能进行后续仿真。如果提示警告信息，则需要判断警告性质并分析对仿真结果的影响，以免得到错误的结论。

（7）分析电路。

经过电气规则检查确认电路无误后，即可以开展电路分析，对电阻进行伏安特性测试，通过测量电阻两端电压和流经电阻的电流，然后绘制 $U-I$ 曲线。此处有两种方法可以实现 $U-I$ 曲线的绘制。

① 逐点法测量电阻两端的电压和电流。逐点法即是参考硬件实验电路的方法，通过不断改变电压源的电压值，并依次读取各个电压值对应的电流值，填入表 10.1 中，可以根据公式计算出电阻值，也可以通过电压和电流值绘制 $U-I$ 曲线。

此处需要注意两点，一是 TINA-TI 仿真时忽略了电流表或电流箭头的内阻，故电源电压 $U_s(V)$ 即 R_x 两端电压 $U_R(V)$。二是 TINA-TI 仿真时，不像硬件实验电路一样需要考虑电阻的功率限制，故可以在电阻两端加足够大的电压，电阻通过的电流也可以足够大，但是这仅仅是在仿真环境中，在实际的硬件电路中，需要考虑电阻功率的限制，不能加太大电压或电流，这点需要特别注意。

表 10.1　电阻伏安特性测试值

电源电压 U_s/V	0	1	2	3	4	5	6	···
电路电流 I/mA								
R_x 两端电压 U_R/V								
测量的数值 $R = \dfrac{U_R}{I}$/Ω								

② 利用直流传输特性分析直接绘制伏安特性曲线。直流传输特性分析用于计算和显示直流传输特性，即输出电压／电流与输入电压之间的关系。该分析功能通过分析菜

单下的直流分析子菜单进行选择,如图 10.4 所示。单击该分析功能后,其参数对话框如图 10.5 所示,此处选择输入为 VS1,电压起始值为—10 V,终止值 10 V,采样点数 200 点,即电压步进为 0.1 V。点击确定后,最后得到的伏安特性曲线如图 10.6 所示,在图形中加入指针 a,即可以测量对应点的电压和电流值。

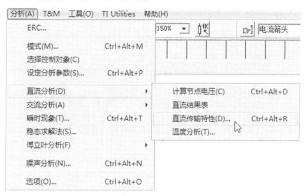

图 10.4　选择直流传输特性对电阻伏安特性进行分析

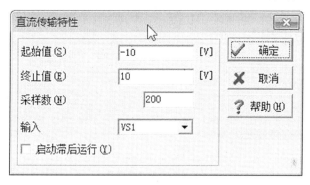

图 10.5　直流传输特性参数设置

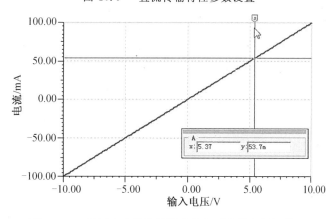

图 10.6　使用直流传输特性分析得到的伏安特性曲线

2.二极管伏安特性测试

参考前面对电阻伏安特性测试的方法,对二极管的伏安特性测试有三种方法可以选择,以下将对这三种方法进行详细介绍。

（1）按照硬件电路实验采用逐点测试法。

根据图 10.7 所示电路在 TINA-TI 界面中绘制原理图，然后通过不断改变电压源的电压值，并依次读取各个电压值对应的电流值，填入到表 10.2 和 10.3 中，可以通过电压和电流值绘制 $U-I$ 曲线。

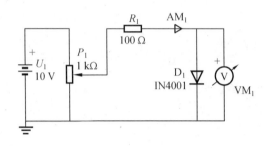

图 10.7　　二极管伏安特性测试电路

表 10.2　　测定半导体二极管的正向特性实验数据

U_D/V	0	0.20	0.40	0.45	0.50	0.55	0.60	0.65	0.70	0.75
I/mA										

表 10.3　　测定半导体二极管的反向特性实验数据

U_D/V	0	-5	-10	-15	-20	-24
I/mA						

（2）使用直流传输特性法。

直流传输特性分析用于计算和显示直流传输特性，即输出电压／电流与输入电压之间的关系。根据直流传输特性分析方法的特点，并且结合二极管伏安特性分析的需求，需要对二极管伏安特性测试电路进行修改，取消限流电阻，这样输入电压 VG_1 就是二极管两端的电压，电路的电流 AM_1 就是流经二极管的电流，此时绘制的电路直流传输特性曲线就是该二极管的伏安特性曲线，修改后的电路图如图 10.8 所示。

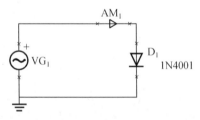

图 10.8　　对二极管进行直流传输特性分析时的电路

打开分析菜单下的直流分析命令，选择直流传输特性分析功能，在弹出的如图 10.9 所示的直流传输特性对话框中，将"起始值"栏设为 -50.1 V、"终止值"栏设为 1.0 V、"采样数"栏设为 $1\,000$，其他不变，按"确定"按钮，即出现波形视窗，该二极管伏安特性如图 10.10 所示。

图 10.10 所测试的二极管特性曲线与理论相符合，反向击穿电压大约为 50 V，开启电压大约为 0.5 V。如要精确看到正向特性，可重复以上操作，只不过将"起始值"栏设为 0 V、"终止值"栏设为 1.0 V，其他不变，可得到如图 10.12 所示二极管正向伏安特性图。同样方式改变起始和终止时间可得到更精确的反向击穿伏安特性图，如图 10.13 所示。

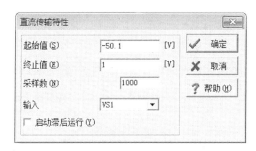

图 10.9　直流传输特性分析参数设置

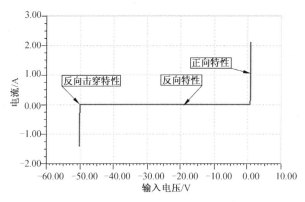

图 10.10　二极管伏安特性曲线

图 10.11　测试正向伏安特性时的参数设置

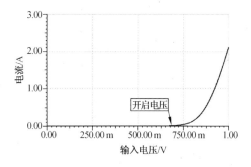

图 10.12　二极管正向伏安特性曲线

　　此处需要注意,如前文所述,TINA-TI 在仿真时不像硬件实验电路一样需要考虑二极管的电压限制,故可以在二极管两端加足够大的电压,二极管通过的电流也可以足够

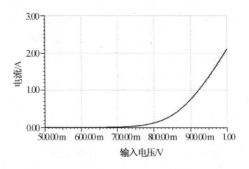

图 10.13　二极管反向击穿伏安特性曲线细节图

大,但是这仅仅是在仿真环境中,在实际的硬件电路中,需要考虑二极管参数的限制,不能加太大电压或电流,这点需要特别注意。

（3）使用瞬时现象分析法。

瞬时现象分析是指对所选定的电路节点的时域响应,即观察该节点在整个显示周期中每一时刻的电压波形。对二极管伏安特性电路使用瞬时现象分析时,首先需要设置输入信号 VG1 的格式,在原理图中双击电压发生器,打开 VG1 的参数设置对话框,如图10.14 所示。在该对话框中,通过信号选项进入信号编辑器对话框,如图 10.15 所示,选择梯形波,并且设置该梯形波的振幅、时间等参数。信号参数设置完成后,即可以启动瞬时现象分析功能。

图 10.14　电压发生器参数设置对话框

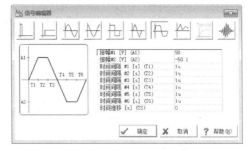

图 10.15　信号编辑器参数设置

瞬时现象分析功能通过分析菜单下的瞬时现象菜单进行选择,如图 10.16 所示。单击该分析功能后,其参数对话框如图 10.17 所示,此处设置终止显示时间为 6 μs,与信号参数设置对话框中的时间一致。点击确定后,即可得到的伏安特性曲线如图 10.18 所示,在图形中加入指针 a 和 b,即可以测量对应点的电压和电流值。

通过改变信号特性和瞬时现象分析参数,可以精确地显示二极管正向伏安特性曲线,信号参数设置和瞬时现象分析参数设置如图 10.19 所示。

3. 稳压二极管测试

稳压二极管的伏安特性测试可以参考普通二极管的测试,有三种测试方法,只是需要注意,由于稳压二极管的稳压值与电压源电压有差值,故使用直流传输特性分析和瞬时现象分析时,需要保持限流电阻的存在。

本仿真实例使用的是 BA314 稳压二极管,查询其数据手册,稳压电压为 5.0 V,最大电流 200 mA,因此在仿真时为了准确获得其伏安特性曲线,不应超过此技术指标限制。

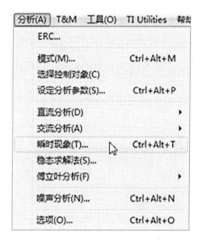

图 10.16　瞬时现象分析法选项

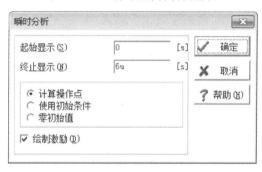

图 10.17　瞬时分析参数设置对话框

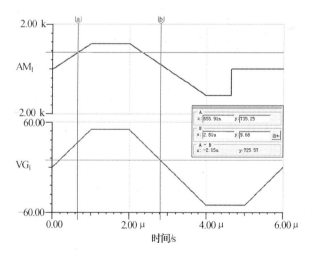

图 10.18　二极管电路瞬时现象分析结果

（1）按照硬件电路实验采用逐点测试法。

根据图 10.21 所示电路在 TINA-TI 界面中绘制原理图，然后通过不断改变电压源的电压值，并依次读取各个电压值对应的电流值，填入到测试表格中，可以通过电压和电流值绘制 $U-I$ 曲线。

(a) 信号参数设置　　　　　　　　(b) 瞬时现象分析参数设置

图 10.19　　二极管正向伏安特性测试参数设置

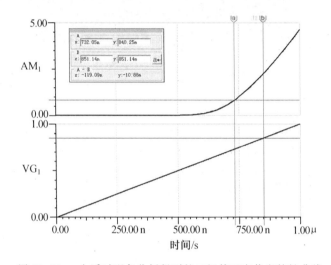

图 10.20　　由瞬时现象分析得到的二极管正向伏安特性曲线

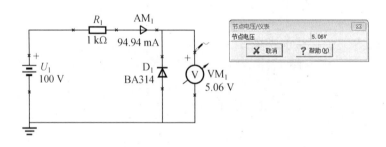

图 10.21　　稳压二极管伏安特性测试电路

（2）使用直流传输特性法。

稳压二极管的直流传输特性分析参数设置如图 10.22 所示,通过设置起始值和终止值,可以显示伏安特性和正向伏安特性曲线,如图 10.23 和图 10.24 所示。根据图形显示,在电流从 0 逐渐增加时,稳压二极管的稳定电压也是有细微波动的,电流从 0 增加至 100 mA 左右时,稳压二极管的电压从 5.0 V 增加至 5.06 V。

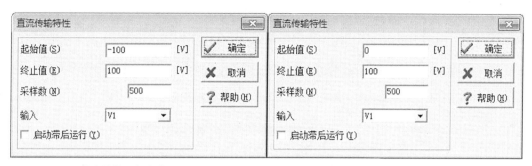

(a) 伏安特性分析参数设置　　　　　　　(b) 正向伏安特性分析参数设置

图 10.22　　稳压二极管直流传输特性参数设置

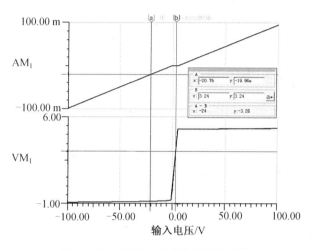

图 10.23　　稳压二极管伏安特性分析

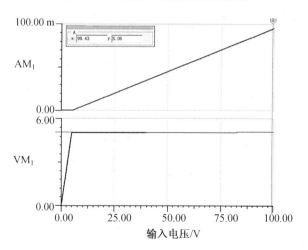

图 10.24　　稳压二极管正向伏安特性分析

（3）使用瞬时现象分析法。

参考二极管的瞬时现象分析法步骤，对输入信号波形 VG_1 和瞬时分析时间进行设置，最终得到的正向伏安特性分析结果如图 10.25 所示，与直流传输特性分析结果一致。

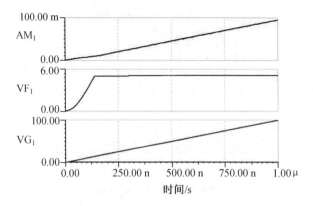

图 10.25　使用瞬时现象分析法得到的稳压二极管正
向伏安特性结果

10.2　基尔霍夫定律的研究

10.2.1　实验目的

1.进一步掌握应用 TINA-TI 软件分析直流电路参数的方法。

2.利用软件仿真验证基尔霍夫定律的正确性。

10.2.2　实验内容与实验步骤

本仿真实例中以图 10.26 所示电路对基尔霍夫电路进行验证。在 TINA-TI 中绘制该原理图,如图 10.27 所示。

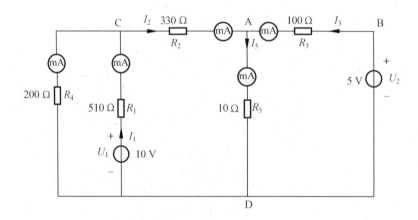

图 10.26　基尔霍夫电路

针对 TINA-TI 基尔霍夫仿真电路,获得各节点电压和各支路电流的方法有多种,均在"分析"菜单"直流分析"子菜单下,可以通过"计算节点电压"和"直流结果表"两种方式获得。图 10.28 给出了使用计算节点电压法测量各点电压与电流,再将各个节点电压

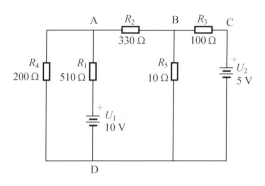

图 10.27　TINA-TI 基尔霍夫仿真电路

和支路电流填入到测试表格中(表 10.4),即可启动基尔霍夫电压定律和电流定律的分析。图 10.29 给出了"直流结果表"得到的各个节点电压和支路电流,与"计算节点电压"不同,"直流结果表"直接显示出了所有节点的电压与支路的电流,更加直观。

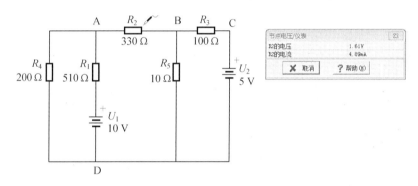

图 10.28　使用计算节点电压法测量各点电压与电流

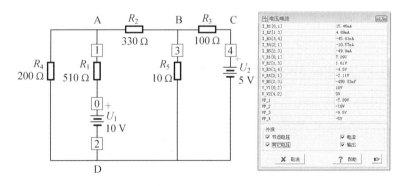

图 10.29　使用直流结果表测量各点电压与电流

表 10.4　基尔霍夫定律数据记录表

被测量	I_{R_4}	I_{R_1}	I_{R_2}	$\sum I$	U_{AB}	U_{BD}	U_{DA}	$\sum U$	U_{BC}	U_{CD}	U_{DB}	$\sum U$
	单位:mA				单位:V				单位:V			
测量值												

续表10.4

被测量	I_{R_4}	I_{R_1}	I_{R_2}	$\sum I$	U_{AB}	U_{BD}	U_{DA}	$\sum U$	U_{BC}	U_{CD}	U_{DB}	$\sum U$
	单位：mA				单位：V				单位：V			
计算值												
误差												

除了上述两种方法外，还可以参考硬件实验电路的方法，在电路中放置足够的电压表和电流表或电流箭头，如图 10.30 所示，然后再运行"计算节点电压"，可以在电路中显示出所有节点的电压和支路的电流，如图 10.31 所示。该方法较"直流结果表"更加直观。

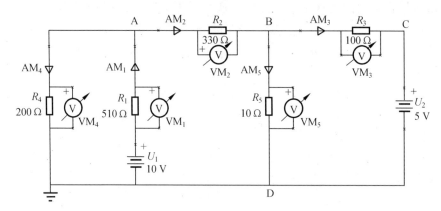

图 10.30   在仿真电路中增加电流箭头和电压表

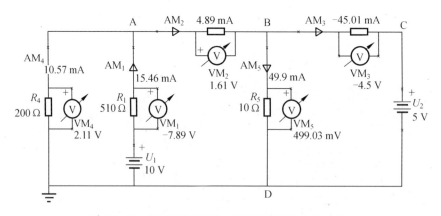

图 10.31   运行计算节点电压直观显示电压与电流

由图 10.31 直观的电压和电流表数据，对基尔霍夫定律进行一个简单的验证，首先验证基尔霍夫电压定律是否存在，从 ABDA 和 BCD 两个回路分别来看：

$$U_{AB} = 1.61 \text{ V}, U_{BD} = 0.499\ 03 \text{ V}, U_{DA} = -(V_1 + U_{R_1}) = -(10 + (-7.89)) = -2.11 \text{ (V)},$$

$$\sum U = U_{AB} + U_{BD} + U_{DA} = 1.61 + 0.499\ 03 - 2.11 = 0.000\ 97 \text{ (V)},$$

$$U_{BC} = -4.5 \text{ (V)}, U_{CD} = 5 \text{ (V)}, U_{DB} = -0.499\ 03 \text{ (V)},$$

$$\sum U = U_{BC} + U_{CD} + U_{DB} = -4.5 + 5 - 0.499\ 03 = 0.000\ 97\ (\text{V})。$$

通过上述分析发现，电路回路的电压和为 0.000 97 V，可以认定其为测量误差（通过电流值看，R_5 的 10 Ω 电阻上的电流为 49.9 mA，但是测量电压得到 0.499 03 V，不满足欧姆定律，故可以知道此 0.499 03 V 测量结果存在误差，同理，R_3 上的电压也应该为 -4.501 V）。同样的道理，在做硬件电路测试数据分析时，也应该正确对待系统的测量误差。

以节点 A 和 B 为例，验证基尔霍夫电流定律是否存在。

$I_{R_4} = -10.57$ mA，$I_{R_1} = 15.46$ mA，$I_{R_2} = 4.89$ mA，

$$\sum I_A = -10.57 + 15.46 + (-4.89) = 0，$$

$I_{R_2} = 4.89$ mA，$I_{R_5} = -49.9$ mA，$I_{R_3} = 45.01$ mA，

$$\sum I_B = 4.89 + (-49.9) + 45.01 = 0。$$

因此，在节点 A 和 B 处的测试结果表明基尔霍夫电流定律的正确性。

10.3　叠加定理与齐次性定理的验证实验

10.3.1　实验目的

1. 进一步掌握应用 TINA-TI 软件分析直流电路参数的方法。
2. 利用软件仿真验证叠加定理与齐次性定理的正确性。

10.3.2　实验内容与实验步骤

本节中以图 10.32 和图 10.33 所示的两个电路来仿真验证叠加定理和齐次性定理，与基尔霍夫定理验证方法一致，在 TINA-TI 的原理图界面中绘制好原理图后，可以使用"计算节点电压"或"直流结果表"法获得电路中显示出所有节点的电压和支路的电流。此处为了更直观地显示电压与电流，在电路中放置了电压表和电流箭头。各个电路 U_1、U_2 单独作用结果和共同作用结果如图 10.34 ～ 10.41 所示。

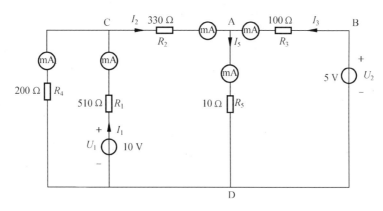

图 10.32　叠加定理实验线路 3

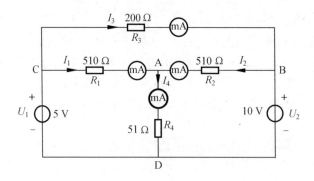

图 10.33 叠加定理实验线路 4

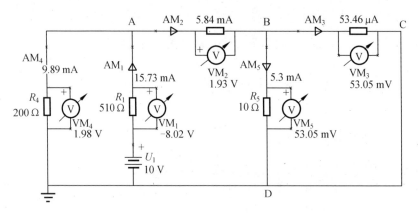

图 10.34 U_1 单独作用的结果

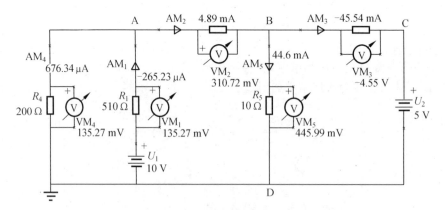

图 10.35 U_2 单独作用的结果

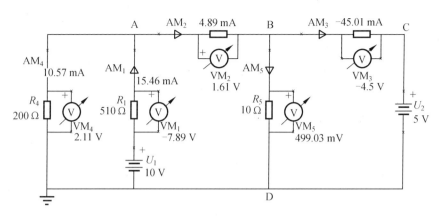

图 10.36　$U_1 + U_2$ 共同作用的结果

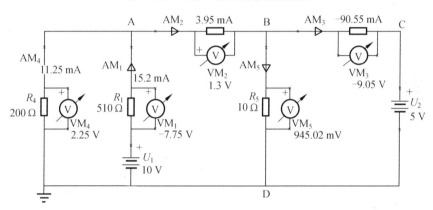

图 10.37　$U_1 + 2U_2$ 作用的结果

表 10.5　叠加定理与齐次性验证数据表 1

被测值	U_1	U_2	I_{AM1}	I_{AM2}	I_{AM3}	I_{AM4}	I_{AM5}	U_{R_1}	U_{R_2}	U_{R_3}	U_{R_4}	U_{R_5}
	单位:V		单位: mA					单位:V				
U_1 单独作用	10	0	15.73	5.84	0.530 46	9.89	5.3	−8.02	1.93	0.053 05	1.98	0.053 05
U_2 单独作用	0	5	−0.265 23	−0.941 57	−45.54	0.676 34	44.6	0.135 27	−0.310 72	−4.55	0.135 27	0.445 99
U_1 和 U_2 共同作用	10	5	15.46	4.89	−45.01	10.57	49.9	−7.89	1.61	−4.5	2.11	0.499 03
U_1 和 U_2 单独作用 叠加计算值	10	5	15.464 77	4.898 43	−45.009 5	10.566 34	49.9	−7.884 73	1.619 28	−4.496 95	2.115 27	0.499 04
相对误差			−0.03%	−0.17%	0.00%	0.03%	0.00%	0.07%	−0.57%	0.07%	−0.25%	0.00%
U_1 和 $2U_2$ 共同作用	10	10	15.2	3.95	−90.55	11.25	94.5	−7.75	1.3	−9.05	2.25	0.945 02
U_1 和 $2U_2$ 单独作用 叠加计算值	10	10	15.199 54	3.956 86	−90.549 5	11.242 68	94.5	−7.749 46	1.308 56	−9.046 95	2.250 54	0.945 03
相对误差			0.00%	−0.17%	0.00%	0.07%	0.00%	0.01%	−0.65%	0.03%	−0.02%	0.00%

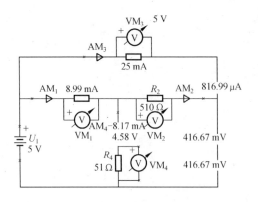

图 10.38　U_1 单独作用的结果

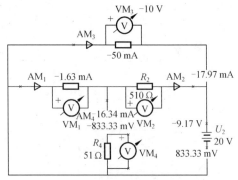

图 10.39　U_2 单独作用的结果

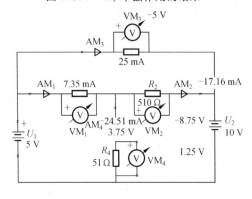

图 10.40　$U_1 + U_2$ 共同作用的结果

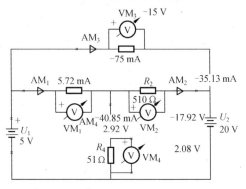

图 10.41　$U_1 + 2U_2$ 作用的结果

表 10.6　叠加定理与齐次性验证数据表 2

被测值	U_1	U_2	I_{AM1}	I_{AM2}	I_{AM3}	I_{AM4}	U_{R_1}	U_{R_2}	U_{R_3}	U_{R_4}
	单位：V		单位：mA				单位：V			
U_1 单独作用	5	0	8.99	0.816 99	25	−8.17	4.58	0.416 67	5	0.416 67
U_2 单独作用	0	10	−1.63	−17.97	−50	−16.34	−0.833 33	−9.17	−10	0.833 33
U_1 和 U_2 共同作用	5	10	7.35	−17.16	−25	−24.51	3.75	−8.75	−5	1.25
U_1 和 U_2 单独作用叠加计算值			7.36	−17.153	−25	−24.51	3.746 67	−8.753 33	−5	1.25
相对误差			−0.14%	0.04%	0.00%	0.00%	0.09%	−0.04%	0.00%	0.00%
U_1 和 $2U_2$ 共同作用	5	20	5.72	−35.13	−75	−40.85	2.92	−17.92	−15	2.08
U_1 和 $2U_2$ 单独作用叠加计算值			5.73	−35.123	−75	−40.85	2.913 34	−17.923 3	−15	2.083 33
相对误差			−0.17%	0.02%	0.00%	0.00%	0.23%	−0.02%	0.00%	−0.16%

根据上述两个表格的数据对比,虽然存在相对误差,但仍可以验证叠加定理和齐次性的正确性。

10.4　戴维南定理与诺顿定理验证实验

10.4.1　实验目的

1.进一步掌握应用 TINA-TI 软件分析直流电路参数的方法。

2.利用软件仿真验证戴维南定理与诺顿定理的正确性。

10.4.2　实验内容与实验步骤

戴维南定理是指任何一个线性含源单口网络,都可以用一个等效电压源来代替,其中电压源的电动势等于该单口网络的开路电压 U_{OC},其等效内阻 R_0 等于该网络中所有独立电源均置零(理想电压源视为短路,理想电流源视为开路)后所得无源网络的等效电阻。等效电压源的内阻 R_0 和开路电压 U_{OC} 称为该含源单口网络的等效参数,可以用实验的方法测得其值。

诺顿定理是指任何一个线性含源单口网络,都可以用一个等效实际电流源来代替,此电流源的电流等于该单口网络的端口短路电流 I_{SC},并联电阻 R_0 等于独立源置零后所得无源网络的等效电阻。等效电流源的内阻 R_0 和短路电流 I_{SC} 称为含源单口网络的等效参数,同样可以用实验方法测得其值。

为了验证戴维南定理和诺顿定理的正确性,则需要分别测试原电路和等效电路在任意不同负载条件下的电压和电流值,获得端口的伏安特性曲线。如果等效电路的伏安特性曲线和原被测等效电路曲线是完全重合的,即说明它们的伏安特性是相同的,也就证明它们是等效的。本节中以图 10.42 所示电路进行戴维南定理和诺顿定理分析。

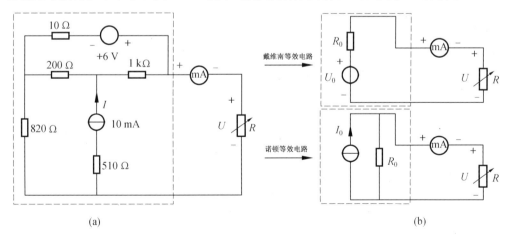

图 10.42　被测有源二端网络电路原理图

1. 用开路电压、短路电流法测定戴维南等效电路 U_{OC} 和 R_0

在 TINA-TI 原理图编辑界面中绘制原理图,如图 10.43 所示,在含源单口网络输出端开路时,用电压表直接测其输出端的开路电压 U_{OC}。然后将其输出端短路,如图 10.44 所示,用电流表测其短路电流 I_{SC},则等效电阻为 $R_0 = U_{OC}/I_{SC}$。将测试数据填入表 10.7 中。

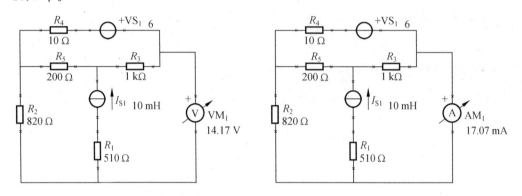

图 10.43　开路电压法　　　　　　　图 10.44　短路电流法

表 10.7　开路电压、短路电流法测定的戴维南等效电路数据

U_{OC}/V	I_{SC}/mA	$R_0 = \dfrac{U_{OC}}{I_{SC}}/\Omega$
14.17	17.07	830.11

2. 用独立源置零法和半电压法测 R_0

将被测含源网络内的所有独立源置零后(电压源短路,电流源开路),直接用万用表的电阻挡去测定输出端两点间的电阻,即为被测网络的等效电阻 R_0,如图 10.45 所示。将所有数据填入表 10.8 中。

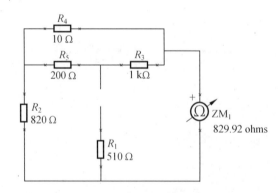

图 10.45　独立源置零法测量等效内阻 R_0

表 10.8　测量等效内阻 R_0 数据

U_{OC}/V	U_L/V	R_0/Ω(独立源置零法)	R_0/Ω(半电压法)
14.17	7.08	829.92	$5\,k\times16.6\% = 830$

半电压法是指当负载电压为被测网络开路电压的一半时，负载电阻(由万用表测量)即为被测含源单口网络的等效电阻值。将如图 10.46 所示的电位器 P_1 替换掉欧姆表加入到电路中，通过调节 P_1 的阻值，使得 P_1 两端电压 VM_1 示数为开路电压 U_{OC} 14.17 V 的一半，即 7.08 V，如图 10.47 所示。再看此时 P_1 的读数，设置百分数为 16.6%，即 830 Ω，将测试结果填入表 10.8 中。

R4
10 Ω
+VS1 6
R5
200 Ω
R3
1 kΩ
IS1 10 mH
R2
820 Ω
P1
5 kΩ
+
VM1
7.08 V
R1
510 Ω

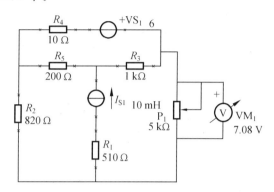

图 10.46　半电压法测试电路

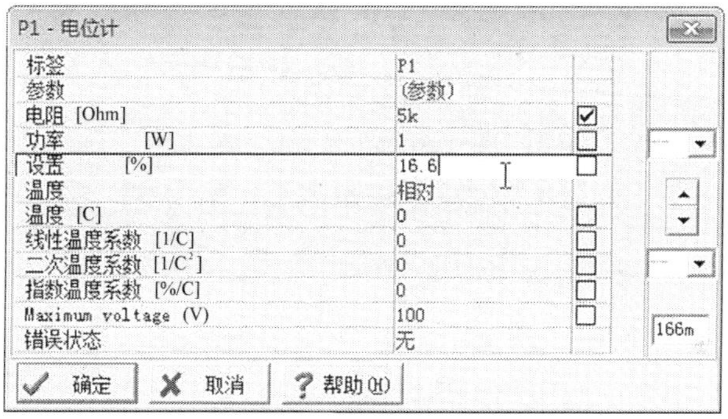

P1 - 电位计
标签 P1
参数 (参数)
电阻 [Ohm] 5k
功率 [W] 1
设置 [%] 16.6
温度 相对
温度 [C] 0
线性温度系数 [1/C] 0
二次温度系数 [1/C²] 0
指数温度系数 [%/C] 0
Maximum voltage (V) 100
错误状态 无
166m
确定
取消
帮助(H)

图 10.47　电位器示数

3. 测量有源二端网络的外特性曲线

测量有源二端网络的外特性曲线，可以参考元件伏安特性曲线的方式，将外部负载电阻 R_L 接入电路中，通过改变 R_L 阻值，逐点测试 R_L 两端的电压和电流，但是该方法较复杂，故此处采取“直流传输特性”分析法，如图 10.48 所示，将 P_1 阻值设置为 10 kΩ，并且在电路中加入电流箭头 AM_1，启动“直流传输特性”分析功能，在其参数设置对话框中，设置输入为 P1，起始值为 0，终止值为 100%(图 10.49)，确认后即可以得到 P_1 的电压和电流曲线，如图 10.50 所示。

电位器 P_1 的仪表设置百分数即对应外部负载电阻 R_L，R_L 两端电压和流经的电流 I_{AM1} 即是有源二端网络外特性曲线。通过在曲线中增加指针 a 和指针 b，然后直接在参数对话框中设置横轴 P1 百分比为 10%，20%，…，直到 100%，即对应负载电阻 1 kΩ，2 kΩ，…，直到 10 kΩ。这样就可得到 10 个对应的外特性曲线的数据点，数据填入表 10.9 中。

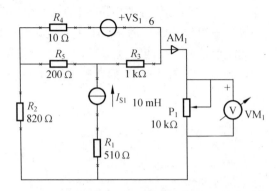

图 10.48 测量有源二端网络的外特性曲线电路

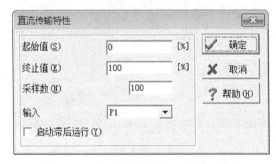

图 10.49 直流传输特性参数设置

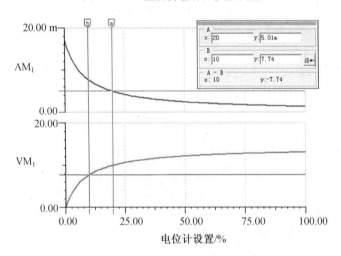

图 10.50 有源二端网络外特性曲线

表 10.9 测量有源二端网络的外特性数据

R_L	%	10	20	30	40	50	60	70	80	90	100
	Ω	1 k	2 k	3 k	4 k	5 k	6 k	7 k	8 k	9 k	10 k
U/V		7.74	10.01	11.1	11.73	12.15	12.45	12.67	12.84	12.97	10.08
I/mA		7.74	10.01	11.1	11.73	12.15	12.45	12.67	12.84	12.97	10.08

4. 测量戴维南等效电路的外特性曲线

将有源二端网络的电路替换成戴维南等效电路(图 10.51),按照上述方法对该电路开展"直流传输特性"分析,参数设置如图 10.52 所示,电位计 P1 仍然从 0% 变化到 100%,得到的 R_L 两端电压电流曲线如图 10.53 所示。按照上述方法,加入指针 a 和指针 b,将得到的对应负载电阻 1 kΩ,2 kΩ,…,直到 10 kΩ 的电压和电流数据测试结果,填入表 10.10 中。

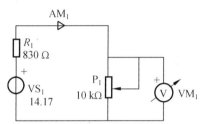

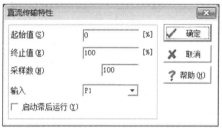

图 10.51　测量戴维南等效电路的外　　　图 10.52　直流传输特性参数设置
　　　　　 特性曲线电路

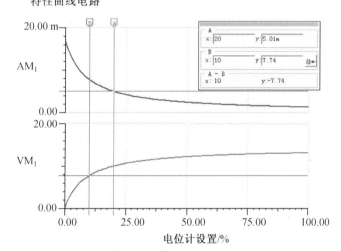

电位计设置/%

图 10.53　戴维南等效电路的外特性曲线

表 10.10　测量戴维南等效电路的外特性数据

R_L	%	10	20	30	40	50	60	70	80	90	100
	Ω	1 k	2 k	3 k	4 k	5 k	6 k	7 k	8 k	9 k	10 k
U/V		7.74	10.01	11.1	11.73	12.15	12.45	12.67	12.84	12.97	10.08
I/mA		7.74	10.01	11.1	11.73	12.15	12.45	12.67	12.84	12.97	10.08

通过对比上述两个表格可以发现,在 1 kΩ 至 10 kΩ 负载电阻对应的电压和电流值上,戴维南等效电路和有源二端网络所得到的数据是完全一致的,故可以看出,戴维南等效电路是成立的。

5.测量诺顿等效电路的外特性曲线

将戴维南等效电路替换成诺顿等效电路(图 10.54),重新开展"直流传输特性"分析,参数设置如图 10.55 所示,电位计 P1 仍然从 0% 变化到 100%,得到的 R_L 两端电压电流曲线如图 10.56 所示。按照上述方法,加入指针 a 和指针 b,将得到的对应负载电阻 $1\ \text{k}\Omega,2\ \text{k}\Omega,\cdots$,直到 $10\ \text{k}\Omega$ 的电压和电流数据测试结果填入表 10.11。

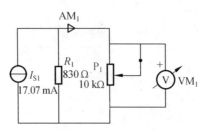

图 10.54　测量诺顿等效电路的外特性曲线电路

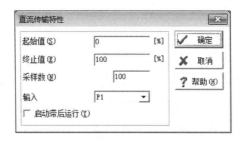

图 10.55　直流传输特性参数设置

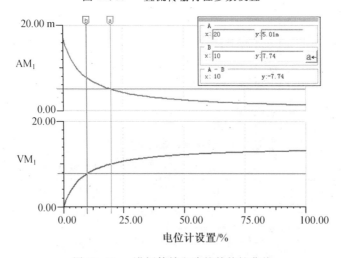

图 10.56　诺顿等效电路的外特性曲线

表 10.11　　**测量诺顿等效电路的外特性数据**

R_L	‰	10	20	30	40	50	60	70	80	90	100
	Ω	1 k	2 k	3 k	4 k	5 k	6 k	7 k	8 k	9 k	10 k
U/V		7.74	10.01	11.1	11.73	12.15	12.45	12.67	12.84	12.97	10.08
I/mA		7.74	10.01	11.1	11.73	12.15	12.45	12.67	12.84	12.97	10.08

通过对比诺顿等效电路的外特性数据和有源二端网络的外特性数据两个表格可以发现,在 1 kΩ 至 10 kΩ 负载电阻对应的电压和电流值上,戴维南等效电路和有源二端网络所得到的数据是完全一致的,故可以看出,戴维南等效电路是成立的。

10.5　RLC 串联谐振实验

10.5.1　实验目的

1.掌握应用 TINA-TI 软件分析交流电路参数的方法。

2.利用软件仿真研究 RLC 串联谐振现象。

10.5.2　实验内容与实验步骤

RLC 串联谐振电路实验的实验内容包括寻找谐振频率点和计算 Q 值,在操作硬件实验电路时,受信号源、示波器等硬件设备的限制,硬件实验有一些特殊的操作,主要有以下几点:

(1)在硬件实验中改变信号源输出信号频率时,必须保证信号源输出的幅度一致,这是由于信号源的输出阻抗一般为 50 Ω,而 RLC 串联谐振电路的阻抗随着频率变化而变化,所以信号源输出信号幅度会随信号频率的变化而变化。

(2)由于示波器两个探头的负端在内部是连接到一起的,所以使用时注意测试信号源与测试电感或电容两端电压波形时,必须考虑共地的问题。

(3)在测量谐振频率时,不能使用数字万用表,因为数字万用表的交流挡位所能测试的频率上限仅仅为数百 Hz,而谐振频率往往在 kHz 或 MHz 级别,故无法使用数字万用表。

但是,在软件仿真时不会有以上限制,信号源的输出为理想输出,不会受外界负载阻抗变化而变化,因此不需要使用示波器随时监测其变化;示波器中双通道虽然仍然是共地的,但是可以任意增加多个示波器;仿真环境下的万用表或电流表均是理想电表,可以适用于直流和交流应用环境,没有频率限制。

本实例中所用到的 RLC 串联谐振电路原理图如图 10.57 所示,为了准确寻找谐振频率点,有以下三

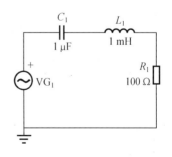

图 10.57　RLC 串联谐振仿真电路

种方法：

1. 使用函数发生器和电压表

使用函数发生器和电压表寻找谐振频率点的方法是将电压表跨接在电阻 R_1 两端，并且在 C_1 和 L_1 两端也放置电压表，如图 10.58 所示。通过函数发生器 VG1 使输出正弦波频率由小逐渐变大（由于函数发生器是理想信号源，故此处可以不像硬件电路实验一样需要使用示波器随时观察信号幅度，以确保信号源的输出幅度不变），当 VM_1 的读数为最大时，如图 10.58 所示，函数发生器上的频率值即为电路的谐振频率 f_0，并测量此时对应的 $u_{R0}(u_0)$、u_{L0}、u_{C0} 的值，记入表 10.12 中。 此处在 5.025 0 kHz、5.035 0 kHz 和 5.045 0 kHz 三个频率点时均显示为 707.11 mV 的数值，故取中值 5.035 0 kHz 为谐振频率点，其余理论值也可以与 5.035 kHz 完全匹配。再改变 R 的阻值为 1 kΩ 和 10 Ω，再次寻找谐振频率点，将测试数据填入到表 10.12 中，并计算对应 Q 值。寻找到谐振频率点如图 10.59 所示。

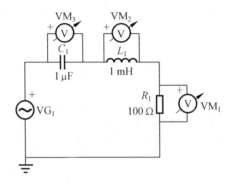

图 10.58　使用函数发生器和电压表寻找谐振频率点

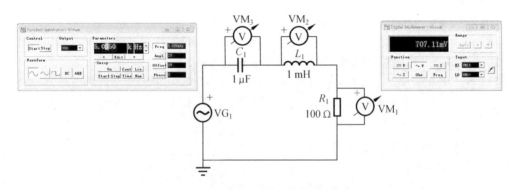

图 10.59　寻找到的谐振频率点

表 10.12　使用函数发生器和电压表寻找谐振频率数据

R	f_0	u_0	u_{L0}	u_{C0}	Q
100 Ω	5.035 kHz	707.11 mV	223.7 mV	223.51 mV	
1 kΩ					
10 Ω					

2. 使用函数发生器和电流表寻找谐振频率点

使用电流表或电流箭头替代上述电压表,如图 10.60 所示,当改变输入信号频率时,AM_1 的电流大小也随之改变。当 AM_1 电流达到最大值时,对应的信号源频率即为谐振频率,此时再用电压表测量 $u_{R0}(u_0)$、u_{L0}、u_{C0} 的值即可。

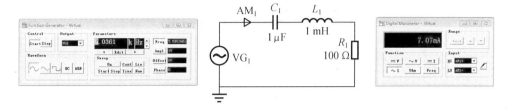

图 10.60　使用电流表或电流箭头寻找谐振频率点的方法

3. 使用交流传输特性分析方法寻找谐振频率点

上述两种方法可以直接寻找出谐振频率点,但是无法直观地把谐振曲线显示出来。此时借助"交流传输特性"分析法,可以直接显示谐振曲线和相位曲线。该方法的电路如图 10.61 所示,运行"分析"菜单下的"交流分析"中"交流传输特性"功能,如图 10.62 所示,设置起始频率为 1 Hz,终止频率 1 MHz,采样数 10 000,扫描方式为对数,获得的图形为振幅、相位。设置完成点击确认即可得到相应的图形(图 10.63)。通过添加指针可以较准确地找到谐振频率点。改变电阻 R 的阻值,可以得到对应的谐振曲线的相位曲线。如图 10.64 ~ 10.69 所示。

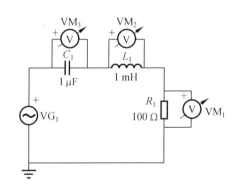

图 10.61　待分析 RLC 串联谐振电路

图 10.62　选择交流传输特性分析功能

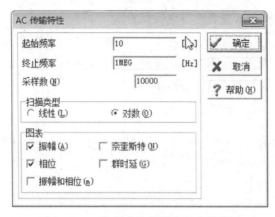

图 10.63　交流传输特性分析参数设置

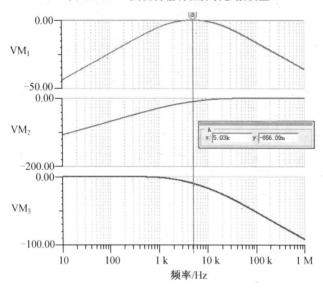

图 10.64　$R = 100\ \Omega$ 时的谐振曲线

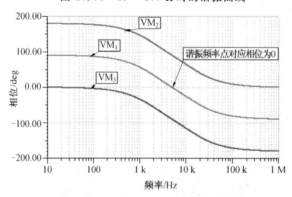

图 10.65　$R = 100\ \Omega$ 时的相位曲线

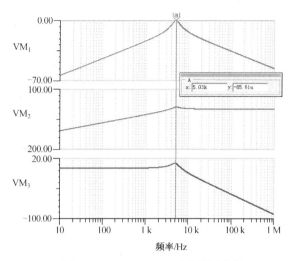

图 10.66　$R = 10\ \Omega$ 时的谐振曲线

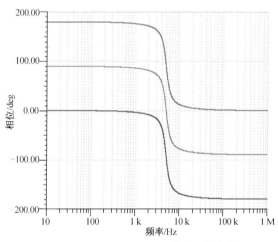

图 10.67　$R = 10\ \Omega$ 时的相位曲线

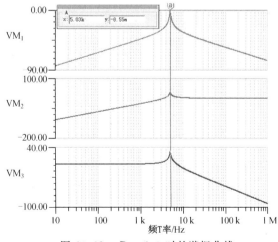

图 10.68　$R = 1\ \Omega$ 时的谐振曲线

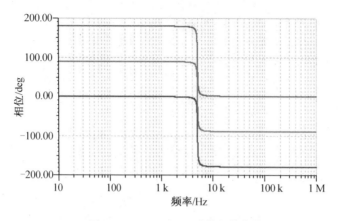

图 10.69 $R = 1\ \Omega$ 时的相位曲线

由上述系列图形可知,软件仿真的数据与理论计算值是吻合的,并且谐振频率曲线显示,电阻 R 对谐振曲线的影响也是巨大的,决定了谐振曲线的"张口度",电阻越小,张口越小,谐振曲线越"尖",越容易准确找到谐振频率点,反之,电阻越大,则张口越大,谐振曲线越平缓,找寻谐振频率点难度越大。这就需要在做硬件电路实验时选择好电阻 R,以免造成谐振曲线太平缓,不利于准确定位谐振频率点。

10.6   RC 一阶电路响应实验

10.6.1   实验目的

1. 掌握利用 TINA-TI 对 RC 一阶电路响应实验的仿真方法。
2. 掌握 TINA-TI 的瞬时分析功能。

10.6.2   实验内容与实验步骤

RC 一阶电路响应实验所用电路如图 10.70 所示,$R_1 = 1\ \mathrm{k}\Omega$,$C_1 = 1\ \mu\mathrm{F}$,故根据一阶 RC 电路的时间常数 $\tau = RC = 1\ \mathrm{ms}$。在 TINA-TI 原理图编辑界面绘制完如图 10.70 所示电路后,即可以开展电路分析工作。

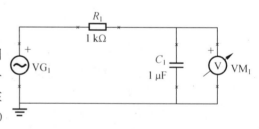

图 10.70   一阶 RC 电路

双击电压发生器 VG1 图标,打开 VG1 的参数设置对话框,如图所 10.71 示,将电压发生器输出波形设置为阶跃信号。

打开分析功能菜单下的瞬时分析功能(图 10.72),在如图 10.73 所示参数设置对话框中设置起始时间 0 s,终止时间 10 ms,设置完成后点击确定按钮完成设置,即可以得到电路的阶跃响应波形,如图 10.74 所示。在该阶跃响应曲线中添加指针 a 和指针 b,指针 b 测量出 U_C 曲线的最高点电压为 999.77 mV,则时间常数 τ 对应的 $0.632U_C$ 为 631.85 mV,移动指针 a 找到 631.85 mV 的最接近点 632.13 mV,得到对应的时间常数为 1.01 ms,这与理论值 1.0 ms 非常接近。

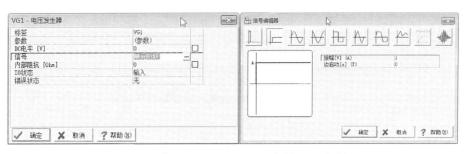

图 10.71 电压发生器 VG1 的参数设置对话框

图 10.72 瞬时现象分析选项

图 10.73 瞬时分析参数设置对话框

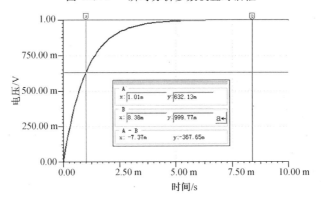

图 10.74 一阶 RC 电路的阶跃响应曲线

参 考 文 献

[1] 孙剑芳,慈文彦.电路实验与仿真[M].西安:西安交通大学出版社,2019.

[2] 陶秋香,杨焱,叶蓁,等.电路分析实验教程[M].2版.北京:人民邮电出版社,2016.

[3] 周鸣籁,吴红卫,方二喜,等.模拟电子线路实验教程[M].苏州:苏州大学出版社,2017.

[4] 田丽鸿.电路基础实验与课程设计[M].南京:南京大学出版社,2018.

[5] 周润景,崔婧.Multisim电路系统设计与仿真教程[M].北京:机械工业出版社,2018.

[6] 黄智伟,黄国玉,王丽君.基于NI Multisim的电子电路计算机仿真设计与分析[M].3版.北京:电子工业出版社,2018.

[7] 宣宗强.电路、信号与系统实验教程[M].西安:西安电子科技大学出版社,2017.

[8] 谷良.电路仿真软件Tina Pro导读[M].北京:中央广播电视大学出版社,2003.

[9] 王惟言.Tina Pro实用技术[M].北京:人民邮电出版社,2005.

[10] 高卫民,张平.电路实验教程[M].2版.北京:北京航空航天大学出版社,2018.

[11] 吕波,王敏.Multisim 14电路设计与仿真[M].北京:机械工业出版社,2017.

[12] 李学明.电路分析仿真实验教程[M].北京:清华大学出版社,2014.

[13] 张新喜.Multisim 14电子系统仿真与设计[M].2版.北京:机械工业出版社,2017.

[14] 马秋明,孙玉娟,逄珊.电路与电子学实验教程[M].北京:清华大学出版社,2018.

[15] 苏向丰,张谦.电路原理实验指导书[M].北京:科学出版社,2018.

[16] 姚缨英.电路实验教程[M].3版.北京:高等教育出版社,2017.

[17] 古良玲,王玉菡.电子技术实验与Multisim12仿真[M].北京:机械工业出版社,2015.

[18] 刘东梅.电路实验教程[M].2版.北京:机械工业出版社,2013.

[19] 张峰,吴月梅,李丹.电路实验教程[M].北京:高等教育出版社,2016.

[20] 林红.电路与信号系统实验教程[M].苏州:苏州大学出版社,2013.

[21] 石冰,邹津海,邓晓.电路实验[M].湖南:湖南大学出版社,2016.

[22] 赵振卫.电路实验教程[M].山东:山东大学出版社,2015.

[23] 魏鉴,朱卫霞.电路与电子技术实验教程[M].武汉:武汉大学出版社,2017.

[24] 余佩琼.电路实验与仿真[M].北京:电子工业出版社,2016.

[25] 于维顺.电路与电子技术实践教程[M].2版.南京:东南大学出版社,2017.

[26] 王传新.电子技术基础实验——分析、调试、综合设计[M].北京:高等教育出版社,2011.

［27］孙肖子.现代电子线路和技术实验简明教程［M］.2版.北京:高等教育出版社,2011.

［28］林凌,李刚.电路与信号分析实验指导书 —— 基于 Multisim、TINA-TI 和 MATLAB［M］.北京:电子工业出版社,2017.